概率论与数理统计教程

主　　编　周国利
编写人员　廖　敏　蒋岚翔　刘桂珍　赵　薇

 南京大学出版社

内容提要

本书内容包括概率论基础,应用数理统计及统计推断两个部分,内容紧扣高等学校对该学科的基本要求,紧密联系实际,例题丰富多样,便于读者自学.各章节选有一定数量且符合教材内容的题目,书后有答案及提示,综合练习中选用了部分综合性较强的硕士研究生入学试题,以供各类报考研究生的学生参考,其解答提示较为详细.书后附有统计计算 SAS/STAT 程序库使用简介和常见的统计表.

本书可作为高等院校各专业本科及研究生的教材使用,也可供工程技术人员参考.

图书在版编目(CIP)数据

概率论与数理统计教程 / 周国利主编. —2 版. —南京:南京大学出版社,2014.8(2021.7 重印)
ISBN 978 - 7 - 305 - 13629 - 0

Ⅰ. ①概… Ⅱ. ①周… Ⅲ. ①概率论—高等学校—教材 ②数量统计—高等学校—教材 Ⅳ. ①O21

中国版本图书馆 CIP 数据核字(2014)第(165237)号

出版发行 南京大学出版社
社　　址　南京市汉口路 22 号　　　邮　　编　21009
出 版 人　金鑫荣

书　　名　概率论与数理统计教程
主　编　周国利
责任编辑　吴　华　　　　　编辑热线　025 - 83596997

照　　排　南京开卷文化传媒有限公司
印　　刷　常州市武进第三印刷有限公司
开　　本　787×1092　1/16　　印张 13.75　字数 352 千
版　　次　2014 年 8 月第 2 版　2021 年 7 月第 8 次印刷
ISBN 978 - 7 - 305 - 13629 - 0
定　　价　33.00 元

网　　址:http://www.njupco.com
官方微博:http://weibo.com/njupco
微信服务号:njuyuexue
销售咨询热线:(025)83594756

前　　言

概率论与数理统计是许多理工科专业、经济管理类专业、农林牧专业的大学本科及研究生的一门十分重要的基础应用课程.随着我国高等教育的发展及提高大学生、研究生科学计算能力的需要,作者在二十多年教授该课程的基础上,修订编写了适合各专业本科学生及研究生使用的概率论与数理统计教材.

编写这本教材的主要指导思想是起点要低,尽量避免某些抽象的数学推理及繁琐的公式演绎,力求做到通俗易懂,叙述及论证简明扼要、深入浅出,易于自学且与高中数学的教学改革接轨.整个教材的材料安排侧重于应用,针对理工等各专业学生的特点,要求其掌握概率与数理统计中主要的基本概念、基本原理和基本方法,特别是在生产实际问题、经济活动中要求其灵活应用概率与数理统计相关知识的能力能有所提高.本书在阐述某些概念和方法时,本书一般先提出问题的实际背景,并尽可能多地采取案例分析的形式,以使学生一开始便带着实际问题学习思考,且为数学统计建模做出了示范;行文上又力求做到生动,增加可读性.为了避免枯燥无味地罗列定义及定理,本书把定义融合在叙述中,把定理安排在解释中,同时也兼顾了数学严密的理论体系.这样无论是在题材选择、叙述重点,还是在例题分析、习题选取上都把实用性放在了重要的位置上,有助于提高学生分析问题和解决问题的能力.

本书还介绍了统计计算中常用的数学软件——SAS,利用该软件可以很容易地实现工程计算及统计学中的各种算法.

在编写和修订该教材过程中,顾悦教授、曹素元教授认真审阅了各章内容,提出了许多宝贵意见,给予了极大的帮助,在此向他们深表谢意.

另外编者是在贵州大学理学院的大力支持和帮助下,在基础教学部数学教研室的大力协助下,完成了编写修订工作,在此也向他们表示衷心的感谢.

全书共分九章.其中第1、2、8、9章由周国利教授编写,第6、7章由廖敏副教授编写,第3章由蒋岚翔老师编写,第4章由刘桂珍老师编写,第5章由赵薇老师编写.

由于编者水平有限,本教材难免会有缺陷,诚请专家、读者批评指正.

周国利

2014 年 2 月

目　　录

第 **1** 章
随机事件及其概率

世界上发生的现象是多种多样的,从概率的观点考虑可分为两类:一类为确定性现象,它指在一定条件下必然会发生或必然不发生的现象,例如,上抛一枚硬币必然会落地;另一类为随机现象,例如,上抛一枚硬币落在平面上,究竟是正面向上还是反面向上,上抛硬币前是无法断言的.随机现象有两个特点:① 在一次观察中,现象可能发生,也可能不发生,即结果呈现不确定性;② 在大量重复观察中,其结果具有统计规律性.概率论是研究随机现象统计规律性的一门数学学科.

本章的重点是事件的关系及运算、概率的定义及性质、简单等可能概型的概率计算、条件概率、乘法公式、事件的独立性、全概率公式、贝叶斯公式及其应用.

§1.1 随机事件

随机事件是概率论研究的对象,它是随机试验所出现的结果.

一、随机试验

具有以下特点的试验称为随机试验:
① 相同条件下可重复进行;
② 试验的结果不止一个,但能预先明确试验的所有可能结果;
③ 每次试验前,不知哪一种结果会出现.
随机试验一般用字母 E 表示.

例 1.1 下列试验都是随机试验:

E_1:掷一硬币观察其正反面.

E_2:连掷一硬币 3 次,观察正面 H 和反面 T 出现的次数.

E_3:从一批电子产品中,任取一只,测其寿命.

E_4:记录对某电视节目评比的短消息条数.

二、样本空间

随机试验 E 所有可能的结果组成的集合称为 E 的样本空间,用 S 表示.

例 1.2 给出例 1.1 各随机试验的样本空间.

$E_1 : S = \{H, T\}$.

$E_2 : S = \{(HHH), (HHT), (HTH), (HTT), (THH), (THT), (TTH), (TTT)\}$.

$E_3 : S = \{t \mid t \geqslant 0\}$.

$E_4 : S = \{0, 1, 2, 3, \cdots\}$.

样本空间中每一种可能的结果称为样本点,也称为基本事件,一般用$\{e\}$表示.

三、随机事件

若干基本事件的集合或样本空间 S 的子集称为随机事件,一般用大写字母 A, B, C 等表示,随机事件简称事件.

例 1.3 抛一颗骰子,观察出现的点数,则样本空间 $S = \{1, 2, 3, 4, 5, 6\}$,其基本事件有 6 个,分别为 $\{1\}, \{2\}, \{3\}, \{4\}, \{5\}, \{6\}$.若 A 表示点数大于 4 的事件,则其是一个随机事件且 $A = \{5, 6\}$.

四、随机事件的关系及其运算

1. 事件间的关系

事件间的关系可用图 1-1 表示.

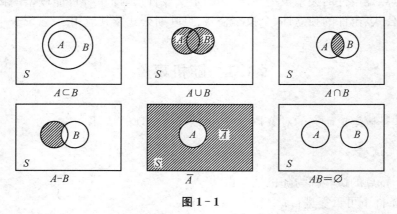

图 1-1

(1) 事件的包含与相等:若事件 A 发生必然导致事件 B 发生,称 A 被 B 包含,记为 $A \subset B$;又若 $B \subset A$,则称 A, B 是相等事件,记为 $A = B$.

(2) 和事件:或事件 A 发生,或事件 B 发生的事件称为 A, B 的和(并)事件,记为 $A \cup B$,即表示 A, B 至少有一个事件发生.

n 个事件 $A_1, A_2, \cdots, A_n$ 的和记为 $\bigcup\limits_{i=1}^{n} A_i$,表示 n 个事件至少有一个事件发生.

(3) 积(交)事件:事件 A, B 同时发生的事件称为 A, B 的积(交)事件,记为 AB 或 $A \cap B$,n 个事件的积事件记为 $\bigcap\limits_{i=1}^{n} A_i$,表示 n 个事件同时发生.

(4) 差事件:事件 A 发生而事件 B 不发生的事件称为事件 A 与 B 的差事件,记为 $A - B$.

(5) 互不相容(互斥)事件:若 A, B 不能同时发生,即 $AB = \varnothing$(空事件),称 A, B 为互不相容事件.

(6) 相互对立事件:若 $A \cup B = S$,且 $AB = \varnothing$,称 A, B 是相互对立事件或互逆事件,记为 $A = \bar{B}, B = \bar{A}$.

故有 $$A \cup \bar{A} = S, A\bar{A} = \bar{A}A = \varnothing, \bar{A} = S - A,$$

且有 $$A - B = A\bar{B}, B - A = \bar{A}B,$$

又有

$$A = (A\bar{B}) \cup (AB), B = (\bar{A}B) \cup (AB), A \cup B = (A\bar{B}) \cup (AB) \cup (\bar{A}B).$$

(7) 完备事件组:若 n 个事件 $A_1, A_2, \cdots, A_n$ 两两互不相容,即 $A_iA_j = \varnothing, i \neq j$,且 $A_1 \cup A_2 \cup \cdots \cup A_n = \bigcup\limits_{i=1}^{n} A_i = S$,则称 $A_1, A_2, \cdots, A_n$ 构成一个完备事件组或称为样本空间的一个划分.

2. 事件的运算规律

① 交换律:$A \cup B = B \cup A, AB = BA$;

② 结合律:$(A \cup B) \cup C = A \cup (B \cup C) = A \cup B \cup C$,
$(AB)C = A(BC) = ABC$;

③ 分配律:$(A \cup B) \cap C = AC \cup BC$,
$(AB) \cup C = (A \cup C)(B \cup C)$;

④ 德・摩根定律:$\overline{A \cup B} = \bar{A}\,\bar{B}$ 表示 A, B 都不发生.
$\overline{AB} = \bar{A} \cup \bar{B}$ 表示 A, B 不能同时发生,但可单独发生,即 A, B 至少有一个不发生. 以上两个运算常用于概率的计算中,务必掌握.

例 1.4 设事件 $A_i(i=1,2,3)$ 分别表示第 i 次取得合格品,用事件表示:

(1) 3 次都取得合格品;

(2) 至少 1 次取得合格品;

(3) 恰有 2 次取得合格品;

(4) 事件 $A_1\bar{A}_2\bar{A}_3 \cup \bar{A}_1A_2\bar{A}_3 \cup \bar{A}_1\bar{A}_2A_3 \cup \bar{A}_1\bar{A}_2\bar{A}_3$ 表示什么?

解 (1) 表示第 1,2,3 次同时取得合格品,即 $A_1A_2A_3$.

(2) 表示或第 1 次或第 2 次或第 3 次取得合格品,即 $A_1 \cup A_2 \cup A_3$,或表示为:

$$A_1\bar{A}_2\bar{A}_3 \cup \bar{A}_1A_2\bar{A}_3 \cup \bar{A}_1\bar{A}_2A_3 \cup A_1A_2\bar{A}_3 \cup A_1\bar{A}_2A_3 \cup \bar{A}_1A_2A_3 \cup A_1A_2A_3.$$

(3) 表示第 1,2 次取得合格品且第 3 次取得不合格品 $A_1A_2\bar{A}_3$,表示第 1,3 次取得合格品且第 2 次取得不合格品 $A_1\bar{A}_2A_3$,表示第 2,3 次取得合格品且第 1 次取得不合格品 $\bar{A}_1A_2A_3$,则恰有 2 次取得合格品可表示为:

$$A_1A_2\bar{A}_3 \cup A_1\bar{A}_2A_3 \cup \bar{A}_1A_2A_3.$$

(4) $A_1\bar{A}_2\bar{A}_3 \cup \bar{A}_1A_2\bar{A}_3 \cup \bar{A}_1\bar{A}_2A_3$ 表示恰有一次取得合格品事件,$\bar{A}_1\bar{A}_2\bar{A}_3$ 表示 3 次都未取得合格品事件,故

$$A_1\bar{A}_2\bar{A}_3 \cup \bar{A}_1A_2\bar{A}_3 \cup \bar{A}_1\bar{A}_2A_3 \cup \bar{A}_1\bar{A}_2\bar{A}_3$$

表示最多一次取得合格品事件.

例 1.5 掷 1 颗骰子,观察其点数:

(1) 用事件 A 表示"出现奇数点",事件 B 表示"点数不超过 4",事件 C 表示"大于 2 的偶数点". 用集合表示下列事件：$A \bigcup B, A \bigcup B \bigcup \overline{C}, AB, A-B, ABC$.

(2) 对事件 A, B,验证德·摩根定律.

解　(1) 样本空间 $S=\{1,2,3,4,5,6\}, A=\{1,3,5\}, B=\{1,2,3,4\}, C=\{4,6\}$,则

$$A \bigcup B=\{1,2,3,4,5\}, \overline{C}=\{1,2,3,5\},$$

$$A \bigcup B \bigcup \overline{C}=\{1,2,3,4,5\}, AB=\{1,3\},$$

$$A-B=A\overline{B}=\{5\}, ABC=\varnothing.$$

(2) 由(1)可知

$$\overline{A \bigcup B}=\{6\}, \overline{A}\ \overline{B}=\{2,4,6\} \bigcap \{5,6\}=\{6\}.$$

故有
$$\overline{A \bigcup B}=\overline{A}\ \overline{B},$$

又
$$\overline{AB}=\{2,4,5,6\}, \overline{A} \bigcup \overline{B}=\{2,4,6\} \bigcup \{5,6\}=\{2,4,5,6\}.$$

故有
$$\overline{AB}=\overline{A} \bigcup \overline{B}.$$

§1.2　随机事件的概率

在随机试验中,随机事件是否发生是很重要的,但更重要的是事件发生的可能性的大小. 例如,为了防洪的需要,要确定防洪坝的高度,就要知道河水流域每年最大洪水达到某一高度这一事件发生的可能性大小. 这个数的大小称为事件发生的概率,简言之,事件的概率就是事件发生的可能性大小的数量描述.

一、概率的统计意义

设在随机试验 E 中进行 n 次重复试验,若事件 A 出现了 n_A 次,则比值 $f_n(A)=\dfrac{n_A}{n}$ 称为事件 A 发生的频率. 频率的一般性质如下：

(1) $0 \leqslant f_n(A) \leqslant 1$;

(2) $f_n(S)=1$;

(3) 若 $A_1, A_2, \cdots, A_k$ 是两两互不相容的事件,则

$$f_n(\bigcup_{i=1}^{k} A_i)=\sum_{i=1}^{k} f_n(A_i). \tag{1.1}$$

在随机试验中,当试验次数 n 逐渐增大时,频率 $f_n(A)$ 会趋于稳定,即逐渐稳定于某一常数. 这种"频率的稳定性"即为统计规律性,该数 p 可为事件 A 发生的概率,当 n 很大时, $f_n(A) \approx p$,用其表示事件 A 发生可能性的大小是合适的,也可将频率视为概率的统计意义.

二、概率的公理化定义

设随机试验 E,样本空间为 S,对于 E 中的事件 A 赋予一个实数 $P(A)$,如果满足：

(1) $0 \leqslant P(A) \leqslant 1$；

(2) $P(S) = 1$；

(3) 对任何两两不相容事件 $A_i (i = 1, 2, \cdots)$ 有

$$P(\bigcup_{i=1}^{\infty} A_i) = \sum_{i=1}^{\infty} P(A_i), \tag{1.2}$$

则称 $P(A)$ 为事件 A 发生的概率.

三、概率的性质

(1) $P(\varnothing) = 0$；

(2) 对于任一事件 A 及对立事件 $\overline{A}$，其概率有

$$P(A) = 1 - P(\overline{A}) \text{ 或 } P(\overline{A}) = 1 - P(A); \tag{1.3}$$

(3) 若事件 $A_1, A_2, \cdots, A_n$ 两两互不相容，则

$$P(\bigcup_{i=1}^{n} A_i) = \sum_{i=1}^{n} P(A_i); \tag{1.4}$$

(4)（**加法公式**）对于任意两事件 A, B，有

$$P(A \bigcup B) = P(A) + P(B) - P(AB); \tag{1.5}$$

(5) 设 A, B 是两个事件，若 $A \subset B$，则有

$$P(B - A) = P(\overline{A}B) = P(B) - P(A),$$

$$P(B) \geqslant P(A). \tag{1.6}$$

证明　仅证性质 (2), (4).

(2) 由　　　　　　$A \bigcup \overline{A} = S, A\overline{A} = \varnothing, P(S) = 1,$

则　　　　　　$P(A \bigcup \overline{A}) = P(A) + P(\overline{A}) = 1,$

即　　　　　　$P(A) = 1 - P(\overline{A}).$

该性质常用于事件至少或至多发生的概率，一般可转化为求其对立事件 $\overline{A}$ 发生的概率.

(4) 由　　　　　　$A \bigcup B = A \bigcup B\overline{A}, A(B\overline{A}) = \varnothing,$

则　　　　　　$P(A \bigcup B) = P(A) + P(B\overline{A}).$

又　　　　　　$B = AB \bigcup B\overline{A}, (AB)(B\overline{A}) = \varnothing,$

则　　　　　　$P(B) = P(AB) + P(B\overline{A}),$

即　　　　　　$P(B\overline{A}) = P(B) - P(AB).$

代入有　　　　　　$P(A \bigcup B) = P(A) + P(B) - P(AB).$

① 加法公式证明的基本思想是将一个事件分解成两个或两个以上的互不相容的事件的和事件，这种方法常用于求一类事件的概率.

② 加法公式可以推广到多个事件的情况. 例如, A_1, A_2, A_3 为任意三个事件, 则有

$$P(A_1 \bigcup A_2 \bigcup A_3) = P(A_1) + P(A_2) + P(A_3) - P(A_1A_2) - \atop P(A_1A_3) - P(A_2A_3) + P(A_1A_2A_3).$$ (1.7)

一般, 对于任意 n 个事件 $A_1, A_2, \cdots, A_n$, 可用归纳法证得

$$P(\bigcup_{i=1}^{n} A_i) = \sum_{i=1}^{n} P(A_i) - \sum_{1 \leqslant i < j \leqslant n} P(A_iA_j) + \atop \sum_{1 \leqslant i < j < k \leqslant n} P(A_iA_jA_k) + \cdots + (-1)^{n-1} P(A_1A_2 \cdots A_n).$$ (1.8)

例 1.6　设 A, B 是两个随机事件, $P(A) = 0.3, P(B) = 0.25, P(AB) = 0.1$, 求:

(1) $P(A \bigcup B)$;　　　　　　　　(2) $P(A-B), P(B-A)$;

(3) $P(\overline{A}\,\overline{B})$;　　　　　　　　(4) $P(A-B) \bigcup (B-A)$.

解　(1) $P(A \bigcup B) = P(A) + P(B) - P(AB)$

$$= 0.3 + 0.25 - 0.1 = 0.45;$$

(2) $P(A-B) = P(A\overline{B}) = P(A) - P(AB) = 0.2$,

$P(B-A) = P(\overline{A}B) = P(B) - P(AB) = 0.15$;

(3) $P(\overline{A}\,\overline{B}) = P(\overline{A \bigcup B}) = 1 - P(A \bigcup B) = 1 - 0.45 = 0.55$;

(4) $P((A-B) \bigcup (B-A)) = P(A\overline{B} \bigcup \overline{A}B) = P(A\overline{B}) + P(\overline{A}B)$

$$= 0.2 + 0.15 = 0.35.$$

例 1.7　设 A, B, C 是三个事件, $P(A) = P(B) = P(C) = \dfrac{1}{5}, P(AC) = P(BC) = 0$,

$P(AB) = \dfrac{1}{6}$, 求 A, B, C 都不发生的概率.

解　先求 A, B, C 至少有一个事件发生的概率. 由

$$ABC \subset AC, P(AC) = 0,$$

故 $P(ABC) = 0$, 则有

$$P(A \bigcup B \bigcup C) = P(A) + P(B) + P(C) - P(AB) - P(AC) - P(BC) + P(ABC)$$

$$= \frac{1}{5} + \frac{1}{5} + \frac{1}{5} - \frac{1}{6} = \frac{13}{30}.$$

所以 A, B, C 都不发生的概率为

$$P(\overline{A}\,\overline{B}\,\overline{C}) = P(\overline{A \bigcup B \bigcup C}) = 1 - P(A \bigcup B \bigcup C) = 1 - \frac{13}{30} = \frac{17}{30}.$$

四、等可能模型(古典概型)

在概率论发展的初期, 曾把具有下面两个简单性质的随机现象作为主要对象:

(1) 试验的样本空间的元素只有有限个, 即 $S = \{e_1, e_2, \cdots, e_n\}$;

(2) 每个基本事件发生的可能性相等, 即 $P(e_1) = P(e_2) = \cdots = P(e_n) = \dfrac{1}{n}$.

一般地, 把这类随机试验的数学模型称为等可能概型, 即古典概型. 在该概型中, 对随机

试验 E,若样本空间的基本事件总数为 n,事件 A 所包含的基本事件数为 k,则事件 A 发生的概率为

$$P(A) = \frac{k}{n} = \frac{A \text{ 所包含的基本事件数}}{\text{样本空间的基本事件总数}}. \tag{1.9}$$

这是古典概型概率的定义,同时也是事件 A 的概率计算公式.

例 1.8　设有 10 件产品,其中 7 件正品,3 件次品,现从中任取 3 件,求下列事件的概率.

(1) $A = \{\text{没有次品}\}$;　　　　　(2) $B = \{\text{只有 1 件次品}\}$;

(3) $C = \{\text{最多 1 件次品}\}$;　　　(4) $D = \{\text{至少 1 件次品}\}$.

解　由于取产品无顺序,故用组合 $n = C_{10}^3 = \frac{10 \times 9 \times 8}{1 \times 2 \times 3} = 120$.

(1) $k_A = C_7^3 = 35, P(A) = \frac{k_A}{n} = \frac{35}{120} = \frac{7}{24}$;

(2) $k_B = C_3^1 C_7^2 = 63, P(B) = \frac{k_B}{n} = \frac{63}{120} = \frac{21}{40}$;

(3) $k_C = k_A + k_B = 98, P(C) = \frac{k_C}{n} = \frac{98}{120} = \frac{49}{60}$;

(4) $k_D = C_3^1 C_7^2 + C_3^2 C_7^1 + C_3^3 C_7^0 = 85, P(D) = \frac{85}{120} = \frac{17}{24}$.

或由 $D = \overline{A}$,得 $P(D) = P(\overline{A}) = 1 - P(A) = \frac{17}{24}$.

例 1.9　仍设有 10 件产品,其中 7 件正品,3 件次品,现从中任取两次,每次任取一件,考虑两种取产品方式:

(1) 放回抽样(即第一次取后放回去抽第二次);

(2) 不放回抽样(即第一次取后不放回去抽第二次).

就两种情况,求取到两件是合格品的概率.

解　(1) 设该事件为 A.

放回抽样:

$$n = C_{10}^1 C_{10}^1 = 100, k_A = C_7^1 C_7^1 = 49, P(A) = \frac{k_A}{n} = \frac{49}{100}.$$

(2) 设该事件为 B.

不放回抽样:

$$n = C_{10}^1 C_9^1 = 90, k_B = C_7^1 C_6^1 = 42, P(B) = \frac{k_B}{n} = \frac{42}{90} = \frac{7}{15}.$$

例 1.10　将 m 只球随机放入 M 个盒子中,$M \geqslant m$,求每一个盒子至多有一只球的概率(盒子的容量不限).

解　由每一只球都可以放入 M 个盒子中的任何一个盒子,故样本空间所含基本事件总数 $n = M \times M \times \cdots \times M = M^m$,而每一个盒子中至多放一只球共有 $k = M(M-1)\cdots[M-(m-1)]$ 种方法,故所求的概率为

$$P = \frac{M(M-1)\cdots(M-m+1)}{M^m} = \frac{A_M^m}{M^m},$$

其中，A_M^m 是从 M 个元素中取 m 个元素的排列数.

有许多问题与本例具有相同的数学模型. 例如，1 年按 365 天计算，现有 m 个人聚会 $(m \leqslant 365)$，则至少有两人生日同一天的概率为

$$P(A) = 1 - P(\overline{A}) = 1 - \frac{365 \times 364 \times \cdots \times (365-m+1)}{365^m}.$$

经计算可得下述结果：

m	20	23	30	40	50	64	100
P	0.411	0.507	0.706	0.891	0.970	0.997	0.999 999 7

在随机试验的班级中，若有 70 人以上，则"至少有两人生日相同"这一事件几乎总会出现.

例 1.11　设有 m 件产品，其中有 k 件次品，从中任取 n 件，求其中恰有 $i(i \leqslant k)$ 件次品的概率.

解　从 m 件产品中取 n 件的所有可能取法共 C_m^n 种，因在 k 件次品中取 i 件的所有可能取法有 C_k^i 种，又在 $m-k$ 件正品中取 $n-i$ 件正品所有可能取法有 C_{m-k}^{n-i} 种，故 m 件产品中抽取 n 件，其中恰有 i 件次品取法共有 $C_k^i C_{m-k}^{n-i}$ 种.

所求概率为

$$P = \frac{C_k^i C_{m-k}^{n-i}}{C_m^n}.$$

该式是所谓超几何分布的概率分布，它在产品质量检验中有着广泛的应用.

如 100 件产品有 2 件次品，从中任取 3 件，则其中恰有 1 件次品的概率为

$$P = C_2^1 C_{98}^2 / C_{100}^3 = 0.058\ 8.$$

§1.3　条件概率与事件的独立性

一、条件概率

1. 条件概率是概率论中一个重要而实用的概念

首先举例说明.

例 1.12　5 张彩票中有 3 张会中奖，甲、乙二人先后各抽取一张，以 A, B 分别表示甲、乙中奖事件，则

(1) 甲中奖的概率 $P(A) = \dfrac{3}{5}$.

(2) 甲、乙都中奖的概率 $P(AB) = \dfrac{3 \times 2}{5 \times 4} = \dfrac{3}{10}$.

（3）乙中奖的概率，由 $B = AB \bigcup \overline{A}B$，又 $(AB)(\overline{A}B) = \varnothing$，

$$P(B) = P(AB) + P(\overline{A}B) = \frac{3 \times 2}{5 \times 4} + \frac{2 \times 3}{5 \times 4} = \frac{12}{20} = \frac{3}{5}.$$

该结论可推广，对非即开型抽奖，在开奖前，任一彩票获奖的概率相同.

（4）甲中奖的条件下，乙也中奖的概率（记为 $P(B \mid A)$）$P(B \mid A) = \frac{2}{4} = \frac{1}{2}$. 可见在一般情况下，$P(B) \neq P(B \mid A)$，但

$$P(B \mid A) = \frac{1}{2} = \frac{5}{10} = \frac{3/10}{3/5} = \frac{P(AB)}{P(A)}.$$

这个结论具有普遍性，从而可定义条件概率如下.

定义 1.3.1　设 A, B 为两个事件，且 $P(A) > 0$，称

$$P(B \mid A) = \frac{P(AB)}{P(A)} \tag{1.10}$$

为事件 A 发生的条件下事件 B 发生的条件概率. 同样，若 $P(B) > 0$，称

$$P(A \mid B) = \frac{P(AB)}{P(B)} \tag{1.11}$$

为事件 B 发生的条件下事件 A 发生的条件概率.

条件概率与概率具有相同的性质：

（1）对任一事件 B，有 $0 \leqslant P(B \mid A) \leqslant 1$；

（2）$P(S \mid A) = 1$；

（3）$B_1, B_2, \cdots$ 是两两互不相容的事件，则有 $P\left(\bigcup\limits_{i=1}^{\infty} (B_i \mid A) \right) = \sum\limits_{i=1}^{\infty} P(B_i \mid A)$；

（4）对任意事件 B_1, B_2，有

$$P(B_1 \bigcup B_2 \mid A) = P(B_1 \mid A) + P(B_2 \mid A) - P(B_1 B_2 \mid A).$$

例 1.13　某建筑物按设计要求使用寿命超过 50 年的概率为 0.8，超过 60 年的概率为 0.6. 该建筑物经历了 50 年之后，它将在 10 年内倒塌的概率有多大？

解　设事件 A 表示"该建筑物使用寿命超过 50 年"，事件 B 表示"该建筑物使用寿命超过 60 年".

按题意，$P(A) = 0.8, P(B) = 0.6$，又 $B \subset A$，故

$$P(AB) = P(B) = 0.6.$$

所求条件概率为

$$P(\overline{B} \mid A) = 1 - P(B \mid A) = 1 - \frac{P(AB)}{P(A)} = 1 - \frac{0.6}{0.8} = 0.25.$$

2. 乘法公式

由式（1.10）和式（1.11）可得

$$P(AB) = P(A)P(B \mid A) \quad (P(A) > 0), \tag{1.12}$$

$$P(AB) = P(B)P(A \mid B) \quad (P(B) > 0), \tag{1.13}$$

称为乘法公式,一般可推广到 n 个事件的积事件的概率,例如,

$$P(A_1 A_2 A_3 A_4) = P(A_1)P(A_2 \mid A_1)P(A_3 \mid A_1 A_2)P(A_4 \mid A_1 A_2 A_3).$$

例 1.14　设某商品出售电子元件,每盒装 100 只,已知每盒混有 4 只不合格品.商家采用"坏一赔十"的销售方式:顾客买一盒元件,若任取一只发现是不合格品,商家要立刻把 10 只合格的元件放进盒子中,不合格的那只元件不再放回.顾客在一个盒子中随机地先后取 3 只测试,求他发现全是不合格品的概率.

解　设事件 A_i 表示顾客在第 i 次测试时发现不合格品,则

$$P(A_1) = \frac{4}{100}, P(A_2 \mid A_1) = \frac{3}{99+10} = \frac{3}{109},$$

$$P(A_3 \mid A_1 A_2) = \frac{2}{108+10} = \frac{2}{118}.$$

由乘法公式得所求概率为

$$P(A_1 A_2 A_3) = P(A_1)P(A_2 \mid A_1)P(A_3 \mid A_1 A_2) = \frac{4 \times 3 \times 2}{100 \times 109 \times 118}$$

$$= 0.000\ 018\ 66.$$

二、事件的独立性

设有事件 A, B,一般说来,A 的发生对 B 发生的概率是有影响的, $P(B) \neq P(B \mid A)$. 若事件 A 发生对事件 B 发生没有影响,就会有 $P(B) = P(B \mid A)$,这就引出了两事件相互独立的概念.

定义 1.3.2　设有事件 A, B,如果

$$P(AB) = P(A)P(B), \tag{1.14}$$

则称事件 A, B 相互独立,简称 A, B 独立,且有

$$A, B \text{ 独立} \Leftrightarrow P(B \mid A) = P(B) \Leftrightarrow P(A \mid B) = P(A).$$

A, B 独立,则 A 与 $\overline{B}$,$\overline{A}$ 与 B,$\overline{A}$ 与 $\overline{B}$ 都相互独立(这也是 A, B 独立的充要条件).

例 1.15　设甲、乙两台导弹发射器独立向一飞机各发射一枚导弹,已知甲击中的概率为 0.85,乙击中的概率为 0.8,求飞机被击中的概率.

解　设事件 A, B 分别表示甲、乙击中飞机,则 $A \bigcup B$ 表示飞机被击中,由独立性有

$$P(A \bigcup B) = P(A) + P(B) - P(A)P(B) = 0.85 + 0.8 - 0.85 \times 0.8$$

$$= 0.97.$$

事件的独立性可推广到三个事件.

定义 1.3.3　设三事件 A, B, C,如果满足

$$P(AB) = P(A)P(B),$$
$$P(AC) = P(A)P(C),$$
$$P(BC) = P(B)P(C),$$
$$P(ABC) = P(A)P(B)P(C), \tag{1.15}$$

则称 A,B,C 相互独立.

满足前 3 个式子,则称事件 A,B,C 为两两独立,三事件独立必须两两独立,但是两两独立不一定三事件独立.

一般地,设有 n 个事件 $A_1,A_2,\cdots,A_n$ 相互独立,如果对于任意整数 $k(1\leqslant k\leqslant n)$, $i_1,i_2,\cdots,i_k(1\leqslant i_1<i_2<\cdots<i_k\leqslant n)$,都有等式

$$P(A_{i_1}A_{i_2}\cdots A_{i_k}) = P(A_{i_1})P(A_{i_2})\cdots P(A_{i_k}), \tag{1.16}$$

则称 $A_1,A_2,\cdots,A_n$ 相互独立.

三、独立性在可靠性问题中的应用

例 1.16　一个产品(或一个元件,或一个系统)正常工作的概率可用可靠度刻画,设一个系统由 n 个独立工作元件组成,第 i 个元件的可靠度为 $p_i(i=1,2,\cdots,n)$. 第 i 个元件正常工作的事件用 A_i 表示.

(1) 串联系统:n 个元件串联,n 个元件都能正常工作,则系统的可靠度为

$$P(A_1A_2\cdots A_n) = P(A_1)P(A_2)\cdots P(A_n) = \prod_{i=1}^{n}P(A_i) = \prod_{i=1}^{n}p_i.$$

(2) 并联系统:n 个元件并联,则系统的可靠度(至少有一个元件能正常工作)为

$$\begin{aligned}
P(A_1\bigcup A_2\bigcup\cdots\bigcup A_n) &= 1 - P(\overline{A_1\bigcup A_2\bigcup\cdots\bigcup A_n}) \\
&= 1 - P(\overline{A_1}\,\overline{A_2}\cdots\overline{A_n}) \\
&= 1 - P(\overline{A_1})P(\overline{A_2})\cdots P(\overline{A_n}) \\
&= 1 - [1-P(A_1)][1-P(A_2)]\cdots[1-P(A_n)] \\
&= 1 - \prod_{i=1}^{n}(1-p_i).
\end{aligned}$$

例 1.17　设一个系统由 A,B,C,D 四个独立工作元件组成,连接方式如图 $1-2$ 所示. 每个元件的可靠性是 p,求系统的可靠度.

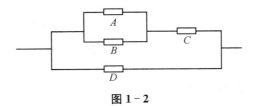

图 1 - 2

解　系统正常工作的事件可表示为 $AC\bigcup BC\bigcup D$,故

$$P(AC \bigcup BC \bigcup D) = P(AC) + P(BC) + P(D) - P(ABC) -$$
$$P(ACD) - P(BCD) + P(ABCD)$$
$$= p + 2p^2 - 3p^3 + p^4.$$

§1.4　全概率公式和贝叶斯公式

一、全概率公式

在许多实际问题中,一个事件 A 发生的概率 $P(A)$ 不易直接得出,但若已知样本空间 S 的一个划分 $B_1, B_2, \cdots, B_n$(即构成样本空间 S 的完备事件组),且已知 $P(B_i)$ 及 $P(A|B_i)$,则可以求出事件 A 发生的概率.

定理 1.4.1　设随机试验 E 的样本空间为 S,A 是 E 的事件.

$$B_1 \bigcup B_2 \bigcup \cdots \bigcup B_n = S, B_iB_j = \varnothing, i \neq j \text{ 且 } i, j = 1, 2, \cdots, n,$$

$$P(B_i) > 0, i = 1, 2, \cdots, n,$$

则

$$P(A) = P(B_1)P(A|B_1) + P(B_2)P(A|B_2) + \cdots + P(B_n)P(A|B_n)$$
$$= \sum_{i=1}^{n} P(B_i)P(A|B_i). \tag{1.17}$$

式(1.17)称为全概率公式,是计算概率的一个重要公式.

证明　由 $A = AS = A(B_1 \bigcup B_2 \bigcup \cdots \bigcup B_n) = AB_1 \bigcup AB_2 \bigcup \cdots \bigcup AB_n$,

又

$$P(B_i) > 0, \quad i = 1, 2, \cdots, n,$$
$$(AB_i)(AB_j) = \varnothing, i \neq j \text{ 且 } i, j = 1, 2, \cdots, n,$$

则

$$P(A) = P(AB_1) + P(AB_2) + \cdots + P(AB_n)$$
$$= P(B_1)P(A|B_1) + P(B_2)P(A|B_2) + \cdots + P(B_n)P(A|B_n).$$

特别地,有

$$P(A) = P(B)P(A|B) + P(\overline{B})P(A|\overline{B}).$$

例 1.18　设仓库中的产品由甲、乙、丙 3 个车间生产,其生产产品的数量之比为 $5:3:2$,次品率分别为 $1\%, 2\%, 0.5\%$,现从中任取一件,求该产品是次品的概率.

解　设 A 表示任取产品是次品的事件,$B_i (i=1,2,3)$ 分别表示甲、乙、丙车间生产产品事件,由题意得

$$P(B_1) = \frac{5}{10}, P(B_2) = \frac{3}{10}, P(B_3) = \frac{2}{10};$$

$$P(A|B_1) = 1\%, P(A|B_2) = 2\%, P(A|B_3) = 0.5\%;$$

$$P(A) = \sum_{i=1}^{3} P(B_i)P(A|B_i)$$
$$= \frac{5}{10} \times \frac{1}{100} + \frac{3}{10} \times \frac{2}{100} + \frac{2}{10} \times \frac{0.5}{100} = 1.2\%.$$

二、贝叶斯公式及应用

定理 1.4.2 设 $B_1,B_2,\cdots,B_n$ 是样空间 S 的一个划分，A 是随机试验 E 的一个事件，$P(A)>0,P(B_i)>0,i=1,2,\cdots,n$，则

$$P(B_i\mid A)=\frac{P(B_i)P(A\mid B_i)}{\sum\limits_{i=1}^{n}P(B_i)P(A\mid B_i)},i=1,2,\cdots,n. \tag{1.18}$$

式(1.18)称为贝叶斯(Bayes)公式，是计算条件概率的一个重要公式.

证明 由全概率公式及乘法公式得

$$P(B_i\mid A)=\frac{P(AB_i)}{P(A)}=\frac{P(B_i)P(A\mid B_i)}{\sum\limits_{i=1}^{n}P(B_i)P(A\mid B_i)}.$$

例 1.19 在例 1.18 中，若已知任取一件产品是合格品，求分别由甲、乙、丙 3 车间生产的概率.

解 由例 1.18 知 $P(A)=1.2\%$，则任取一件是合格品的概率为

$$P(\overline{A})=1-P(A)=98.8\%,$$

由贝叶斯公式得

$$P(B_1\mid\overline{A})=\frac{P(B_1)P(\overline{A}\mid B_1)}{P(\overline{A})}=\frac{0.5\times99\%}{98.8\%}=0.501;$$

$$P(B_2\mid\overline{A})=\frac{P(B_2)P(\overline{A}\mid B_2)}{P(\overline{A})}=\frac{0.3\times98\%}{98.8\%}=0.298;$$

$$P(B_3\mid\overline{A})=\frac{P(B_3)P(\overline{A}\mid B_3)}{P(\overline{A})}=\frac{0.2\times99.5\%}{98.8\%}=0.201.$$

以上结果表明，这只合格品来自甲车间生产的可能性最大.

例 1.20 癌症诊断问题.

根据以往的临床记录，某种诊断癌症的试验会有以下结果：若以事件 A 表示"试验反应阳性"，以事件 C 表示"被诊断者患有癌症"，则有 $P(A\mid C)=0.95,P(\overline{A}\mid\overline{C})=0.95$. 现对某地区的人进行癌症普查，设被试验的人患有癌症的概率为 $P(C)=0.005$，现某人试验反应呈阳性，求此人患癌症的概率.

解 $P(\overline{C})=0.995,P(A\mid\overline{C})=1-P(\overline{A}\mid\overline{C})=0.05,$

则检查呈阳性的概率是

$$P(A)=P(C)P(A\mid C)+P(\overline{C})P(A\mid\overline{C})$$
$$=0.005\times0.95+0.995\times0.05$$
$$=0.0545,$$

$$P(C\mid A)=\frac{P(C)P(A\mid C)}{P(A)}=\frac{0.00475}{0.0545}=8.716\%.$$

即检查呈阳性的也仅有 8.7% 的人确实患有癌症. 不注意这一点，可能会造成误诊.

全概率公式和贝叶斯公式十分重要,在运筹学中的决策分析、实际生产中的故障分析及经济活动中都有着广泛的应用. 读者可解答综合练习 1 中第 9 题,以巩固其基本概念.

习 题 1

1. 写出下列随机试验的样本空间.

(1) 同时掷 3 颗骰子,记录 3 颗骰子点数之和;

(2) 生产产品直到生产出 15 件合格品,记录生产产品的总件数;

(3) 10 件产品中有 2 件次品,每次任取一只不放回,直到 2 件次品取出,记录抽取次数.

2. 设 A,B,C 为三个事件,用运算关系表示下列各事件:

(1) B 发生,A 与 C 不发生;

(2) A 与 C 发生,B 不发生;

(3) A,B,C 至少有一个发生;

(4) A,B,C 最多有两个发生;

(5) A,B,C 都发生;

(6) A,B,C 都不发生;

(7) A,B,C 恰有一个发生;

(8) A,B,C 至少有两个发生.

3. 设 A,B,C 是三个事件,已知 $P(A) = P(B) = P(C) = 0.3$,$P(AC) = 0.2$,$P(AB) = P(BC) = 0$,求 A,C 中至少有一个发生的概率及 A,B,C 都不发生的概率.

4. 设 A,B 是两事件,且 $P(A) = 0.7$,$P(B) = 0.6$.

(1) 什么条件下,$P(AB)$ 取得最大值,求其最大值;

(2) 什么条件下,$P(AB)$ 取得最小值,求其最小值.

5. 在一标准英语字典中有 55 个由两个不同字母组成的单词,若从 26 个英文字母中任取两个字母予以排列,求能排成上述单词的概率.

6. 在一批 100 件产品中,有 5 件次品,从中任取两次,每次任取一件,作放回抽样及不放回抽样. 求下列两种情况下的概率:(1) 取到的两件都是次品;(2) 取到的两件产品中至少有一件是次品.

7. 某装修公司发出 17 箱木地板,其中一等品 10 箱,二等品 4 箱,三等品 3 箱,在搬运过程中,标签全部脱落,交货人随机将木地板发给顾客. 现有一顾客订货为一等品 4 箱,二等品 3 箱,三等品 2 箱,求该顾客能如数得到订货的概率.

8. 将 3 个球随机放入 4 个杯子中去,求杯子中球的最大个数分别是 $1,2,3$ 的概率.

9. 已知 $P(B) = \dfrac{1}{4}$,$P(A \mid B) = \dfrac{1}{3}$,$P(B \mid A) = \dfrac{1}{2}$,求 $P(A \bigcup B)$.

10. 若某一三口之家,患某种传染病的概率有以下规律:P(孩子得病) $= 0.6$,P(母亲得病 | 孩子得病) $= 0.5$,P(父亲得病 | 母亲及孩子得病) $= 0.4$,求母亲及孩子得病但父亲未得病的概率.

11. 设 A,B 是两个事件,已知 $P(A) = 0.3$,$P(B) = 0.6$. 试求下列两种情况下的

$P(A|B)$ 与 $P(\overline{A}|\overline{B})$.

(1) 事件 A,B 互不相容；

(2) 事件 A,B 有包含关系.

12. 设 A,B 是两个互相独立的事件, 已知 $P(A)=0.3, P(A\bigcup B)=0.65$, 求 $P(B)$.

13. 3 个人独立地破译一份密码, 已知各人能译出的概率分别是 $\frac{1}{5}, \frac{1}{4}, \frac{1}{3}$, 求 3 人中至少有一人能将此密码译出的概率.

14. 已知男子有 5% 是色盲患者, 女子有 0.25% 是色盲患者, 今从男女人数相等的人群中随机挑选一人恰好是色盲患者, 求此人是男性的概率.

15. 对以往数据的分析结果表明, 当机器调整到良好时, 产品合格率为 98%, 当机器发生故障时, 其合格率为 55%; 每天早上机器开动时, 机器调整到良好的概率为 95%, 求已知某日早上第一件产品是合格品时, 机器调整到良好的概率.

16. 某工厂中有甲、乙、丙 3 个车间, 生产同一种产品, 每个车间的产品产量分别占全厂的 $25\%, 35\%, 40\%$, 各车间产品的次品率分别是 $5\%, 4\%, 2\%$.

(1) 求全厂产品的次品率；

(2) 若随机取一件, 发现是次品, 求这一次品分别由甲、乙、丙车间生产的概率.

17. 设有 5 个独立工作的元件 1,2,3,4,5, 其可靠性均为 p, 将它们按图 1-3, 图 1-4 的方式连接, 分别求两个系统的可靠性.

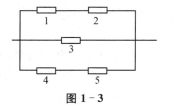

图 1-3

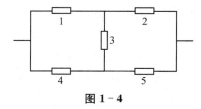

图 1-4

18. 甲、乙、丙 3 人同时各自独立地对同一目标进行射击, 击中目标的概率分别是 0.4, $0.5, 0.7$. 设目标被 1,2,3 人击中而被击毁的概率分别是 $0.2, 0.6, 1$.

(1) 求目标被击毁的概率；

(2) 已知目标被击毁, 求由 1 人击中的概率.

综合练习 1

1. 设 A,B 为两事件, $P(A)=0.7, P(A-B)=0.3$, 求 $P(\overline{AB})$.

2. 设 10 件产品中有 4 件不合格品, 从中任取两件, 已知两件中有一件是不合格品, 则另一件也是不合格品的概率是多少？

3. 设两两相互独立的三事件 A,B,C 满足条件: $ABC=\varnothing, P(A)=P(B)=P(C)<\frac{1}{2}$, 且 $P(A\bigcup B\bigcup C)=\frac{9}{16}$, 求 $P(A)$.

4. 设两个相互独立的事件 A 和 B 都不发生的概率为 $\dfrac{1}{9}$，A 发生 B 不发生的概率与 B 发生 A 不发生的概率相等，求 $P(A)$.

5. 设有来自 3 个地区的各 10 名、15 名和 25 名考生的报名表，其中女生的报名表分别为 3 份、7 份和 5 份. 随机地取一个地区的报名表，从中先后抽出两份.

(1) 求先抽到的一份是女生表的概率；

(2) 已知后抽到的一份是男生表，求先抽到的一份是女生表的概率.

6. A,B 是任意两事件，其中 A 的概率不等于 0 和 1，证明 $P(B\mid A) = P(B\mid \overline{A})$ 是事件 A 与 B 独立的充分必要条件.

7. 已知 $P(A) = 0.4$，$P(\overline{B}) = 0.3$，$P(\overline{AB}) = 0.5$，求 $P(A\mid \overline{A} \cup B)$.

8. 甲袋有 9 只白球和 1 只黑球，乙袋有 10 只白球. 每次从甲、乙两袋中随机各取一球交换放入另一袋中，这样做了 3 次，求黑球出现在甲袋中的概率.

9. 一自动化生产线每天生产零件分为三种状态，即正常工作状态、故障工作状态及失效工作状态. 据以往经验，三种状态发生的概率分别是 80%，15%，5%，三种状态下生产合格品的概率分别是 95%，50%，10%，求该自动化生产线生产的次品率，又若任取一件是次品，求是在失效工作状态生产的概率.

10. 设甲、乙、丙三台机器是否需要照顾相互之间没有影响. 已知在某一小时内，甲、乙都需要照顾的概率为 0.05，甲、丙都需要照顾的概率为 0.1，乙、丙都需要照顾的概率为 0.125.

求：(1) 甲、乙、丙每台机器在这个小时内需要照顾的概率分别为多少？

(2) 计算这个小时内至少有一台机器需要照顾的概率.

11. 甲、乙两人进行射击比赛，在一轮比赛中，甲、乙各射击一发子弹. 根据以往的资料知，甲击中 8 环、9 环、10 环的概率分别为 0.6、0.3、0.1，乙击中 8 环、9 环、10 环的概率分别为 0.4、0.4、0.2. 设甲、乙的射击相互独立.

(1) 求在一轮比赛中甲击中的环数多于乙击中环数的概率；

(2) 求在独立的三轮比赛中，至少有两轮甲击中的环数多于乙击中环数的概率.

第**2**章
随机变量及概率分布

本章的重点是随机变量的引入及随机变量的分布函数,离散型随机变量的概率分布及连续型随机变量的概率密度,六种重要分布的引入及应用,随机变量函数的分布.

§2.1 随机变量

在实际问题中,有些随机试验其基本事件是一些数字组成.例如,"掷骰子"、"测试电子产品寿命"和"记录短消息条数"等.而在某些随机试验中基本事件却不是数量,只能定性描述.例如,从一批产品中任取一件观察是正品还是次品,掷硬币到平面上观察出现正面 H 还是反面 T 等,可以将结果数量化.如果用 1 代表出现正面或正品,0 代表出现反面或次品,这样就把随机试验的结果和一个实数对应起来,即可用一个变量 X 来描述,这个变量随随机试验结果的不同而取不同的值.又由于试验的各个结果的出现是随机的且具有一定的概率,所以称这样的变量为随机变量,其定义如下.

定义 2.1.1 设随机试验 E 的样本空间为 $S = \{e\}$,如果对于每一个基本事件 e,都有唯一的实数 X 与之对应,则称 X 为一个随机变量.

随机变量通常用大写字母 X,Y,Z 表示.

引入随机变量后,可将对随机事件的研究转化为对随机变量的研究.例如,某单位每天消耗的电量度数 X 是随机变量,事件"用电超过 1 500 度"可以表示为" $X > 1\,500$ ";"用电度数在 $(1\,500,2\,500)$ 内"可以表示为" $1\,500 < X < 2\,500$ ".这就能方便地用数学分析的方法全面深入地研究随机试验.

就取值情况而言,随机变量可分为两类:

(1) 如果随机变量 X 的取值是有限个或可列无限多个,则称 X 是离散型随机变量;

(2) 如果随机变量 X 取某个区间(有限区间或无穷区间)上的所有值,则称 X 是连续型随机变量.

本章主要研究随机变量及概率分布.

§2.2 离散型随机变量及分布律

对于一个离散型随机变量 X,要掌握其统计规律,就要知道 X 的所有可能的取值及取每一个可能值的概率.

设离散型随机变量 X 所有可能取值为 $x_k(k=1,2,\cdots)$，X 取各个可能值的概率为

$$P(X = x_k) = p_k(k = 1, 2, \cdots). \tag{2.1}$$

由概率的定义，p_k 应满足两个条件：

(1) $p_k \geqslant 0, k = 1, 2, \cdots$;

(2) $\sum\limits_{k=1}^{\infty} p_k = 1.$ $\qquad\qquad\qquad\qquad\qquad\qquad\qquad\qquad$ (2.2)

式(2.1)为离散型随机变量 X 的概率分布或分布律.

例 2.1　设有 10 件产品，其中有 3 件次品，从中任取 3 件，则取得次品数 X 是一个随机变量，求 X 的分布律.

解　X 的可能取值为 $0, 1, 2, 3$.

$$P(X = 0) = P(3\,件产品全是正品) = \frac{C_3^0 C_7^3}{C_{10}^3} = \frac{7}{24};$$

$$P(X = 1) = P(1\,件产品,2\,件正品) = \frac{C_3^1 C_7^2}{C_{10}^3} = \frac{21}{40};$$

$$P(X = 2) = P(2\,件次品,1\,件正品) = \frac{C_3^2 C_7^1}{C_{10}^3} = \frac{7}{40};$$

$$P(X = 3) = P(3\,件次品) = \frac{C_3^3 C_7^0}{C_{10}^3} = \frac{1}{120}.$$

其分布律为

X	0	1	2	3
p_k	$\dfrac{7}{24}$	$\dfrac{21}{40}$	$\dfrac{7}{40}$	$\dfrac{1}{120}$

例 2.2　设某产品的合格率为 $\dfrac{4}{5}$，不合格率为 $\dfrac{1}{5}$. 现对该批产品进行测试，放回抽样. 设 X 表示首次取得不合格品的次数，求 X 的分布律及 X 为奇数的概率.

解　X 取值为 $1, 2, 3, \cdots$，则

$$P(X = 1) = \frac{1}{5}, P(X = 2) = \frac{4}{5} \times \frac{1}{5}, P(X = 3) = \left(\frac{4}{5}\right)^2 \times \frac{1}{5}, \cdots,$$

$$P(X = k) = \left(\frac{4}{5}\right)^{k-1} \times \frac{1}{5}.$$

其分布律为

X	1	2	3	$\cdots$	k	$\cdots$
p_k	$\dfrac{1}{5}$	$\dfrac{4}{5} \times \dfrac{1}{5}$	$\left(\dfrac{4}{5}\right)^2 \times \dfrac{1}{5}$	$\cdots$	$\left(\dfrac{4}{5}\right)^{k-1} \times \dfrac{1}{5}$	$\cdots$

$$
\begin{aligned}
P(X = 奇数) &= P(X = 1) + P(X = 3) + P(X = 5) + \cdots \\
&= \frac{1}{5} + \frac{1}{5} \times \left(\frac{4}{5}\right)^2 + \frac{1}{5} \times \left(\frac{4}{5}\right)^4 + \cdots
\end{aligned}
$$

$$= \frac{1}{5} \times \frac{1}{1 - \frac{16}{25}} = \frac{1}{5} \times \frac{25}{9} = \frac{5}{9}.$$

§2.3　随机变量的分布函数

对于离散型随机变量 X, 若其分布律确定, 则可以完整地描述其统计规律. 但对于一个非离散型随机变量 X, 由于其取值是不可列的, 故无法用一个分布律来描述它. 又若要研究随机变量在某一区间取值的概率, 即 $P(x_1 < X \leqslant x_2)$, 由概率的可加性

$$P(x_1 < X \leqslant x_2) = P(X \leqslant x_2) - P(X \leqslant x_1),$$

故只需求得 $P(X \leqslant x)$ 就可以解决, 其中 x 为任意实数. 这就导致了分布函数概念的产生.

定义 2.3.1　设 X 是随机变量, x 为任意实数, 函数

$$F(x) = P(X \leqslant x)(-\infty < x < +\infty) \tag{2.3}$$

称为 X 的分布函数. $F(x)$ 是 x 的函数, 它在任一点 $x = a$ 处的值 $F(a)$ 表示随机变量 X 落在区间 $(-\infty, a]$ 上的概率.

由前面的叙述可知, 对于任意实数 $x_1, x_2 (x_1 < x_2)$,

$$\begin{aligned} P(x_1 < X \leqslant x_2) &= P(X \leqslant x_2) - P(X \leqslant x_1) \\ &= F(x_2) - F(x_1). \end{aligned} \tag{2.4}$$

分布函数具有如下基本性质:

(1) $0 \leqslant F(x) \leqslant 1, F(-\infty) = \lim\limits_{x \to -\infty} F(x) = 0, F(+\infty) = \lim\limits_{x \to +\infty} F(x) = 1$;

(2) $F(x)$ 是一个不减函数, 即当 $x_1 < x_2$ 时, 有 $F(x_1) \leqslant F(x_2)$;

(3) $F(x)$ 是右连续函数, 即对于任一点 x_0, 有 $\lim\limits_{x \to x_0^+} F(x) = F(x_0)$.

用分布函数能很方便地计算出各种事件的概率, 概率的计算转化为对分布函数的计算, 这就是引入随机变量的一大特点.

例如, 对于离散型随机变量 X, 有

$$P(X = a) = P(X \leqslant a) - P(X < a) = F(a) - \lim\limits_{x \to a^-} F(x). \tag{2.5}$$

式 (2.5) 表明若已知随机变量 X 的分布函数, 可求 X 的分布律.

$$P(X > a) = 1 - P(X \leqslant a) = 1 - F(a). \tag{2.6}$$

又若已知离散型随机变量 X 的分布律, 其分布函数为

$$F(x) = P(X \leqslant x) = \sum_{x_k \leqslant x} P(X = x_k) = \sum_{x_k \leqslant x} p_k. \tag{2.7}$$

这里求和式表示对所有 $x_k \leqslant x$ 的概率累加.

例 2.3　设随机变量的分布律为

X	0	1	2
p_k	0.2	0.5	0.3

求 X 的分布函数 $F(x)$，画出 $F(x)$ 的图形，并求：

$$P(X \leqslant \frac{2}{3}), P(0 \leqslant X < 2), P(0 < X \leqslant 2).$$

解　当 $x < 0$ 时，$F(x) = 0$.
当 $0 \leqslant x < 1$ 时，$F(x) = P(X = 0) = 0.2$.
当 $1 \leqslant x < 2$ 时，$F(x) = P(X = 0) + P(X = 1) = 0.2 + 0.5 = 0.7$.
当 $x \geqslant 2$ 时，$F(x) = P(X = 0) + P(X = 1) + P(X = 2) = 1$.

即
$$F(x) = \begin{cases} 0, & x < 0; \\ 0.2, & 0 \leqslant x < 1; \\ 0.7, & 1 \leqslant x < 2; \\ 1, & x \geqslant 2. \end{cases}$$

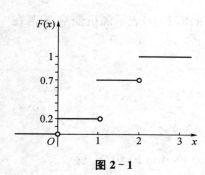

图 2-1

其图形是一个阶梯函数，非减的，如图 2-1 所示. 并注意 x 取值小于某值时是严格小于，而大于某值时是大于等于.

$$P\left(X \leqslant \frac{3}{2}\right) = F\left(\frac{3}{2}\right) = 0.7;$$

$$P(0 \leqslant X < 2) = F(2^-) - F(0^-) = 0.7 - 0 = 0.7 （或$$
为 $P(X = 0) + P(X = 1) = 0.2 + 0.5 = 0.7）$.

$$P(0 < X \leqslant 2) = F(2) - F(0) = 1 - 0.2 = 0.8 （或为$$
$P(X = 1) + P(X = 2) = 0.5 + 0.3 = 0.8）$.

例 2.4　设随机变量 X 的分布函数为

$$F(x) = A\arctan x + \frac{\pi}{2}A.$$

求常数 A 的值，并求 $P\{X > 1\}$.

解　由 $F(+\infty) = 1$，有

$$\lim_{x \to +\infty} \left(A\arctan x + \frac{\pi}{2}A\right) = \frac{\pi}{2}A + \frac{\pi}{2}A = \pi A = 1.$$

即 $A = \frac{1}{\pi}$，故

$$F(x) = \frac{1}{\pi}\arctan x + \frac{1}{2},$$

$$P(X > 1) = 1 - P(X \leqslant 1) = 1 - F(1) = 1 - \left(\frac{1}{\pi}\arctan 1 + \frac{1}{2}\right)$$

$$= 1 - \left(\frac{1}{4} + \frac{1}{2}\right) = \frac{1}{4}.$$

§2.4　几种重要的离散型随机变量的概率分布

1. 两点分布

设随机变量 X 的取值仅有两个 $X=a,X=b$，其分布律为

$$P(X=a)=p,P(X=b)=1-p \qquad (0<p<1), \tag{2.8}$$

则称其服从两点分布. 特别地，当 $a=1,b=0$，称 X 服从 $(0-1)$ 分布，即分布律为

X	1	0
p_k	p	$1-p=q$

对于一个随机试验，如果它的样本空间包含两个元素，$S=\{e_2,e_2\}$，则总能在 S 上定义一个 $(0-1)$ 分布的随机变量

$$X=\begin{cases}1, & 当 e=e_1; \\ 0, & 当 e=e_2\end{cases}$$

来描述这个随机试验的结果.

例如，掷硬币试验中，若 $X=1$ 表示出现正面 H，$X=0$ 表示出现反面 T，则分布律为

X	1	0
p_k	$\dfrac{1}{2}$	$\dfrac{1}{2}$

例 2.5　设有 100 件产品中有 3 件次品，现从中任取一件产品进行检验，并引入随机变量 X 如下：

$$X=\begin{cases}1, & 当取得的是正品; \\ 0, & 当取得的是次品.\end{cases}$$

其分布律为

X	1	0
p_k	0.97	0.03

2. 贝努利试验、二项分布

设随机试验 E 重复进行 n 次，满足：

(1) 每次试验只有两个可能结果 A 和 $\overline{A}$，且

$$P(A)=p,P(\overline{A})=1-p=q \qquad (0<p<1);$$

(2) 每次试验的结果互不影响（称为 n 次重复独立试验）.

具有上述特点的试验称为 n 重贝努利试验.

n 重贝努利试验是一种很重要的数学模型,有着广泛应用. 以 X 表示 n 重贝努利试验中事件 A 发生的次数,则 X 是一个随机变量,下面求其分布律.

先以 $n=4$,A 发生次数 $k=2$ 为例,设 A_k 表示第 k 次试验发生,则其方式共有 C_4^2 种,即 $A_1 A_2 \overline{A_3} \overline{A_4}$,$A_1 \overline{A_2} A_2 \overline{A_4}$,$A_1 \overline{A_2} \overline{A_3} A_4$,$\overline{A_1} A_2 A_3 \overline{A_4}$,$\overline{A_1} \overline{A_2} A_3 A_4$,$\overline{A_1} A_2 \overline{A_3} A_4$,由于各次试验是相互独立的,则每一种方式出现的概率为 $p^2 q^{4-2}$,又各种方式互不相容,故

$$P(X=2) = C_4^2 p^2 q^{4-2}.$$

一般地,n 次贝努利试验中事件 A 发生 k 次的概率为

$$P(X=k) = C_n^k p^k q^{n-k}, k=0,1,2,\cdots,n, 0<p<1, q=1-p. \tag{2.9}$$

显然 $$P(X=k) \geqslant 0, k=0,1,2,\cdots,n,$$

$$\sum_{k=0}^n P(X=k) = \sum_{k=0}^n C_n^k p^k q^{n-k} = (q+p)^n = 1.$$

从上式可以看出 $C_n^k p^k q^{n-k}$ 是二项式 $(q+p)^n$ 的展开式中含 p^k 的那一项,故称随机变量 X 服从参数为 n,p 二项分布,记为 $X \sim b(n,p)$.

特别地,当 $n=1$ 时,二项分布化为

$$P(X=k) = p^k q^{1-k}, k=0,1,$$

即为(0—1)分布.

例 2.6 从积累的资料表明,某自动化生产线生产的产品中,一级品率为 90%. 今从某天生产的 10 000 件产品中,随机抽取 20 件做检查,求:

(1) 恰有 18 件一级品的概率;

(2) 一级品不超过 18 件的概率.

解 设 X 表示 20 件产品中一级品的个数,由于抽 20 件产品,相当于做 20 次独立试验,可近似认为 $X \sim b(20, 0.9)$.

(1) 所求概率为:$P(X=18) = C_{20}^{18} 0.9^{18} 0.1^2 = 0.285$.

(2) 所求概率为:

$$P(X \leqslant 18) = 1 - P(X>18) = 1 - P(X=19) - P(X=20)$$
$$= 1 - C_{20}^{19} 0.9^{19} 0.1^1 - C_{20}^{20} 0.9^{20}$$
$$= 1 - 0.27 - 0.122 = 0.608.$$

例 2.7 某电话小总机下设 99 个电话用户,设每位用户一部电话,平均每小时有 3 分钟使用外线,问:

(1) 每小时有多少用户使用外线的可能性最大?

(2) 小总机设置多少条外线比较合适?

解 设 A 表示某位用户使用外线,则 $P(A) = \dfrac{3}{60} = 0.05$,$P(\overline{A}) = 0.95$.

该问题可视为 $n=99$,$p=0.05$ 贝努利试验,设 X 表示每小时使用外线的用户数,则 $X \sim b(99, 0.05)$,经计算:

X	0	1	2	3	4	5	6	7	8	9	$\cdots$
p_k	0.006 2	0.032 5	0.083 7	0.142 5	0.18	0.18	0.148 4	0.103 8	0.062 8	0.033 4	$\cdots$

（1）$X=4,X=5$ 概率最大，$P(X=4)\approx P(X=5)=C_{99}^5 0.05^5 0.95^{94}\approx 0.18$，即使用外线户数为 5 或 4 的可能性最大.

（2）考虑实际问题，应从设置外线的经济性和用户的方便性综合考虑，从表中所列数据有

$$P(X\leqslant 9)=\sum_{k=0}^9 P\{X=k\}\approx 0.006\,2+0.032\,5+\cdots+0.033\,4=0.973\,3.$$

即同时超过 9 个用户使用外线的概率不到 3%，对绝大多数用户已没有影响，因此，设置 9 条外线比较合适. 从上例中，可以推广到一般，当 n,p 固定时，$P(X=k)$ 先随 k 增大而增大，达到某一极大值后又逐渐下降. 若 $X\sim b(n,p)$，可以证明当 $m=[(n+1)p]$，即取 $np+p$ 的整数部分时，$P(X=m)$ 达到最大值.

3. 泊松分布

如果随机变量 X 的取值为 $0,1,2,\cdots$，且

$$P(X=k)=\frac{\lambda^k \mathrm{e}^{-\lambda}}{k!},k=0,1,2,\cdots,$$

其中，$\lambda>0$ 为常数，则称 X 服从参数为 λ 的泊松分布，记为 $X\sim\pi(\lambda)$.

$$p_k=\frac{\lambda^k \mathrm{e}^{-\lambda}}{k!}>0,\ k=0,1,2,\cdots,$$

$$\sum_{k=0}^\infty P(X=k)=\sum_{k=0}^\infty \frac{\lambda^k}{k!}\mathrm{e}^{-\lambda}=\mathrm{e}^{-\lambda}\sum_{k=0}^\infty \frac{\lambda^k}{k!}=\mathrm{e}^{-\lambda}\mathrm{e}^{\lambda}=1.$$

具有泊松分布的随机变量是很多的. 例如，电话总机一段时间内的呼叫次数，一段时间内进入商场的顾客数等都服从泊松分布. 在运筹学和管理学中，泊松分布占有很突出的地位.

泊松分布的计算见附录 B 中的附表 2，可查表求值.

下面考虑当 $n\rightarrow+\infty$ 时，二项分布的极限分布，有泊松定理.

定理 2. 4. 1（泊松定理）　设 $X_n\sim b(n,p_n)$，$\lambda>0$ 且为常数，若 $np_n=\lambda$，则有

$$\lim_{n\rightarrow+\infty}C_n^k p_n^k(1-p_n)^{n-k}=\frac{\lambda^k \mathrm{e}^{-\lambda}}{k!},k=0,1,2,\cdots,n.$$

即泊松分布是二项分布的极限分布，当 n 很大，p 较小时，用 $np=\lambda$ 的泊松分布可近似代替二项分布.

例 2.8　某箱子有电子元件 400 只，已知次品率为 2%，求出此箱中至少有两只次品的概率.

解　设次品数为 X，则 $X\sim b(400,0.02)$，所求概率为

$$P(X\geqslant 2)=1-P(X=0)-P(X=1)=1-0.98^{400}-400\times 0.98^{399}\times 0.02.$$

直接计算很困难，可用泊松定理，

$$\lambda = np = 8,$$

$$
\begin{aligned}
P(X \geqslant 2) &= 1 - P(X=0) - P(X=1) \\
&= 1 - \mathrm{e}^{-8} - 8\mathrm{e}^{-8} \\
&= 0.997.
\end{aligned}
$$

§2.5　连续型随机变量及其概率密度

在实践中有很多随机现象所出现的试验结果是不可列的. 例如,元件使用的寿命、测量的误差、排队的等待时间以及汛期洪水的高度等,这些都是连续型随机变量. 这种随机变量可取区间中的一切值,且它们的分布函数可用一个非负的函数的积分表示. 首先引入概率密度函数的概念.

定义 2.5.1　设 $F(x)$ 是随机变量 X 的分布函数,如果存在非负可积函数 $f(x)$,使得

$$F(x) = \int_{-\infty}^{x} f(t)\mathrm{d}t, \tag{2.10}$$

则称 X 是连续型随机变量,$f(x)$ 是 X 的概率密度函数,简称概率密度.

由式(2.10)及数学分析知识知连续随机变量的分布函数是连续函数.

概率密度具有以下性质:

(1) $f(x) \geqslant 0$;

(2) $\int_{-\infty}^{+\infty} f(x)\mathrm{d}x = 1$;

(3) $P(x_1 < x \leqslant x_2) = F(x_2) - F(x_1) = \int_{x_1}^{x_2} f(x)\mathrm{d}x$;

(4) 若 $f(x)$ 在点 x 处连续,则有 $F'(x) = f(x)$; $\qquad\qquad$ (2.11)

(5) X 是连续型随机变量,对任意点 a,$P(X=a) \equiv 0$.

性质(2)表明:介于曲线 $f(x)$ 与 x 轴之间的整个面积为 1,如图 2-2 所示.

性质(3)表明:X 落入区间 (x_1, x_2) 上的概率等于曲线 $y = f(x)$ 与 $y = 0$,$x = x_1$,$x = x_2$ 围成曲边梯形的面积,如图 2-3 所示.

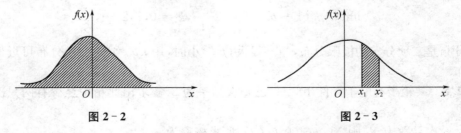

图 2-2　　　　　　　　　　　　　图 2-3

性质(4)表明:若已知 X 的分布函数 $F(x)$,求导可得其概率密度 $f(x)$.

在连续型随机变量中,概率密度 $f(x)$ 的数值不直接表示概率值的大小,但当区间很小时,$f(x)$ 的数值却能反映 X 在 x 附近取值的概率大小,因当 $\mathrm{d}x$ 很小时,

$$P(x < X \leqslant x + \mathrm{d}x) = \int_x^{x+\mathrm{d}x} f(t)\mathrm{d}t \approx f(x)\mathrm{d}x.$$

性质(5)表明:对连续型随机变量 X,其取任一给定值 a 的概率为 0. 这是由于

$$P(X = a) = P(X \leqslant a) - P(X < a) = F(a) - F(a^-),$$

又 $F(x)$ 是连续函数,因此,$F(a) = F(a^-)$,所以 $P(X = a) = 0$.

因此,连续型随机变量 X 在下面几个区间上取值的概率是相等的,即有

$$P(a \leqslant X \leqslant b) = P(a < X < b) = P(a \leqslant X < b)$$
$$= P(a < X \leqslant b) = F(b) - F(a). \tag{2.12}$$

而事件 $\{X=a\}$ 是可能发生的,由此知道,在概率论中,不可能事件的概率为零,但概率为零的事件不一定是不可能事件,或者说概率为零的事件在现实中是有可能发生的.

例 2.9　设随机变量 X 的概率密度为 $f(x) = \begin{cases} A\sin x, & 0 \leqslant x \leqslant \pi; \\ 0, & \text{其他.} \end{cases}$

(1) 确定常数 A;(2)求 X 的分布函数;(3)求 $P\left(\frac{\pi}{4} \leqslant X \leqslant \frac{3}{4}\pi\right)$.

解　(1) 由 $\int_{-\infty}^{+\infty} f(x)\mathrm{d}x = 1$,有

$$\int_0^\pi A\sin x \mathrm{d}x = -A\cos x \Big|_0^\pi = 2A = 1,$$

即 $A = \frac{1}{2}$.

(2) X 的分布函数为 $F(x) = \int_{-\infty}^x f(x)\mathrm{d}t$.

当 $x < 0$ 时,$F(x) = 0$.

当 $0 \leqslant x \leqslant \pi$ 时,$F(x) = \int_{-\infty}^0 f(t)\mathrm{d}t + \int_0^x f(t)\mathrm{d}t$ (注意是一个分段表示求积分)

$$= \int_0^x \frac{1}{2}\sin t \mathrm{d}t = -\frac{1}{2}\cos t \Big|_0^x = \frac{1}{2}(1 - \cos x).$$

当 $x > \pi$ 时,$F(x) = \int_{-\infty}^0 f(t)\mathrm{d}t + \int_0^\pi f(t)\mathrm{d}t + \int_\pi^x f(t)\mathrm{d}t = \int_0^\pi \frac{1}{2}\sin x \mathrm{d}x = 1$.

即
$$F(x) = \begin{cases} 0, & x < 0; \\ \frac{1}{2}(1 - \cos x), & 0 \leqslant x \leqslant \pi; \\ 1, & x > \pi. \end{cases}$$

(3) $P\left(\frac{\pi}{4} \leqslant X \leqslant \frac{3}{4}\pi\right) = F\left(\frac{3}{4}\pi\right) - F\left(\frac{\pi}{4}\right)$

$$= \frac{1}{2}\left(1 - \cos\frac{3}{4}\pi\right) - \frac{1}{2}\left(1 - \cos\frac{\pi}{4}\right) = \frac{\sqrt{2}}{2},$$

或
$$P\left(\frac{\pi}{4} \leqslant X \leqslant \frac{3}{4}\pi\right) = \int_{\frac{\pi}{4}}^{\frac{3}{4}\pi} \frac{1}{2}\sin x \mathrm{d}x = -\frac{1}{2}\cos x \Big|_{\frac{\pi}{4}}^{\frac{3}{4}\pi} = \frac{\sqrt{2}}{2}.$$

例 2.10 某种晶体管的使用寿命 X（以 h 计）的概率密度为

$$f(x) = \begin{cases} \dfrac{100}{x^2}, & x \geqslant 100; \\ 0, & x < 100. \end{cases}$$

设某仪器上装有 3 只上述晶体管，求：

（1）在使用的最初 150 h 内，一个晶体管都不损坏的概率；

（2）这段时间内只有一只晶体管损坏的概率.

解　（1）一只晶体管使用 150 h 而无一晶体管损坏的概率为

$$P(X > 150) = \int_{150}^{+\infty} \frac{100}{x^2} \mathrm{d}x = -\frac{100}{x} \Big|_{150}^{+\infty} = -\left(0 - \frac{100}{150}\right) = \frac{2}{3}.$$

设 Y 表示在使用的最初 150 h 内，晶体管无损坏的个数，则 $Y \sim b\left(3, \dfrac{2}{3}\right)$，

$$P(Y = 3) = \mathrm{C}_3^3 \left(\frac{2}{3}\right)^3 \left(\frac{1}{3}\right)^0 = \frac{8}{27}.$$

（2）使用 150 h，晶体管损坏的概率为

$$P(X \leqslant 150) = \int_{100}^{150} \frac{100}{x^2} \mathrm{d}x = \frac{1}{3}.$$

设 Z 表示在使用的最初 150 h 内，晶体管损坏的个数，则 $Z \sim b\left(3, \dfrac{1}{3}\right)$，

$$P(Z = 1) = \mathrm{C}_3^1 \left(\frac{1}{3}\right)^1 \left(\frac{2}{3}\right)^2 = \frac{4}{9}.$$

注：本题是将连续型随机变量和离散型随机变量综合起来的一个例子，在应用上也有实际价值.

§2.6　几种重要的连续型随机变量的分布

1. 均匀分布

若连续型随机变量 X 在有限区间 $[a,b]$ 上取值，且其概率密度为

$$f(x) = \begin{cases} \dfrac{1}{b-a}, & a \leqslant x \leqslant b; \\ 0, & \text{其他.} \end{cases} \tag{2.13}$$

则称 X 在 $[a,b]$ 上服从均匀分布，记为 $X \sim U[a,b]$.

其分布函数为

$$F(x) = \begin{cases} 0, & x \leqslant a; \\ \displaystyle\int_a^x \frac{\mathrm{d}t}{b-a} = \frac{x-a}{b-a}, & a < x < b; \\ 1, & x \geqslant b. \end{cases} \tag{2.14}$$

例 2.11　若随机变量 X 在 $[1,6]$ 上服从均匀分布,求方程 $x^2 + Xx + 1 = 0$ 有实根的概率.

解　X 的概率密度为

$$f(x) = \begin{cases} \dfrac{1}{5}, & 1 \leqslant x \leqslant 6; \\ 0, & \text{其他}. \end{cases}$$

又方程 $x^2 + Xx + 1 = 0$ 有实根的条件是

$$\Delta = X^2 - 4 \geqslant 0,$$

解之得 $X \leqslant -2$ 或 $X \geqslant 2$.

由于 $X \leqslant -2$ 不在区间 $[1,6]$ 中,故 $P\{X \leqslant -2\} = 0$.

方程有实根的概率为

$$P(X \geqslant 2) = \int_2^6 \frac{1}{5} \mathrm{d}x = \frac{4}{5}.$$

例 2.12　某乡村客车站客车路过的时刻 T 是一个随机变量,均匀分布在 12 点 10 分至 12 点 45 分之间,某旅客于 12 点 20 分至 12 点 40 分之间在车站等候,求他在这段时间能赶上客车的概率.

解　由题意,T 的概率密度为

$$f(t) = \begin{cases} \dfrac{1}{45 - 10} = \dfrac{1}{35}, & 10 \leqslant t \leqslant 45; \\ 0, & \text{其他}. \end{cases}$$

而客车于 12 点 20 至 12 点 40 分路过该站的概率为

$$P(20 < t \leqslant 40) = \int_{20}^{40} \frac{1}{35} \mathrm{d}t = \frac{4}{7},$$

即为乘客能赶上客车的概率.

2. 指数分布

若随机变量 X 具有概率密度为

$$f(x) = \begin{cases} \lambda \mathrm{e}^{-\lambda x}, & x > 0, \\ 0, & x \leqslant 0. \end{cases} (\lambda > 0) \tag{2.15}$$

则称 X 服从参数为 λ 的指数分布,记为 $X \sim E(\lambda)$.

当 $x > 0$ 时,

$$F(x) = \int_{-\infty}^x f(t)\mathrm{d}t = \int_0^x \lambda \mathrm{e}^{-\lambda t} \mathrm{d}t = -\mathrm{e}^{-\lambda t}\Big|_0^x = 1 - \mathrm{e}^{-\lambda x}.$$

故它的分布函数为

$$F(x) = \begin{cases} 1 - \mathrm{e}^{-\lambda x}, & x > 0; \\ 0, & x \leqslant 0. \end{cases} \tag{2.16}$$

指数分布在工程技术中有重要的应用,最重要的是它可以为各种"寿命"的近似分布,可

用于可靠性分析及运筹学中随机服务系统的服务时间等.

例 2.13　根据历史资料分析,某地连续两次强烈地震之间相隔的年数 X 是一个随机变量,$X \sim E(0.1)$,现在该地区刚发生了一次强烈地震,求:

(1) 今后 3 年内再次发生强地震的概率;

(2) 今后 3 至 5 年内再次发生强地震的概率.

解　依题意 X 的概率密度和分布函数分别为($\lambda = 0.1$)

$$f(x) = \begin{cases} 0.1e^{-0.1x}, & x > 0; \\ 0, & x \leqslant 0. \end{cases} \qquad F(x) = \begin{cases} 1 - e^{-0.1x}, & x > 0; \\ 0, & x \leqslant 0. \end{cases}$$

(1) 所求概率为

$$P(X \leqslant 3) = F(3) = 1 - e^{-0.3} = 0.26.$$

(2) 所求概率为

$$\begin{aligned} P(3 < X \leqslant 5) &= F(5) - F(3) \\ &= (1 - e^{-0.5}) - (1 - e^{-0.3}) \\ &= 0.13. \end{aligned}$$

例 2.14　设一大型设备在任何长为 t 的时间内发生故障的次数 $N(t)$ 服从参数为 λt 的泊松分布,以 T 表示相邻两次故障之间的时间间隔.

(1) 求 T 的概率分布;

(2) 对 $\lambda = 0.01$,求一次故障修复后,设备无故障运行 8 h 的概率.

解　(1) 显然当 $t \leqslant 0$ 时,$F(t) = P(T \leqslant t) = 0$,又因为 $N(t)$ 服从参数为 λt 的泊松分布,有 $P(N(t) = k) = \dfrac{e^{-\lambda t}(\lambda t)^k}{k!}$.

对 $t > 0$,由 T 的定义,$\{T > t\}$ 表示在长为 t 的时间内没有发生故障,所以事件 $\{T > t\}$ 与 $\{N(t) = 0\}$ 等价.

$$P(N(t) = 0) = e^{-\lambda t},$$

即

$$P(T > t) = e^{-\lambda t}.$$

故 T 的分布函数为

$$F(t) = \begin{cases} 1 - e^{-\lambda t}, & t > 0; \\ 0, & t \leqslant 0. \end{cases}$$

即相邻两次故障之间的时间间隔 T 服从参数为 λ 的指数分布.

(2) 对 $\lambda = 0.01$,$f(t) = \begin{cases} 0.01e^{-0.01t}, & t > 0; \\ 0, & t \leqslant 0. \end{cases}$

所求概率为

$$\begin{aligned} P(T > 8) &= 1 - P(T \leqslant 8) = 1 - F(8) \\ &= 1 - (1 - e^{-0.01 \times 8}) = e^{-0.08} \\ &= 0.9231. \end{aligned}$$

3. 正态分布

自然界中的很多随机变量都服从或近似服从正态分布. 例如,测量的误差,人群的身高、体重,产品的长度、重量,电源的电压等. 因此,正态分布是实践应用最广泛、最重要的分布.

(1) 设连续型随机变量 X 的概率密度为

$$f(x) = \frac{1}{\sqrt{2\pi}\sigma}\mathrm{e}^{-\frac{(x-\mu)^2}{2\sigma^2}}, \quad -\infty < x < +\infty, \tag{2.17}$$

其中,μ,σ 为常数,$\sigma > 0$,则称 X 服从参数为 μ,σ 的一般正态分布或高斯分布,记为 $X \sim N(\mu,\sigma^2)$. 它的分布函数为

$$F(x) = \int_{-\infty}^{x} \frac{1}{\sqrt{2\pi}\sigma}\mathrm{e}^{-\frac{(t-\mu)^2}{2\sigma^2}}\,\mathrm{d}t. \tag{2.18}$$

$f(x)$ 的曲线如图 2-4 所示,它具有以下性质:

① $f(x)$ 的曲线关于 $x = \mu$ 对称. 表明若 $X \sim N(\mu,\sigma^2)$,对任意 $a > 0$,有

$$P\{\mu < X \leqslant \mu + a\} = P\{\mu - a < X \leqslant \mu\},$$

即 X 在以 $x = \mu$ 为对称轴的区间内取值的概率相等.

② 在 $x = \mu$ 处 $f(x)$ 取得最大值:

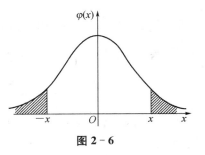

图 2-4

$$f(\mu) = \frac{1}{\sqrt{2\pi}\sigma}.$$

③ $f(x)$ 有两个拐点,拐点的横坐标 $x = \mu \pm \sigma$.

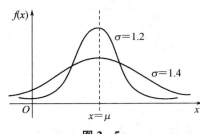

图 2-5

若固定 σ,改变 μ 的值,则 $f(x)$ 的图形沿 x 轴平移. 又若固定 μ,改变 σ,则 σ 越大,曲线在 $x = \mu$ 附近越平滑,σ 越小,曲线在 $x = \mu$ 附近越陡斜,表明随机变量取值越集中在 $x = \mu$ 附近,如图 2-5 所示.

④ $f(x)$ 有水平渐近线 $y = 0$.

(2) 标准正态分布.

当 $\mu = 0, \sigma = 1$ 时,称 X 服从标准正态分布,记为 $X \sim N(0,1)$,其概率密度 $\varphi(x)$ 和分布函数 $\Phi(x)$ 分别为

$$\varphi(x) = \frac{1}{\sqrt{2\pi}}\mathrm{e}^{-\frac{x^2}{2}}, \tag{2.19}$$

$$\Phi(x) = \frac{1}{\sqrt{2\pi}}\int_{-\infty}^{x} \mathrm{e}^{-\frac{t^2}{2}}\,\mathrm{d}t. \tag{2.20}$$

① $\varphi(x)$ 是偶函数,其图形关于 y 轴对称,如图 2-6 所示,故有

$$\Phi(-x) = 1 - \Phi(x),$$

图 2-6

且有 $\Phi(0) = 0.5$.

② $\Phi(x)$ 的函数表见附表 1,可查表求其值. 即假如 $X \sim N(0,1)$,则 $\Phi(x) = P(X \leqslant x)$,如

$$\Phi(1) = P(X \leqslant 1) = 0.841\,3, \quad \Phi(2) = 0.977\,2,$$

$$\Phi(0.5) = 0.691\,5, \quad \Phi(1.96) = 0.975\,0,$$

$$\Phi(1.645) = \frac{1}{2}\big[\Phi(1.64) + \Phi(1.65)\big]$$

$$= \frac{1}{2}(0.949\,5 + 0.950\,5) = 0.950.$$

故有

$$P(\,|\,X\,|\leqslant 1) = P(-1 \leqslant X \leqslant 1) = \Phi(1) - \Phi(-1) = 2\Phi(1) - 1$$
$$\approx 2 \times 0.841\,3 - 1 = 0.682\,6.$$

同理

$$P(\,|\,X\,|\leqslant 2) = 2\Phi(2) - 1 \approx 0.954\,4, \quad P(\,|\,X\,|\leqslant 3) = 2\Phi(3) - 1 \approx 0.997\,4.$$

③ 若 $X \sim N(\mu,\sigma^2)$,令 $X^* = \dfrac{X-\mu}{\sigma}$,则 $X^* \sim N(0,1)$,实际上 $X^* = \dfrac{X-\mu}{\sigma}$ 的分布函数为

$$P(X^* \leqslant x) = P\Big(\frac{X-\mu}{\sigma} \leqslant x\Big) = P(X \leqslant \mu + \sigma x) = \frac{1}{\sqrt{2\pi}\sigma}\int_{-\infty}^{\mu+\sigma x} e^{-\frac{(t-\mu)^2}{2\sigma^2}}\,\mathrm{d}t.$$

令 $t = \mu + \sigma u$,得

$$P(X^* \leqslant x) = \frac{1}{\sqrt{2\pi}}\int_{-\infty}^{x} e^{-\frac{u^2}{2}}\,\mathrm{d}u = \Phi(x),$$

故有

$$X^* = \frac{X-\mu}{\sigma} \sim N(0,1).$$

称上述过程是将一般正态分布标准化的过程,且对任意区间 $(x_1, x_2]$,$X \sim N(\mu,\sigma^2)$,

$$P(x_1 < X \leqslant x_2) = F(x_2) - F(x_1) = \Phi\Big(\frac{x_2-\mu}{\sigma}\Big) - \Phi\Big(\frac{x_1-\mu}{\sigma}\Big). \tag{2.21}$$

例 2.15　设 $X \sim N(2.3, 4)$,求 (1) $P(2 \leqslant X \leqslant 4)$;(2) $P(\,|\,X\,|\geqslant 3)$.

解　(1) $P(2 \leqslant X \leqslant 4) = F(4) - F(2) = \Phi\Big(\dfrac{4-2.3}{2}\Big) - \Phi\Big(\dfrac{2-2.3}{2}\Big)$

$$= \Phi(0.85) - \Phi(-0.15) = \Phi(0.85) - [1 - \Phi(0.15)]$$
$$= 0.802\,3 - (1 - 0.559\,6) = 0.361\,9;$$

(2) $P(\,|\,X\,|\geqslant 3) = 1 - P(\,|\,X\,|\leqslant 3) = 1 - P(-3 \leqslant X \leqslant 3)$

$$= 1 - [F(3) - F(-3)] = 1 - \Phi\Big(\frac{3-2.3}{2}\Big) + \Phi\Big(\frac{-3-2.3}{2}\Big)$$

$$= 1 - \Phi(0.35) + 1 - \Phi(2.65) = 2 - 0.636\ 8 - 0.996\ 0$$
$$= 0.367\ 2.$$

例 2.16 某公司招聘大学毕业生 155 人,按综合考试成绩从高分到低分依次录取,设共有 526 人报名,考试成绩 $X \sim N(\mu, \sigma^2)$. 已知 90 分以上的 12 人,60 分以下的 83 人. 某人成绩为 78 分,问此人能否被录取?

解 由考生成绩 $X \sim N(\mu, \sigma^2)$,但 μ, σ^2 未知,故应先利用已知信息求出 μ, σ^2.

由
$$P(X > 90) = \frac{12}{526} \approx 0.022\ 8,$$

有
$$P(X \leqslant 90) = 1 - P(X > 90) = 0.977\ 2.$$

又
$$P(X \leqslant 90) = F(90) = \Phi\left(\frac{90 - \mu}{\sigma}\right) = 0.977\ 2.$$

反查表,有
$$\frac{90 - \mu}{\sigma} = 2.0. \qquad \qquad ①$$

又
$$P(X < 60) = \frac{83}{526} \approx 0.157\ 8,$$

且
$$P(X < 60) = F(60) = \Phi\left(\frac{60 - \mu}{\sigma}\right) = 0.157\ 8,$$

有
$$\Phi\left(\frac{\mu - 60}{\sigma}\right) = 1 - 0.157\ 8 = 0.842\ 2.$$

反查表,有
$$\frac{\mu - 60}{\sigma} \approx 1.0, \qquad \qquad ②$$

联立①,②,解出
$$\mu = 70, \sigma = 10,$$

所以
$$X \sim N(70, 10^2),$$

录取率为
$$\frac{155}{526} \approx 0.294\ 7.$$

所以
$$P(X > 78) = 1 - P(X \leqslant 78) = 1 - F(78)$$
$$= 1 - \Phi\left(\frac{78 - 70}{10}\right) = 1 - \Phi(0.8)$$
$$= 1 - 0.788\ 1$$
$$= 0.211\ 9 \text{(成绩超过 78 分的比例)}.$$

因 $0.211\ 9 < 0.294\ 7$,故此人能被录取.

例 2.17 设某地区电源电压 U 是一个随机变量,$U \sim N(220, 25^2)$(单位:V),通常有 3 种状态:① 不超过 200 V;②在 200~240 V 之间;③超过 240 V. 在上述 3 种状态下,某电子元件损坏的概率分别为 0.1,0.001,0.2.

(1) 求电子元件损坏的概率;

(2) 在电子元件已损坏的情况下,分析电压所处状态.

解 (1) 设 B_1, B_2, B_3 分别表示电压所处的 3 种状态,A 表示电子元件已损坏. 由于 $U \sim N(220, 25^2)$,所以

$$P(B_1) = P(U \leqslant 200) = F(200) = \Phi\left(\frac{200-220}{25}\right)$$

$$= \Phi(-0.8) = 1 - \Phi(0.8) = 0.211\,9;$$

$$P(B_2) = P(200 \leqslant U \leqslant 240) = F(240) - F(200)$$

$$= \Phi\left(\frac{240-220}{25}\right) - \Phi\left(\frac{200-220}{25}\right)$$

$$= 2\Phi(0.8) - 1 = 0.576\,2;$$

$$P(B_3) = P\{U \geqslant 240\} = 1 - \Phi\left(\frac{240-220}{25}\right) = 0.211\,9.$$

由全概率公式,有

$$P(A) = \sum_{i=1}^{3} P(B_i)P(A \mid B_i)$$

$$= 0.211\,9 \times 0.1 + 0.576\,2 \times 0.001 + 0.211\,9 \times 0.2$$

$$= 0.064\,2.$$

(2) 由贝叶斯公式,有

$$P(B_1 \mid A) = \frac{P(B_1)P(A \mid B_1)}{P(A)}$$

$$= \frac{0.211\,9 \times 0.1}{0.064\,2} \approx 0.330.$$

同理,$P(B_2 \mid A) \approx 0.009$,$P(B_3 \mid A) \approx 0.660$.

3 个概率值中最大值为 0.660,说明电子元件损坏时,电压处在高电压状态下的可能性最大,其次是低电压状态.

§2.7 随机变量的函数分布

设 X 是一个随机变量,则它的函数 $Y = g(X)$(其中 $g(x)$ 是连续函数) 也是一个随机变量. 现在要解决的问题是:已知 X 的分布,求 $Y = g(X)$ 的分布. 下面以实例说明解决此问题的方法.

例 2.18 已知离散型随机变量 X 的分布律为

X	-3	-2	-1	0	1
p_k	$\frac{1}{8}$	$\frac{1}{4}$	$\frac{1}{4}$	$\frac{1}{8}$	$\frac{1}{4}$

求:(1) $Y = X^2$;(2) $Y = 2X + 1$ 的分布律.

解 (1) $P(Y = x_k^2) = P(X^2 = x_k^2) = P(X = x_k)$.

故 $Y = X^2$ 的分布律为

Y	9	4	1	0	1
p_k	$\dfrac{1}{8}$	$\dfrac{1}{4}$	$\dfrac{1}{4}$	$\dfrac{1}{8}$	$\dfrac{1}{4}$

或

Y	0	1	4	9
p_k	$\dfrac{1}{8}$	$\dfrac{1}{2}$	$\dfrac{1}{4}$	$\dfrac{1}{8}$

(2) $P(2X+1=2x_k+1)=P(X=x_k)$,所以有

$$Y=2X+1,$$

其分布律为

Y	-5	-3	-1	1	3
p_k	$\dfrac{1}{8}$	$\dfrac{1}{4}$	$\dfrac{1}{4}$	$\dfrac{1}{8}$	$\dfrac{1}{4}$

例 2.19　设连续型随机变量 X 具有概率密度 $f(x)$. 对 X 的线性函数 $Y=aX+b$,其中,a,b 为常数,且 $a>0$,求 Y 的概率密度 $g(y)$.

解　设 Y 的分布函数为 $G(y)$,则

$$G(y)=P(Y\leqslant y)=P(aX+b\leqslant y)$$

$$=P\left(X\leqslant \frac{y-b}{a}\right)=\int_{-\infty}^{\frac{y-b}{a}}f(t)\mathrm{d}t.$$

对 y 求导(注意是按变上限函数求导数)得

$$g(y)=G'(y)=\frac{1}{a}f\left(\frac{y-b}{a}\right).$$

作为特例,设 $X\sim N(\mu,\sigma^2)$,$Y=\dfrac{X-\mu}{\sigma}$, 则

$$G(y)=\int_{-\infty}^{\sigma y+\mu}\frac{1}{\sqrt{2\pi}\sigma}\mathrm{e}^{-\frac{(x-\mu)^2}{2\sigma^2}}\mathrm{d}x,$$

所以有

$$g(y)=G'(y)=\frac{1}{\sqrt{2\pi}\sigma}\mathrm{e}^{-\frac{(\sigma y+\mu-\mu)^2}{2\sigma^2}}\cdot(\sigma y+\mu)'=\frac{1}{\sqrt{2\pi}}\mathrm{e}^{-\frac{y^2}{2}}.$$

这表明,若 $X\sim N(\mu,\sigma^2)$,则 $Y=\dfrac{X-\mu}{\sigma}\sim N(0,1)$.

例 2.20　设连续型随机变量 X 的概率密度为 $f(x)(-\infty<x<+\infty)$,求 $Y=X^2$ 的概率密度 $g(y)$.

解　$G(y) = P(Y \leqslant y) = P(X^2 \leqslant y)$.

当 $y \leqslant 0$ 时，$G(y) = 0$（不可能事件）.

当 $y > 0$ 时，$G(y) = P(-\sqrt{y} \leqslant X \leqslant \sqrt{y}) = \int_{-\sqrt{y}}^{\sqrt{y}} f(x)\mathrm{d}x$,

$$g(y) = G'(y) = f(\sqrt{y}) \cdot (\sqrt{y})' - f(-\sqrt{y}) \cdot (-\sqrt{y})'$$
$$= \frac{1}{2\sqrt{y}}[f(\sqrt{y}) + f(-\sqrt{y})].$$

即有

$$g(y) = \begin{cases} 0, & y \leqslant 0; \\ \dfrac{1}{2\sqrt{y}}[f(\sqrt{y}) + f(-\sqrt{y})], & y > 0. \end{cases}$$

(1) 若 $X \sim N(0,1)$，$\varphi(x) = \dfrac{1}{\sqrt{2\pi}} \mathrm{e}^{-\frac{x^2}{2}}$.

当 $y > 0$ 时，　$g(y) = \dfrac{1}{2\sqrt{y}}\left[\dfrac{1}{\sqrt{2\pi}}\mathrm{e}^{-\frac{y}{2}} + \dfrac{1}{\sqrt{2\pi}}\mathrm{e}^{-\frac{y}{2}} \right]$,

所以

$$g(y) = \begin{cases} 0, & y \leqslant 0; \\ \dfrac{1}{\sqrt{2\pi}}\mathrm{e}^{-\frac{y}{2}} \cdot y^{-\frac{1}{2}}, & y > 0. \end{cases}$$

(2) 又若 $X \sim E(1)$，$f(x) = \begin{cases} \mathrm{e}^{-x}, & x > 0; \\ 0, & x \leqslant 0. \end{cases}$

当 $y > 0$ 时，　$G(y) = \int_{-\sqrt{y}}^{\sqrt{y}} f(x)\mathrm{d}x = \int_0^{\sqrt{y}} \mathrm{e}^{-x}\mathrm{d}x$,

$$g(y) = G'(y) = \mathrm{e}^{-\sqrt{y}}(\sqrt{y})' = \frac{1}{2\sqrt{y}}\mathrm{e}^{-\sqrt{y}},$$

则

$$g(y) = \begin{cases} 0, & y \leqslant 0; \\ \dfrac{1}{2\sqrt{y}}\mathrm{e}^{-\sqrt{y}}, & y > 0. \end{cases}$$

一般求 $Y = f(X)$ 的分布，关键是把事件 $\{f(X) \leqslant y\}$ 转化为在相应范围内，利用 X 的分布求出 Y 的分布，求导得 Y 的概率密度，但要注意 y 的取值和分段表示.

为使读者进一步掌握该种方法，下面再举一个综合例题.

例 2.21　设随机变量 X 的概率密度为

$$f(x) = \begin{cases} \dfrac{1}{3\sqrt[3]{x^2}}, & 1 \leqslant x \leqslant 8; \\ 0, & \text{其他.} \end{cases}$$

$F(x)$ 是 X 的分布函数，求随机变量 $Y = F(X)$ 的分布函数及概率密度.

解　对 X 的分布函数 $F(x)$，当 $x < 1$ 时，$F(x) = 0$；当 $x > 8$ 时，$F(x) = 1$.

当 $1 \leqslant x \leqslant 8$ 时，

$$F(x) = P(X \leqslant x) = \int_{-\infty}^x f(x)\mathrm{d}x$$

$$= \int_{-\infty}^{1} 0 \mathrm{d}x + \int_{1}^{x} \frac{1}{3\sqrt[3]{t^2}} \mathrm{d}t$$

$$= \frac{1}{3} \cdot 3 \cdot t^{\frac{1}{3}} \Big|_{1}^{x} = \sqrt[3]{x} - 1.$$

即
$$F(x) = \begin{cases} 0, & x < 1; \\ \sqrt[3]{x} - 1, & 1 \leqslant x \leqslant 8; \\ 1, & x > 8. \end{cases}$$

设 $G(y)$ 是随机变量 $Y = F(X)$ 的分布函数.

由 $x = 1$ 时,$F(1) = 0$,则当 $y \leqslant 0$ 时,$G(y) = 0$.

又由 $x = 8$ 时,$F(8) = 1$,则当 $y \geqslant 1$ 时,$G(y) = 1$.

对于　$0 < y < 1$,则有

$$\begin{aligned} G(y) &= P(Y \leqslant y) = P(F(X) \leqslant y) \\ &= P(\sqrt[3]{X} - 1 \leqslant y) = P(X \leqslant (y+1)^3) \\ &= F[(y+1)^3] = \sqrt[3]{(y+1)^3} - 1 \\ &= y + 1 - 1 = y. \end{aligned}$$

综合以上分析,故 $Y = F(X)$ 的分布函数为

$$G(y) = \begin{cases} 0, & \text{若 } y \leqslant 0; \\ y, & \text{若 } 0 < y < 1; \\ 1, & \text{若 } y \geqslant 1. \end{cases}$$

其概率密度为

$$g(y) = G'(y) = \begin{cases} 1, & \text{若 } 0 < y < 1; \\ 0, & \text{其他.} \end{cases}$$

习 题 2

1. 10 只产品中有 6 只一级品,4 只二级品,从中任取 3 只,则取得的二级品数 X 是一个随机变量,求其分布律及分布函数.

2. 某种产品合格率为 $\frac{3}{4}$,不合格率为 $\frac{1}{4}$,现对该批产品进行放回测试,设 X 表示首次取得不合格品的次数,求 X 的分布律及 X 为偶数的概率.

3. 确定常数 c,使下列函数成为随机变量 X 的分布律.

(1) $P\{X = k\} = ck, k = 1, 2, \cdots, n$;

(2) $P\{X = k\} = c\left(\frac{2}{3}\right)^k, k = 1, 2, \cdots$.

4. 设随机变量 X 的分布律为

X	1	2	3
p_k	$\dfrac{1}{4}$	$\dfrac{1}{2}$	$\dfrac{1}{4}$

求 X 的分布函数及 $P\left(X\leqslant\dfrac{3}{2}\right),P\left(1<X\leqslant\dfrac{5}{2}\right),P\left(1\leqslant X\leqslant\dfrac{5}{2}\right)$.

5. 一条自动生产线上产品的一级品率为 0.6,随机检查 10 件,求至少有两件一级品的概率.

6. 设在 3 次独立试验中事件 A 发生的概率相等,若已知 A 至少发生 1 次的概率为 $\dfrac{19}{27}$.

求:(1) 在 1 次试验中事件 A 发生的概率;

(2) 3 次试验中事件 A 发生 1 次,发生 2 次的概率.

7. 设事件 A 在一次试验中发生的概率为 0.3,当 A 发生达到 3 次或更多时,指示灯发出信号.求在下列情况下,指示灯发出信号的概率:

(1) 共进行 5 次;(2) 共进行 7 次.

8. 某建筑物内装有 5 个同类型的供水设备,设在任一时刻 t,每个设备被使用的概率为 0.2,各设备是否被使用相互独立,求在同一个时刻下列事件发生的概率:

(1) 恰有 2 个设备被使用;

(2) 最多有 2 个设备被使用;

(3) 至少有 2 个设备被使用.

9. 已知某商店每天销售的电视机数 X 服从参数为 5 的泊松分布,为了以 99% 以上的概率保证不脱销,求商店每天应保证有多少台电视机.

10. 有一繁忙的车站有大量汽车通过,设每辆汽车在一天的某段时间内出事故的概率为 0.000 1,在某天的该段时间内有 1 000 辆汽车通过,用泊松定理求出事故次数不小于 2 的概率.

11. 已知随机变量 X 的概率密度函数为

(1) $f(x)=\begin{cases}\dfrac{k}{x^2}, & x\geqslant 10;\\ 0, & x<10.\end{cases}$

(2) $f(x)=\begin{cases}k\left(1-\dfrac{1}{x^2}\right), & 1\leqslant x\leqslant 2;\\ 0, & \text{其他}.\end{cases}$

(3) $f(x)=\begin{cases}x, & 0\leqslant x<1;\\ k-x, & 1\leqslant x<2;\\ 0, & \text{其他}.\end{cases}$

求:① k;② 分布函数 $F(x)$.

12. 设 X 的分布函数为

$$F(x)=\begin{cases}0, & x<0;\\ kx^2, & 0\leqslant x<1;\\ 1, & x\geqslant 1.\end{cases}$$

求:(1) 常数 k;(2) $P(0.3 < X < 0.7)$;(3) X 的概率密度.

13. 设随机变量 X 在 $(0,3)$ 上服从均匀分布,求方程 $4x^2 + 4Xx + X + 2 = 0$ 有实根的概率.

14. 已知某种电子元件的使用寿命服从参数为 $\lambda=1$ 的指数分布(单位为年),求:

(1) 某一元件的寿命在一到三年之内的概率;

(2) 已知该元件已使用一年,能再继续使用两年的概率.

15. 统计资料表明英格兰在 1875~1951 年期间,在矿山发生的导致 10 人或 10 人以上死亡的事故中,相继两次事故之间的时间 T(以日计)服从参数 $\lambda = \dfrac{1}{241}$ 的指数分布.

求:(1) 概率密度 $f_T(t)$;(2) 分布函数 $F_T(t)$;(3) $P(50 < T < 100)$.

16. 某种型号的器件的使用寿命 X(以 h 计)具有概率密度

$$f(x) = \begin{cases} \dfrac{1\,000}{x^2}, & x > 1\,000; \\ 0, & \text{其他.} \end{cases}$$

设各器件损坏与否相互独立,现有一大批此种器件,任取 5 只,求至少有 2 只寿命大于 1 500 h 的概率.

17. 设顾客在某银行的服务台等待服务的时间 X(以分计)服从 $\lambda = \dfrac{1}{5}$ 的指数分布.某顾客在服务台等待服务,若超过 10 分钟他就离开.他一个月要到银行 5 次,以 Y 表示 1 个月内他未等到服务而离开的次数,求:(1) Y 的分布律;(2) $P(Y \geqslant 1)$.

18. 设 $X \sim N(1,4)$,求:

(1) $P(0 < X \leqslant 1.6)$,$P(X \geqslant 2.3)$,$P(|X| > 2)$;

(2) 求常数 c,使 $P(X > c) = 2P(X \leqslant c)$.

19. 某机器生产的螺栓的长度 X 是一个随机变量,$X \sim N(10.05, 0.06^2)$,规定长度在 10.05 ± 0.12 内为合格品,求螺栓的次品率.

20. 设某产品的使用寿命 X(以 h 计)服从参数 $\mu=160$,σ 未知的正态分布,若要求寿命 X 低于 120 h 的概率不超过 0.1,试问 σ 应控制在什么范围内? 并问寿命 X 超过 210 h 的概率在什么范围内.

21. 测量到某一目标的距离时发生的随机误差 X(m)具有概率密度

$$f(x) = \frac{1}{40\sqrt{2\pi}} e^{-\frac{(x-20)^2}{3\,200}}.$$

求在 3 次测量中至少有一次误差的绝对值不超过 30 m 的概率.

22. 设 X 的分布律为

X	-2	-1	0	1	2
p_k	0.15	0.2	0.3	0.2	0.15

求:(1) $Y = X^2$ 的分布律;(2) $Z = |X| + 1$ 的分布律;(3) $V = 2X - 1$ 的分布律.

23. 设 X 服从参数为 λ 的指数分布.

(1) 求 $Y = X^3$ 的概率密度；

(2) 证明 $Z = X^{-\frac{1}{\alpha}}(\alpha > 0,$ 为常数$)$ 具有概率密度

$$g(x) = \begin{cases} \alpha\lambda x^{\alpha-1}e^{-\lambda x^{\alpha}}, & x > 0; \\ 0, & x \leqslant 0. \end{cases}$$

此分布称为威布尔(Weibul)分布.

24. 设 $X \sim U(0,1)$，即 X 服从$(0,1)$上的均匀分布，求下列函数的概率密度.

(1) $Y = e^X$；(2) $Y = -2\ln X$；(3) $Y = \dfrac{1}{X}$.

25. 设 $X \sim N(0,1)$，求下列函数的概率.

(1) $Y = e^X$；(2) $Y = 2X^2 + 1$；(3) $Y = |X|$.

综合练习 2

1. 设随机变量 X 的分布函数为

$$F(x) = P\{X \leqslant x\} = \begin{cases} 0, & x < -1; \\ 0.4, & -1 \leqslant x < 1; \\ 0.8, & 1 \leqslant x < 3; \\ 1, & x \geqslant 3. \end{cases}$$

求 X 的分布律.

2. 设随机变量 X 的分布函数为

$$F(x) = \begin{cases} 0, & x < 0; \\ A\sin x, & 0 \leqslant x \leqslant \dfrac{\pi}{2}; \\ 1, & x > \dfrac{\pi}{2}. \end{cases}$$

求 $A, P\left\{|X| < \dfrac{\pi}{6}\right\}$.

3. 一射手对同一目标独立地进行 4 次射击，若至少命中一次的概率为 $\dfrac{80}{81}$，求该射手的命中率.

4. 设一厂家生产的每台仪器，以概率 0.70 可直接出厂，以概率 0.30 需进一步调试；经过调试后以概率 0.80 可以出厂，以概率 0.20 定为不合格品不能出厂. 现该厂生产了 n 台仪器($n \geqslant 2$，生产过程独立).

求：(1) 全部能出厂的概率 α；(2) 其中恰好有两件不能出厂的概率 β；(3) 其中至少有两件不能出厂的概率 θ.

5. 设随时机变量 X 在$[2,5]$上服从均匀分布，现在对 X 进行 3 次独立观测，求至少有两次观测值大于 3 的概率.

6. 某仪器装有 3 只独立工作的同型号电子元件,其寿命(单位:h)都服从同一指数分布,概率密度为

$$f(x) = \begin{cases} \dfrac{1}{600}\mathrm{e}^{-\frac{x}{600}}, & x > 0; \\ 0, & x \leqslant 0. \end{cases}$$

求仪器使用最初 200 h 内,至少有一只电子元件损坏的概率 α.

7. 某地抽样调查结果表明,考生的外语成绩近似正态分布,平均成绩为 72 分,96 分以上的占考生总数的 2.3%,求考生的外语成绩在 60 分到 84 分之间的概率.

8. 设随时机变量 $X \sim E(2)$,证明 $Y = 1 - \mathrm{e}^{-2X} \sim U(0,1)$.

9. 设随机变量 $X \sim N(0,1)$,对给定的 $0 < \alpha < 1$,满足 $P(X > u_\alpha) = \alpha$,假如 $P(|X| < x) = \alpha$,求 x.

10. 某批产品有放回地抽取产品两次,每次随机取 1 件. 假设事件 A"取出的 2 件产品中至多有 1 件是二等品"的概率 $P(A) = 0.96$.

(1) 求从该批产品中任取 1 件是二等品的概率 p;

(2) 若该批产品共 100 件,从中任意取 2 件,X 表示取出的 2 件产品中二等品的件数,求 X 的分布列.

11. 在某项测量中,测量结果 X 服从正态分布 $N(1,\sigma^2)$ $(\sigma > 0)$. 若 ξ 在 $(0,1)$ 内取值的概率为 0.4,求 X 在 $(0,2)$ 内取值的概率.

12. 某花店每天以每枝 5 元的价格从农场购进若干枝玫瑰花,然后以每枝 10 元的价格出售,如果当天卖不完,剩下的作为垃圾.

(1) 若花店一天购进 17 枝玫瑰花,求当天的利润 y(元)关于当天需求量 n(枝)的函数解析式.

(2) 花店记录了 100 天的玫瑰花需求量,整理如下表.

日需求量 n	14	15	16	17	18	19	20
频数	10	20	16	16	15	13	10

① 设花店在 100 天内每天购进 17 枝玫瑰花,求 100 天的日利润的平均数.

② 若花店一天购进 17 枝玫瑰花,以 100 天记录的各需求量的频率作为各需求量的发生概率,求当天利润不少于 75 元的概率.

第 **3** 章
多维随机变量及其分布

在实际存在的随机现象中,有些随机试验的结果必须用两个或两个以上的随机变量来描述.例如,为了确定某十字路口信号灯的红绿灯时间间隔长短分配,需要考察该路口纵横两个方向的汽车流量.又如炼钢厂炼出的每一炉钢,其质量由钢的硬度、含碳量、含硫量确定,则此时就要用 3 个随机变量来描述.再如考察一个成年人的身体状态,就要检查身体的多项指标,即多维随机变量.因此,需要研究多维随机变量并寻找它们的统计规律、性质及研究它们之间的关系.

一般地,把 n 个随机变量 $X_1,X_2,\cdots,X_n$ 连在一起作为一个整体来研究,称为 n 维随机变量或 n 维随机向量,记作 $(X_1,X_2,\cdots,X_n)$.下面重点讨论二维随机变量,至于多维随机变量情形可用类似方法推出.

本章的重点是介绍二维随机变量 (X,Y) 的联合分布,边缘分布,随机变量的独立性,简单的随机变量的函数分布.

§3.1 二维随机变量的联合分布

一、联合分布函数

与一维随机变量类似,为了研究二维随机变量 (X,Y) 的统计规律性,引入分布函数的概念.

定义 3.1.1 设 (X,Y) 是二维随机变量,对任意实数 x,y,二维函数

$$F(x,y) = P(X \leqslant x, Y \leqslant y) \tag{3.1}$$

称为二维随机变量 (X,Y) 的分布函数,或称为随机变量 X 和 Y 的联合分布函数.

分布函数 $F(x,y)$ 的几何意义是十分明显的.设 (X,Y) 表示平面坐标系中随机点的坐标,(x,y) 表示坐标系中的任意一点,则分布函数 $F(x,y)$ 在 (x,y) 处的函数值就是随机点 (X,Y) 落在以点 (x,y) 为顶点的左下方无穷矩形区域内的概率,如图 3-1 中的阴影部分.

分布函数 $F(x,y)$ 具有以下几个基本性质:

(1) $0 \leqslant F(x,y) \leqslant 1$,且

$$F(+\infty,+\infty)=\lim_{\substack{x\to+\infty\\y\to+\infty}}F(x,y)=1;F(-\infty,y)=\lim_{x\to-\infty}F(x,y)=0;$$

$$F(x,-\infty)=\lim_{y\to-\infty}F(x,y)=0;F(-\infty,-\infty)=\lim_{\substack{x\to-\infty\\y\to-\infty}}F(x,y)=0.$$

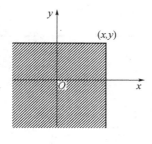

图 3－1

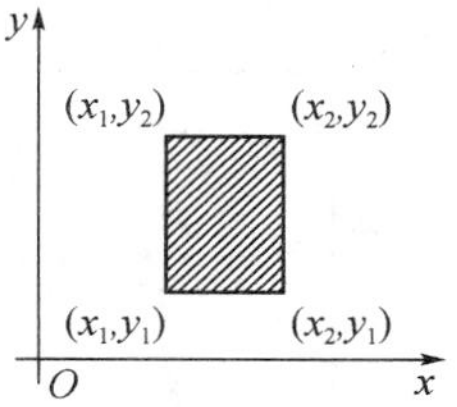

图 3－2

(2) $F(x,y)$对于每一个变量都是非减函数，即：对于任意固定的 y，若 $x_1<x_2$，则 $F(x_1,y)\leqslant F(x_2,y)$；对于任意固定的 x，若 $y_1<y_2$，则 $F(x,y_1)\leqslant F(x,y_2)$.

(3) 对任意的 x 和 y，$F(x,y)$右连续.

(4) 对任意两点(x_1,y_1)，(x_2,y_2)，其中，$x_1<x_2$，$y_1<y_2$，如图 3－2 所示. 有

$$\begin{aligned}&P(x_1<X\leqslant x_2,y_1<Y\leqslant y_2)\\=&P(X\leqslant x_2,Y\leqslant y_2)-P(X\leqslant x_1,Y\leqslant y_2)-\\&P(X\leqslant x_2,Y\leqslant y_1)+P(X\leqslant x_1,Y\leqslant y_1)\\=&F(x_2,y_2)-F(x_1,y_2)-F(x_2,y_1)+F(x_1,y_1)\geqslant 0.\end{aligned}$$

二、离散型随机变量的联合分布律

当随机变量 X 和 Y 都只可能取有限个或可列无限多个值时，则称(X,Y)是离散型二维随机变量.

定义 3.1.2　设(X,Y)的所有可能的取值为(x_i,y_j)，$i=1,2,\cdots$，$j=1,2,\cdots$，

$$P(X=x_i,Y=y_j)=p_{ij},i,j=1,2,\cdots,\tag{3.2}$$

称为(X,Y)的联合分布律或联合概率分布.

联合分布律满足两个条件：

(1) $p_{ij}\geqslant 0,i,j=1,2,\cdots$；　(3.3)

(2) $\sum\limits_{i=1}\sum\limits_{j=1}p_{ij}=1$.

(X,Y)的联合分布函数为

$$\begin{aligned}F(x,y)&=P(X\leqslant x,Y\leqslant y)\\&=\sum_{x_i\leqslant x}\sum_{y_i\leqslant y}P(X=x_i,Y=y_j)\\&=\sum_{x_i\leqslant x}\sum_{y_j\leqslant y}p_{ij}.\end{aligned}\tag{3.4}$$

上式表示对所有小于等于 x 的 x_i 和小于等于 y 的 y_j 二重求和.

联合分布律也可以用表格表示,如表 3 - 1 所示.

表 3 - 1

X \ Y	y_1	y_2	$\cdots$	y_j	$\cdots$
x_1	p_{11}	p_{12}	$\cdots$	p_{1j}	$\cdots$
x_2	p_{21}	p_{22}	$\cdots$	p_{2j}	$\cdots$
$\vdots$	$\vdots$	$\vdots$		$\vdots$	$\vdots$
x_i	p_{i1}	p_{i2}	$\cdots$	p_{ij}	$\cdots$
$\vdots$	$\vdots$	$\vdots$		$\vdots$	$\vdots$

　　例 3.1　1 箱中有 10 件产品,其中,6 件一级品,4 件二级品,现随机地抽取 2 次,每次任取一件,定义两个随机变量 X,Y.

$$X = \begin{cases} 1, & \text{第 1 次抽到一级品;} \\ 0, & \text{第 1 次抽到二级品.} \end{cases} \qquad Y = \begin{cases} 1, & \text{第 2 次抽到一级品;} \\ 0, & \text{第 2 次抽到二级品.} \end{cases}$$

就下面 2 种情况,求 (X,Y) 的联合分布律.

(1) 第 1 次抽产品后放回;(2) 第 1 次抽产品不放回.

　　解　(1) 放回抽样,由乘法公式得

$$P(X = 0, Y = 0) = P(X = 0)P(Y = 0 \mid X = 0) = \frac{4}{10} \times \frac{4}{10} = \frac{4}{25}.$$

同理

$$P(X = 0, Y = 1) = \frac{4}{10} \times \frac{6}{10} = \frac{6}{25},$$

$$P(X = 1, Y = 0) = \frac{6}{10} \times \frac{4}{10} = \frac{6}{25},$$

$$P(X = 1, Y = 1) = \frac{6}{10} \times \frac{6}{10} = \frac{9}{25}.$$

其联合分布律表如表 3 - 2 所示.

验证

$$\sum_{i=1}^{}\sum_{j=1}^{} p_{ij} = \frac{4}{25} + \frac{6}{25} + \frac{6}{25} + \frac{9}{25} = 1.$$

表 3 - 2　　　　　　　　　　　　　　表 3 - 3

X \ Y	0	1
0	$\frac{4}{25}$	$\frac{6}{25}$
1	$\frac{6}{25}$	$\frac{9}{25}$

X \ Y	0	1
0	$\frac{2}{15}$	$\frac{4}{15}$
1	$\frac{4}{15}$	$\frac{5}{15}$

（2）不放回抽样，由乘法公式同理可求得

$$P(X = 0, Y = 0) = \frac{4}{10} \times \frac{3}{9} = \frac{2}{15},$$

$$P(X = 0, Y = 1) = \frac{4}{10} \times \frac{6}{9} = \frac{4}{15},$$

$$P(X = 1, Y = 0) = \frac{6}{10} \times \frac{4}{9} = \frac{4}{15},$$

$$P(X = 1, Y = 1) = \frac{6}{10} \times \frac{5}{9} = \frac{5}{15}.$$

其联合分布律表如表 3 - 3 所示.

验证　　　　　$\sum\limits_{i=1}^{2}\sum\limits_{j=1}^{2} p_{ij} = \frac{2}{5} + \frac{4}{15} + \frac{4}{15} + \frac{5}{15} = 1.$

三、定义连续型二维随机变量的联合概率密度

定义 3.1.3　设二维随机变量 (X, Y) 的分布函数为 $F(x, y)$，如果存在一个非负函数 $f(x, y)$，对于任意实数 x, y，有

$$F(x, y) = \int_{-\infty}^{x}\int_{-\infty}^{y} f(u, v) \mathrm{d}u\mathrm{d}v, \tag{3.5}$$

则称 (X, Y) 是连续型的二维随机变量，函数 $f(x, y)$ 称为 (X, Y) 的联合概率密度函数.

概率密度 $f(x, y)$ 具有下列性质：

（1）$f(x, y) \geqslant 0$；

（2）$\int_{-\infty}^{+\infty}\int_{-\infty}^{+\infty} f(x, y)\mathrm{d}x\mathrm{d}y = F(+\infty, +\infty) = 1$；

（3）若 $f(x, y)$ 在点 (x, y) 处连续，则有

$$\frac{\partial^2 F(x, y)}{\partial x \partial y} = f(x, y);$$

（4）若 D 是 xoy 平面上的闭区域，则随机点 (X, Y) 落在域 D 的概率为

$$P((X, Y) \in D) = \iint\limits_{D} f(x, y)\mathrm{d}x\mathrm{d}y, \tag{3.6}$$

该概率值是以曲面 $Z = f(x, y)$ 为曲顶，在域 D 上曲顶柱体的体积.

例 3.2　设二维随机变量 (X, Y) 的概率密度为

$$f(x, y) = \begin{cases} A\mathrm{e}^{-(3x+4y)}, & x \geqslant 0, y \geqslant 0; \\ 0, & \text{其他}. \end{cases}$$

（1）求常数 A；

（2）求 (X, Y) 的分布函数；

（3）求 (X, Y) 落在区域 D：$0 \leqslant x \leqslant 2, 0 \leqslant y \leqslant x$ 的概率.

解　（1）由　　　　　$\int_{-\infty}^{+\infty}\int_{-\infty}^{+\infty} f(x, y)\mathrm{d}x\mathrm{d}y = 1,$

有　　　　$A\int_0^{+\infty} e^{-3x}dx\int_0^{+\infty} e^{-4y}dy = A\left(-\dfrac{1}{3}\right)e^{-3x}\Big|_0^{+\infty}\left(-\dfrac{1}{4}\right)e^{-4y}\Big|_0^{+\infty} = \dfrac{A}{12} = 1,$

即 $A=12.$

（2）$F(x,y) = \displaystyle\int_{-\infty}^x\int_{-\infty}^y f(u,v)dudv.$

当 $x>0,y>0$ 时，

$$F(x,y) = \int_0^x\int_0^y 12e^{-3u}e^{-4v}dudv = (1-e^{-3x})(1-e^{-4y}).$$

当 $x\leqslant 0$ 或 $y\leqslant 0$ 时，

$$F(x,y) = 0.$$

即　　　　　　　　　$F(x,y) = \begin{cases} (1-e^{-3x})(1-e^{-4y}), & x>0,y>0; \\ 0, & \text{其他}. \end{cases}$

（3）$P\{(X,Y)\in D\} = \displaystyle\iint_D f(x,y)dxdy = \int_0^2 dx\int_0^x 12e^{-3x}e^{-4y}dy$

$$= \int_0^2 3e^{-3x}(-e^{-4y})\Big|_0^x dx = \int_0^2(3e^{-3x}-3e^{-7x})dx$$

$$= \left(-e^{-3x}+\frac{3}{7}e^{-7x}\right)\Big|_0^2 = -e^{-6}+\frac{3}{7}e^{-14}+1-\frac{3}{7}$$

$$= \frac{4}{7}-e^{-6}+\frac{3}{7}e^{-14} \approx 0.569.$$

下面介绍二维连续随机变量两个常用的分布：

（1）均匀分布.

定义 3.1.4　设 D 是平面闭域，其面积为 A，若概率密度为

$$f(x,y) = \begin{cases} \dfrac{1}{A}, & (x,y)\in D; \\ 0, & \text{其他}. \end{cases} \tag{3.7}$$

则称 (X,Y) 在 D 上服从均匀分布.

（2）二维正态分布.

定义 3.1.5　设二维随机变量 (X,Y) 的概率密度为

$$f(x,y) = \frac{1}{2\pi\sigma_1\sigma_2\sqrt{1-\rho^2}}e^{-\frac{1}{2(1-\rho^2)}\left[\left(\frac{x-\mu_1}{\sigma_1}\right)^2 - 2\rho\frac{(x-\mu_1)(y-\mu_2)}{\sigma_1\sigma_2} + \left(\frac{y-\mu_2}{\sigma_2}\right)^2\right]}, \tag{3.8}$$

则称 (X,Y) 服从二维正态分布，其中，$\mu_1,\mu_2,\sigma_1,\sigma_2,\rho$ 为参数，$\sigma_1>0,\sigma_2>0,|\rho|<1$，可以表示为 $(X,Y)\sim N(\mu_1,\mu_2,\sigma_1^2,\sigma_2^2,\rho).$

特殊情况下，当 $\mu_1=\mu_2=0,\sigma_1=\sigma_2=1$ 时，有

$$f(x,y) = \frac{1}{2\pi\sqrt{1-\rho^2}}e^{-\frac{1}{2(1-\rho^2)}(x^2-2\rho xy+y^2)}. \tag{3.9}$$

更特殊时 $\rho=0$，则有

$$f(x,y) = \frac{1}{2\pi}e^{-\frac{1}{2}(x^2+y^2)}. \tag{3.10}$$

§3.2　二维随机变量的边缘分布

二维随机变量(X,Y)中,X,Y都是随机变量,各自有分布函数,分别记为$F_X(x)$,$F_Y(y)$,并分别称它们是二维随机变量(X,Y)关于X和关于Y的边缘分布函数.

下面先给出边缘分布函数$F_X(x)$,$F_Y(y)$与(X,Y)的联合分布函数$F(x,y)$之间的联系.

一、边缘分布函数

若已知二维随机变量(X,Y)的联合分布函数$F(x,y)=P(X\leqslant x,Y\leqslant y)$,则

$$F_X(x) = P(X\leqslant x) = P(X\leqslant x,Y<+\infty) = F(x,+\infty) \tag{3.11}$$

称为关于X的边缘分布函数,即$F_X(x)=\lim\limits_{y\to+\infty}F(x,y)$,如图 3-3 所示,表示随机点$(X,Y)$落在$X=x$左边的概率.

同理

$$F_Y(y) = F(+\infty,y) = \lim\limits_{x\to+\infty}F(x,y) \tag{3.12}$$

称为关于Y的边缘分布函数,如图 3-4 所示,表示随机点(X,Y)落在$Y=y$下边的概率.

图 3-3　　　　　　　　　　　　　图 3-4

例 3.3　在§3.1 的例 3.2 中,(X,Y)的联合分布函数$F(x,y)$为

$$F(x,y) = \begin{cases} (1-e^{-3x})(1-e^{-4y}), & x>0,y>0; \\ 0, & \text{其他}. \end{cases}$$

求X,Y的边缘分布函数$F_X(x)$,$F_Y(y)$.

解　由式(3.11)有

$$F_X(x) = \lim\limits_{y\to+\infty}F(x,y) = \begin{cases} 1-e^{-3x}, & x>0; \\ 0, & x\leqslant 0. \end{cases}$$

又由式(3.12)有

$$F_Y(y) = \lim\limits_{x\to+\infty}F(x,y) = \begin{cases} 1-e^{-4y}, & y>0; \\ 0, & y\leqslant 0. \end{cases}$$

二、离散型二维随机变量的边缘分布

设 (X,Y) 的联合分布律为

$$P(X = x_i, Y = y_i) = p_{ij}, i,j = 1,2,\cdots.$$

由

$$F_X(x) = F(x, +\infty) = \sum_{x_i \leqslant x} \sum_{j=1}^{\infty} p_{ij}, \tag{3.13}$$

又

$$F_X(x) = P(X \leqslant x) = \sum_{x_i \leqslant x} P(X = x_i), \tag{3.14}$$

比较式 (3.13) 和式 (3.14) 则有

$$P(X = x_i) = \sum_{j=1}^{\infty} p_{ij}, i = 1,2,\cdots, \tag{3.15}$$

称为随机变量 X 的边缘分布律.

同理,有

$$P(Y = y_j) = \sum_{i=1}^{\infty} p_{ij}, j = 1,2,\cdots. \tag{3.16}$$

例 3.4　在上一节例 3.1 中,放回抽样与不放回抽样的联合分布律分别为

(1)

X \ Y	0	1
0	$\dfrac{4}{25}$	$\dfrac{6}{25}$
1	$\dfrac{6}{25}$	$\dfrac{9}{25}$

(2)

X \ Y	0	1
0	$\dfrac{2}{15}$	$\dfrac{4}{15}$
1	$\dfrac{4}{15}$	$\dfrac{5}{15}$

分别求 X,Y 的边缘分布律.

解　(1)
$$P(X = 0) = P(X = 0, Y = 0) + P(X = 0, Y = 1)$$
$$= \frac{4}{25} + \frac{6}{25} = \frac{10}{25} = \frac{2}{5}.$$
$$P(X = 1) = P(X = 1, Y = 0) + P(X = 1, Y = 1)$$
$$= \frac{6}{25} + \frac{9}{25} = \frac{15}{25} = \frac{3}{5}.$$

即已知 (X,Y) 的联合分布律表,求 X 的边缘分布律时按行累加.

同理,求 Y 的边缘分布律时按列累加,得

$$P(Y = 0) = \frac{2}{5}, P(Y = 1) = \frac{3}{5}.$$

(2) 对于不放回抽样,可类似 (1) 求得,分布律为

X \ Y	0	1	$P(x=x_i)$
0	$\dfrac{2}{15}$	$\dfrac{4}{15}$	$\dfrac{6}{15}$
1	$\dfrac{4}{15}$	$\dfrac{5}{15}$	$\dfrac{9}{15}$
$P(Y=y_j)$	$\dfrac{6}{15}$	$\dfrac{9}{15}$	1

三、连续型二维随机变量的边缘分布

已知连续型随机变量 (X,Y) 的联合分布函数 $F(x,y)$ 和联合概率密度 $f(x,y)$ 满足

$$F(x,y) = \int_{-\infty}^{x}\int_{-\infty}^{y} f(u,v)\mathrm{d}u\mathrm{d}v,$$

故 X 的边缘分布函数为

$$F_X(x) = F(x,+\infty) = \lim_{y\to+\infty} F(x,y) = \int_{-\infty}^{x}\Big[\int_{-\infty}^{+\infty} f(x,y)\mathrm{d}y\Big]\mathrm{d}x,$$

边缘概率密度为

$$f_X(x) = \int_{-\infty}^{+\infty} f(x,y)\mathrm{d}y. \tag{3.17}$$

同理，Y 的边缘分布函数 $F_Y(y)$ 和边缘概率密度 $f_Y(y)$ 分别为

$$F_Y(y) = \int_{-\infty}^{y}\Big[\int_{-\infty}^{+\infty} f(x,y)\mathrm{d}x\Big]\mathrm{d}y,$$

$$f_Y(y) = \int_{-\infty}^{+\infty} f(x,y)\mathrm{d}x. \tag{3.18}$$

例 3.5　设随机变量 (X,Y) 在区域 $D: 0\leqslant x\leqslant 1, x^2\leqslant y\leqslant x$ 上服从均匀分布，如图 3-5 所示，求：

(1) 联合概率密度 $f(x,y)$；

(2) 边缘概率密度 $f_X(x), f_Y(y)$.

解　(1) 由二维随机变量均匀分布的定义，D 面积为

$$A = \int_0^1 (x-x^2)\mathrm{d}x = \Big(\frac{1}{2}x^2 - \frac{1}{3}x^3\Big)\Big|_0^1 = \frac{1}{6}.$$

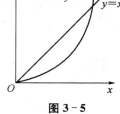

图 3-5

故联合概率密度为 $f(x,y) = \begin{cases} 6, & x^2\leqslant y\leqslant x; \\ 0, & \text{其他.} \end{cases}$

(2) X, Y 的边缘概率密度为

$$f_X(x) = \int_{-\infty}^{+\infty} f(x,y)\mathrm{d}y = \begin{cases} \int_{x^2}^{x} 6\mathrm{d}y = 6(x-x^2), & 0\leqslant x\leqslant 1; \\ 0, & \text{其他.} \end{cases}$$

$$f_Y(y) = \int_{-\infty}^{+\infty} f(x,y)\mathrm{d}x = \begin{cases} \int_y^{\sqrt{y}} 6\mathrm{d}x = 6(\sqrt{y}-y), & 0 \leqslant y \leqslant 1; \\ 0, & \text{其他.} \end{cases}$$

例 3.6　在 §3.1 的定义 3.1.5 中，二维正态分布 $(X,Y) \sim N(\mu_1,\mu_2,\sigma_1^2,\sigma_2^2,\rho)$，求边缘概率密度 $f_X(x)$，$f_Y(y)$．

解　令　　$\dfrac{x-\mu_1}{\sigma_1} = u, \dfrac{y-\mu_2}{\sigma_2} = v, \mathrm{d}x = \sigma_1\mathrm{d}u, \mathrm{d}y = \sigma_2\mathrm{d}v,$

$$f_X(x) = \int_{-\infty}^{+\infty} f(x,y)\mathrm{d}y = \frac{1}{2\pi\sigma_1\sqrt{1-\rho^2}} \int_{-\infty}^{+\infty} \mathrm{e}^{-\frac{1}{2(1-\rho^2)}[u^2-2\rho uv+v^2]}\mathrm{d}v$$

$$= \frac{1}{2\pi\sigma_1\sqrt{1-\rho^2}} \int_{-\infty}^{+\infty} \mathrm{e}^{-\frac{1}{2(1-\rho^2)}[(v-\rho u)^2+(1-\rho^2)u^2]}\mathrm{d}v$$

$$= \frac{1}{\sigma_1\sqrt{2\pi}}\mathrm{e}^{-\frac{u^2}{2}} \int_{-\infty}^{+\infty} \frac{1}{\sqrt{2\pi}} \frac{1}{\sqrt{1-\rho^2}}\mathrm{e}^{-\frac{1}{2}\left(\frac{v-\rho u}{\sqrt{1-\rho^2}}\right)^2}\mathrm{d}v \left(令 \frac{v-\rho u}{\sqrt{1-\rho^2}}=t\right)$$

$$= \frac{1}{\sigma_1\sqrt{2\pi}}\mathrm{e}^{-\frac{u^2}{2}} \int_{-\infty}^{+\infty} \frac{1}{\sqrt{2\pi}}\mathrm{e}^{-\frac{t^2}{2}}\mathrm{d}t$$

$$= \frac{1}{\sigma_1\sqrt{2\pi}}\mathrm{e}^{-\frac{u^2}{2}} = \frac{1}{\sqrt{2\pi}\sigma_1}\mathrm{e}^{-\frac{(x-\mu_1)^2}{2\sigma_1^2}} \quad (-\infty < x < +\infty).$$

同理
$$f_Y(y) = \frac{1}{\sqrt{2\pi}\sigma_2}\mathrm{e}^{-\frac{(y-\mu_2)^2}{2\sigma_2^2}} \quad (-\infty < y < +\infty).$$

即若 $(X,Y) \sim N(\mu_1,\mu_2,\sigma_1^2,\sigma_2^2,\rho)$，则两个边缘分布都是正态分布，$X \sim N(\mu_1,\sigma_1^2)$，$Y \sim N(\mu_2,\sigma_2^2)$，且都不依赖于参数 ρ．这一事实表明，单由关于 X 和关于 Y 的边缘分布，一般不能确定 (X,Y) 的联合分布．

四、连续型二维随机变量的条件分布

设二维随机变量 (X,Y) 的概率密度为 $f(x,y)$，(X,Y) 关于 X,Y 的边缘概率密度分别为 $f_X(x),f_Y(y)$，且 $f_X(x)>0,f_Y(y)>0$，则称

$$f_{X|Y}(x|y) = \frac{f(x,y)}{f_Y(y)}$$

为在 $Y=y$ 的条件下 X 的条件概率密度；类似地称

$$f_{Y|X}(y|x) = \frac{f(x,y)}{f_X(x)}$$

为在 $X=x$ 的条件下 Y 的条件概率密度。

例 3.7　设二维随机变量 (X,Y) 的概率密度为

$$f(x,y) = A\mathrm{e}^{-2x^2+2xy-y^2}, \quad -\infty < x < +\infty, \quad -\infty < y < +\infty,$$

求常数 A 及条件概率密度 $f_{Y|X}(y|x)$．

解　因　$f_X(x) = \int_{-\infty}^{+\infty} f(x,y)\mathrm{d}y = A\int_{-\infty}^{+\infty} \mathrm{e}^{-2x^2+2xy-y^2}\mathrm{d}y$

$$= A\int_{-\infty}^{+\infty} \mathrm{e}^{-(y-x)^2-x^2}\mathrm{d}y$$

$$= Ae^{-x^2} \int_{-\infty}^{+\infty} e^{-(y-x)^2} dy$$

$$= A\sqrt{\pi} e^{-x^2} \quad (-\infty < x < +\infty).$$

由概率积分：$\int_{-\infty}^{+\infty} e^{-\frac{x^2}{2}} dx = \sqrt{2\pi}$，

有 $$\int_{-\infty}^{+\infty} e^{-(\frac{x}{\sqrt{2}})^2} d(\frac{x}{\sqrt{2}}) \sqrt{2} = \sqrt{2\pi},$$

即 $$\int_{-\infty}^{+\infty} e^{-x^2} dx = \sqrt{\pi} \text{ 或} \int_{-\infty}^{+\infty} e^{-(y-x)^2} d(y-x) = \sqrt{\pi}.$$

故有 $$1 = \int_{-\infty}^{+\infty} f_X(x) dx = A\sqrt{\pi} \int_{-\infty}^{+\infty} e^{-x^2} dx = A\pi,$$

从而 $A = \dfrac{1}{\pi}$.

当 $x \in (-\infty, +\infty)$ 时，

$$f_{Y|X}(y|x) = \frac{f(x,y)}{f_X(x)} = \frac{\dfrac{1}{\pi} e^{-2x^2 + 2xy - y^2}}{\dfrac{1}{\sqrt{\pi}} e^{-x^2}}$$

$$= \frac{1}{\sqrt{\pi}} e^{-x^2 + 2xy - y^2} = \frac{1}{\sqrt{\pi}} e^{-(x-y)^2} \qquad (-\infty < y < +\infty).$$

§3.3 随机变量的独立性

随机事件的独立性具有十分重要的意义，仿照两个事件独立性的概念，引入两个随机变量的独立性，这也是具有重要意义和广泛应用价值的一个问题.

定义 3.3.1 设二维随机变量 X, Y，若对于任意的 x, y，有

$$P(X \leqslant x, Y \leqslant y) = P(X \leqslant x) P(Y \leqslant y), \tag{3.19}$$

则称随机变量 X 和 Y 是相互独立的.

又设 $F(x, y)$ 表示 (X, Y) 的联合分布函数，$F_X(x), F_Y(y)$ 分别是 X, Y 的边缘分布，由式 (3.19)，立即可得 X 和 Y 相互独立的充分必要条件：

$$F(x, y) = F_X(x) F_Y(y). \tag{3.20}$$

当 (X, Y) 是离散型随机变量时，X 和 Y 相互独立的充分必要条件是联合分布律等于 X 和 Y 的边缘分布律的乘积，即

$$P(X = x_i, Y = y_j) = P(X = x_i) P(Y = y_j), i, j = 1, 2, \cdots. \tag{3.21}$$

当 (X, Y) 是连续型随机变量时，X 和 Y 相互独立的充分必要条件是联合分布概率密度等于 X, Y 的边缘分布概率密度的乘积，即

$$f(x, y) = f_X(x) f_Y(y). \tag{3.22}$$

例 3.8 设 X, Y 的联合分布律为

X \ Y	0	1
0	$\dfrac{4}{25}$	$\dfrac{6}{25}$
1	$\dfrac{6}{25}$	$\dfrac{9}{25}$

判定 X,Y 的独立性.

解　由边缘分布律计算公式得 X,Y 的边缘分布律为

X \ Y	0	1	$P(X=x_i)$
0	$\dfrac{4}{25}$	$\dfrac{6}{25}$	$\dfrac{2}{5}$
1	$\dfrac{6}{25}$	$\dfrac{9}{25}$	$\dfrac{3}{5}$
$P(Y=y_j)$	$\dfrac{2}{5}$	$\dfrac{3}{5}$	1

由 $P(X=x_i,Y=y_j)=P(X=x_i)P(Y=y_j)$,故 X,Y 是相互独立的.

例 3.9　在 §3.2 例 3.3 中,X,Y 联合分布函数为

$$F(x,y)=\begin{cases}(1-\mathrm{e}^{-3x})(1-\mathrm{e}^{-4y}), & x>0,y>0;\\ 0, & \text{其他}.\end{cases}$$

其边缘分布函数为

$$F_X(x)=\begin{cases}1-\mathrm{e}^{-3x}, & x>0;\\ 0, & x\leqslant 0.\end{cases}\qquad F_Y(y)=\begin{cases}1-\mathrm{e}^{-4y}, & y>0;\\ 0, & y\leqslant 0.\end{cases}$$

由于

$$F(x,y)=F_X(x)F_Y(y),$$

故 X,Y 是相互独立的.

例 3.10　在 §3.2 例 3.5 中,X,Y 联合概率密度为

$$f(x,y)=\begin{cases}6, & x^2\leqslant y\leqslant x;\\ 0, & \text{其他}.\end{cases}$$

其边缘概率密度为

$$f_X(x)=\begin{cases}6(x-x^2), & 0\leqslant x\leqslant 1;\\ 0, & \text{其他}.\end{cases}$$

$$f_Y(y)=\begin{cases}6(\sqrt{y}-y), & 0\leqslant y\leqslant 1;\\ 0, & \text{其他}.\end{cases}$$

由于 $f(x,y)\neq f_X(x)f_Y(y)$，所以 X 和 Y 不是相互独立的.

例 3.11　设随机变量 X 和 Y 相互独立,且 $X\sim N(\mu_1,\sigma_1^2)$，$Y\sim N(\mu_2,\sigma_2^2)$，求 (X,Y) 的联合概率密度.

解　由于 X,Y 相互独立,故联合概率密度为

$$f(x,y) = f_X(x)f_Y(y)$$
$$= \frac{1}{\sqrt{2\pi}\sigma_1}e^{-\frac{(x-\mu_1)^2}{2\sigma_1^2}}\frac{1}{\sqrt{2\pi}\sigma_2}e^{-\frac{(y-\mu_2)^2}{2\sigma_2^2}}$$
$$= \frac{1}{2\pi\sigma_1\sigma_2}e^{-\frac{1}{2}\left[(\frac{x-\mu_1}{\sigma_1})^2+(\frac{y-\mu_2}{\sigma_2})^2\right]}.$$

将这个联合概率密度与式(3.8)中二维正态分布 $(X,Y)\sim N(\mu_1,\mu_2,\sigma_1^2,\sigma_2^2,\rho)$ 相比较,可以发现当且仅当 $\rho=0$ 时,才能使 $f(x,y)=f_X(x)f_Y(y)$. 可见对于二维正态随机变量 (X,Y)，X 和 Y 是相互独立的充分必要条件是参数 $\rho=0$.

对于 n 维随机变量 $X_1,X_2,\cdots,X_n$，可类似得到 n 个随机变量相互独立的结论.

例如,对所有的 $x_1,x_2,\cdots,x_n$，有

$$F(x_1,x_2,\cdots,x_n) = F_{X_1}(x_1)F_{X_2}(x_2)\cdots F_{X_n}(x_n), \tag{3.23}$$

或

$$f(x_1,x_2,\cdots,x_n) = f_{X_1}(x_1)f_{X_2}(x_2)\cdots f_{X_n}(x_n), \tag{3.24}$$

则称 $X_1,X_2,\cdots,X_n$ 是相互独立的.

§3.4　二维随机变量的函数分布

一般地,对于二维随机变量的函数,若求其概率分布,则按如下步骤进行:设二维随机变量 (X,Y) 的联合概率密度为 $f(x,y)$，又随机变量 Z 与 X,Y 有函数关系

$$Z = g(X,Y),$$

则随机变量 Z 的分布函数为

$$F_Z(z) = P(Z\leqslant z) = \iint\limits_{g(x,y)\leqslant z} f(x,y)\mathrm{d}x\mathrm{d}y. \tag{3.25}$$

下面仅以两实例说明 $Z=X+Y$，$M=\max\{X,Y\}$，$N=\min\{X,Y\}$ 的概率分布的求法.

例 3.12　设 (X,Y) 的概率密度为 $f(x,y)$，求 $Z=X+Y$ 的概率密度.

解　Z 的分布函数为

$$F_Z(z) = P(Z\leqslant z) = \iint\limits_{x+y\leqslant z} f(x,y)\mathrm{d}x\mathrm{d}y.$$

这里积分区域 $D:x+y\leqslant z$，如图 3-6 所示,化为累次积分,得

$$F_Z(z) = \int_{-\infty}^{+\infty}\left[\int_{-\infty}^{z-y}f(x,y)\mathrm{d}x\right]\mathrm{d}y.$$

两边对 z 求导(设求导与积分次序可交换),

$$f_Z(z) = F'_Z(z) = \int_{-\infty}^{+\infty} f(z-y,y)\mathrm{d}y. \tag{3.26}$$

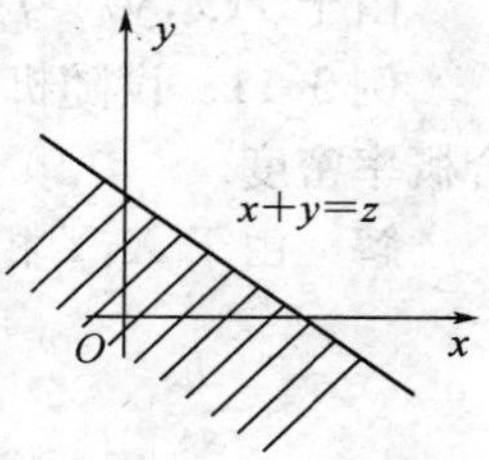

由于 X,Y 的对称性，$f_Z(z)$ 又可为

$$f_Z(z) = \int_{-\infty}^{+\infty} f(x,z-x)\mathrm{d}x. \tag{3.27}$$

图 3-6

式(3.26)，式(3.27)是两个随机变量和的概率密度的一般公式.
特别地，当 X 和 Y 相互独立时，设 (X,Y) 关于 X,Y 的边缘概率密度分别为 $f_X(x),f_Y(y)$，有 $f(x,y)=f_X(x)f_Y(y)$，则式(3.26)，式(3.27)分别化为

$$f_Z(z) = \int_{-\infty}^{+\infty} f_X(z-y)f_Y(y)\mathrm{d}y, \tag{3.28}$$

$$f_Z(z) = \int_{-\infty}^{+\infty} f_X(x)f_Y(z-x)\mathrm{d}x. \tag{3.29}$$

式(3.28)，式(3.29)称为独立随机变量和的卷积公式，记为 $f_X * f_Y$ 或 $f_Y * f_X$.

设 X,Y 相互独立，且 $X \sim N(\mu_1,\sigma_1^2)$，$Y \sim N(\mu_2,\sigma_2^2)$，则由式(3.28)可以证明 $Z=X+Y$ 仍然服从正态分布，且有 $Z \sim N(\mu_1+\mu_2,\sigma_1^2+\sigma_2^2)$.

这个结论还能推广到 n 个随机变量和的情况，即 $X_i \sim (\mu_i,\sigma_i^2)(i=1,2,\cdots,n)$，且它们相互独立，则它们的线性组合 $X=k_1X_1+k_2X_2+\cdots+k_nX_n$ 仍具有正态分布，且

$$X = \sum_{i=1}^{n} k_iX_i \sim N\left(\sum_{i=1}^{n} k_i\mu_i, \sum_{i=1}^{n} k_i^2\sigma_i^2\right).$$

例 3.13 设系统 L 由两个相互独立的子系统 L_1,L_2 连接而成，连接的方式分别为(1)串联；(2)并联；(3)备用(当系统 L_1 损坏时，系统 L_2 开始工作). 已知 L_1,L_2 的寿命是随机变量，分别记为 X_1,X_2，且分别服从参数为 λ_1,λ_2 的指数分布. 即

$$f_{X_i}(x) = \begin{cases} \lambda_i \mathrm{e}^{-\lambda_i x}, & x>0; \\ 0, & x \leqslant 0. \end{cases} \quad i=1,2.$$

求 L 的寿命的概率密度.

解　(1) 串联情况.

由于当 L_1,L_2 中有一个损坏时，系统 L 就会停止工作，故 L 的寿命为 $N=\min(X_1,X_2)$.

由已知条件得 X_i 的分布函数为

$$F_{X_i}(x) = \begin{cases} 1-\mathrm{e}^{-\lambda_i x}, & x>0; \\ 0, & x \leqslant 0. \end{cases}$$

随机变量 N 的分布函数为

$$\begin{aligned} F_N(z) &= P(N \leqslant z) = P(\min(X_1,X_2) \leqslant z) \\ &= 1-P(\min(X_1,X_2)>z) = 1-P(X_1>z)P(X_2>z) \\ &= 1-[1-F_{X_1}(z)][1-F_{X_2}(z)] \\ &= \begin{cases} 1-\mathrm{e}^{-(\lambda_1+\lambda_2)z}, & z>0; \\ 0, & z \leqslant 0. \end{cases} \end{aligned}$$

其概率密度为

$$
f_N(z) = \begin{cases} (\lambda_1 + \lambda_2)\mathrm{e}^{-(\lambda_1+\lambda_2)z}, & z > 0; \\ 0, & z \leqslant 0. \end{cases}
$$

（2）并联情况.

由于当且仅当 L_1, L_2 都损坏时，系统 L 才停止工作，故 L 的寿命为 $M = \max(X_1, X_2)$ 随机变量 M 的分布函数为

$$
\begin{aligned}
F_M(z) &= P(M \leqslant z) = P(\max(X_1, X_2) \leqslant z) \\
&= P(X_1 \leqslant z)P(X_2 \leqslant z) = F_{X_1}(z)F_{X_2}(Z) \\
&= \begin{cases} (1 - \mathrm{e}^{-\lambda_1 z})(1 - \mathrm{e}^{-\lambda_2 z}), & z > 0; \\ 0, & z \leqslant 0. \end{cases}
\end{aligned}
$$

其概率密度为

$$
f_M(z) = \begin{cases} \lambda_1 \mathrm{e}^{-\lambda_1 z} + \lambda_2 \mathrm{e}^{-\lambda_2 z} - (\lambda_1 + \lambda_2)\mathrm{e}^{-(\lambda_1+\lambda_2)z}, & z > 0; \\ 0, & z \leqslant 0. \end{cases}
$$

（3）备用情况.

由于是备用系统，故系统 L 的使用寿命是子系统 L_1 的使用寿命加上子系统 L_2 的使用寿命，即

$$
X = X_1 + X_2.
$$

又 L_1 和 L_2 相互独立工作，可认为 X_1 和 X_2 相互独立，故由式(3.29)，对 $z > 0$，有

$$
\begin{aligned}
f_X(z) &= \int_{-\infty}^{+\infty} f_{X_1}(x) f_{X_2}(z-x)\mathrm{d}x \\
&= \int_0^z \lambda_1 \mathrm{e}^{-\lambda_1 x} \lambda_2 \mathrm{e}^{-\lambda_2(z-x)}\mathrm{d}x = \lambda_1 \lambda_2 \mathrm{e}^{-\lambda_2 z} \int_0^z \mathrm{e}^{-(\lambda_1-\lambda_2)x}\mathrm{d}x \\
&= \begin{cases} \lambda_1^2 z \mathrm{e}^{-\lambda_1 z}, & \text{若 } \lambda_1 = \lambda_2; \\ \dfrac{\lambda_1 \lambda_2}{\lambda_2 - \lambda_1}(\mathrm{e}^{-\lambda_1 z} - \mathrm{e}^{-\lambda_2 z}), & \text{若 } \lambda_1 \neq \lambda_2. \end{cases}
\end{aligned}
$$

当 $z \leqslant 0$ 时，$f_X(z) = 0$，故 X 的概率密度为

$$
f_X(z) = \begin{cases} \lambda_1^2 z \mathrm{e}^{-\lambda_1 z}, & z > 0 \text{ 且 } \lambda_1 = \lambda_2; \\ \dfrac{\lambda_1 \lambda_2}{\lambda_2 - \lambda_1}(\mathrm{e}^{-\lambda_1 z} - \mathrm{e}^{-\lambda_2 z}), & z > 0 \text{ 且 } \lambda_1 \neq \lambda_2; \\ 0, & z \leqslant 0. \end{cases}
$$

习 题 3

1. 一箱子里装有 10 只开关,其中 2 只是次品,现从箱中随机抽取两次,每次任取一只,定义随机变量(分别作放回与不放回抽样)

$$X = \begin{cases} 0, & \text{若第一次取出的是次品;} \\ 1, & \text{若第一次取出的是正品.} \end{cases}$$

$$Y = \begin{cases} 0, & \text{若第二次取出的是次品;} \\ 1, & \text{若第二次取出的是正品.} \end{cases}$$

求 (X,Y) 的联合分布律及边缘分布律.

2. 随机变量 X 在 $1,2,3,4$ 四个整数中等可能地取 1 个值,另一随机变量 Y 在 $1 \sim X$ 中等可能地取一整数值,求 (X,Y) 的联合分布律及边缘分布律.

3. 设二维随机变量 (X,Y) 的联合概率密度为

$$f(x,y) = \begin{cases} Ae^{-(x+2y)}, & x > 0, y > 0; \\ 0, & \text{其他.} \end{cases}$$

求:(1) A;(2) (X,Y) 落在矩形域 D:$0 \leqslant x \leqslant 1, 0 \leqslant y \leqslant 1$ 内的概率;(3) (X,Y) 的关于 X,Y 的边缘概率密度.

4. 设随机变量 (X,Y) 的概率密度为

$$f(x,y) = \begin{cases} A(6-x-y), & 0 < x < 2, 2 < y < 4; \\ 0, & \text{其他.} \end{cases}$$

求:(1) A;(2) $P(X<1, Y<3)$;(3) $P(X<1.5)$;(4) $P(X+Y \leqslant 4)$.

5. 二维随机变量 (X,Y) 的概率密度为

$$f(x,y) = \begin{cases} Ax^2 y, & x^2 \leqslant y \leqslant 1; \\ 0, & \text{其他.} \end{cases}$$

求:(1) A;(2) 边缘概率密度.

6. 判定第 1 题,第 2 题 X,Y 是否相互独立.

7. 判定第 3 题,第 4 题 X,Y 是否相互独立.

8. 设二维随机变量 (X,Y) 的概率密度为

$$f(x,y) = \begin{cases} 6(1-x-y), & 0 \leqslant x \leqslant 1, 0 \leqslant y \leqslant 1, 0 \leqslant x+y \leqslant 1; \\ 0, & \text{其他.} \end{cases}$$

求:(1) 边缘概率密度;(2) $P(0 \leqslant X \leqslant \frac{1}{2})$;(3) X,Y 是否相互独立.

9. 设某仪器由两个部件构成,以 X,Y 分别表示两个部件的寿命(单位:kh).已知 (X,Y) 联合分布函数为:

$$F(x,y) = \begin{cases} 1 - e^{-0.5x} - e^{-0.5y} + e^{-0.5(x+y)}, & x > 0, y > 0; \\ 0, & \text{其他}. \end{cases}$$

求：(1) 边缘分布函数；(2) 联合概率密度和边缘概率密度；(3) 判定随机变量 X,Y 是否相互独立；(4) 求两部分寿命都超过 100 h 的概率.

10. 设 (X,Y) 联合概率密度为

$$f(x,y) = \begin{cases} e^{-y}, & 0 \leqslant x \leqslant 1, y > 0; \\ 0, & \text{其他}. \end{cases}$$

(1) 判定随机变量 X,Y 是否相互独立；

(2) 求 $Z = X + Y$ 的概率密度函数 $f_Z(z)$.

综合练习 3

1. 甲、乙两人独立地进行两次射击. 假设甲的命中率为 0.2, 乙的命中率为 0.5, 以 X,Y 分别表示甲和乙的命中次数, 求 X 和 Y 的联合概率分布.

2. 已知随机变量 X_1, X_2 的分布律分别为：

X_1	-1	0	1
p_k	$\frac{1}{4}$	$\frac{1}{2}$	$\frac{1}{4}$

X_2	0	1
p_k	$\frac{1}{2}$	$\frac{1}{2}$

且 $P(X_1 X_2 = 0) = 1$, 求 X_1, X_2 的联合分布.

3. 设随机变量 X 和 Y 相互独立, 下表列出 (X,Y) 的联合分布律及关于 X 和关于 Y 的边缘分布律中的部分值, 将其余数值填入空白处.

X \ Y	y_1	y_2	y_3	$P(X = x_i)$
x_1		$\frac{1}{8}$		
x_2	$\frac{1}{8}$			
$P(Y = y_j)$	$\frac{1}{6}$			1

4. 设平面区域 D 由曲线 $y = \frac{1}{x}$ 及直线 $y = 0, x = 1, x = e^2$ 所围成, 二维随机变量 (X,Y) 在区域 D 上服从均匀分布, 求 (X,Y) 关于 X 的边缘概率密度在 $x = 2$ 处的值.

5. 设二维随机变量 (X,Y) 的概率密度为

$$f(x,y) = \begin{cases} 6x, & 0 \leqslant x \leqslant y \leqslant 1; \\ 0, & \text{其他}. \end{cases}$$

求 $P(X+Y\leqslant 1)$.

6. 设二维随机变量(X,Y)的概率密度函数为

$$f(x,y)=\begin{cases}e^{-y}, & 0<x<y;\\0, & \text{其他}.\end{cases}$$

求:(1) X 的边缘概率密度;(2) $P(X+Y\leqslant 1)$.

7. 设二维随机变量(X,Y)在矩形 $D:0\leqslant x\leqslant 2,0\leqslant y\leqslant 1$ 上服从均匀分布,求边长为 X 和 Y 的矩形的面积S 的概率密度 $f(s)$.

8. 从数 $1,2,3,4$ 中任取一个数,记为 X,再从 $1,\cdots,X$ 中任取一个数 Y,求概率 $P(Y=2)$.

9. 设二维随机变量(X,Y)的概率分布为

X \ Y	0	1
0	0.4	a
1	b	0.1

已知随机事件$\{X=0\}$与$\{X+Y=1\}$相互独立,求 a,b.

10. 设二维随机变量(X,Y)的概率密度为:

$$f(x,y)=\begin{cases}1, & 0<x<1,0<y<2x;\\0, & \text{其他}.\end{cases}$$

求:(1) (X,Y)的边缘概率密度 $f_X(x),f_Y(y)$;

(2) $Z=2X-Y$ 的概率密度 $f_Z(z)$;

(3) $P\left(Y\leqslant\frac{1}{2}\mid X\leqslant\frac{1}{2}\right)$.

11. 设(X,Y)是二维随机变量,X 的边缘概率密度为 $f_X(x)=\begin{cases}3x^2, & 0<x<1,\\0, & \text{其他}.\end{cases}$ 在给定 $X=x(0<x<1)$的条件下,Y 的条件概率密度为 $f_{Y|X}(y|x)=\begin{cases}\dfrac{3y^2}{x^3}, & 0<y<x,\\0, & \text{其他}.\end{cases}$

(1) 求(X,Y)的概率密度 $f(x,y)$;

(2) Y 的边缘概率密度 $f_Y(y)$;

(3) 求 $P(X>2Y)$.

12. 设随机变量 X 的概率密度为 $X\sim f(x)=\begin{cases}\dfrac{1}{9}x^2,0<x<3,\\0,x\leqslant0,x\geqslant3.\end{cases}$ 令随机变量

$$Y=\begin{cases}2, & X\leqslant1;\\X, & 1<X<2;\\1, & X\geqslant2.\end{cases}$$

(1) 求 Y 的分布函数;

(2) 求概率 $P(X\leqslant Y)$.

第**4**章
随机变量的数字特征

随机变量的分布函数或分布律、概率密度函数都能全面地反映随机变量的特征,但在实际问题中,要得到一个随机变量的分布函数,一般是很困难的,而在许多问题中有时并不需要了解随机变量的全面情况,只需要知道它的重要特征. 例如,检查一批电子元件质量时,人们时常关心的是这批电子元件使用的平均寿命以及使用时数与平均寿命的偏离程度. 随机变量的某些数字特征虽然不能完整地描述随机变量的统计特征,但的确有一定的实用价值. 本章将讨论一些常用的数字特征:数学期望、方差、相关系数以及矩.

本章重点是掌握随机变量的数学期望、方差、协方差、相关系数的求法及牢记常见重要分布的数字特征.

§4.1　数学期望

一、一般概念定义

首先考察一个实际问题.

例4.1　甲、乙两工人用同样的设备生产同一种产品,设两人日产量相同,一天中出现废品的件数分别记为 X,Y,其概率分布为

X	0	1	2	3
p_k	0.4	0.3	0.2	0.1

Y	0	1	2
p_k	0.3	0.5	0.2

问甲、乙两人谁的技术好些?

解　技术上的好坏要看出现废品的多少,显然,废品少的技术好. 从出废品件数 X,Y 的分布律中考察一天之内,甲、乙各自出现废品的平均件数:

$$甲:0\times0.4+1\times0.3+2\times0.2+3\times0.1=1.0(件).$$

$$乙:0\times0.3+1\times0.5+2\times0.2=0.9(件).$$

从以上结果可以看出,乙的技术要好些.

这个实例表明,应用随机变量的"平均"意义的数字特征,可以对问题作出合理的判断. 这里的"平均"件数决定于出现的废品件数及其概率,是按照概率求出的加权平均值. 下面引入这种平均值的一般概念——数学期望.

定义 4.1.1　设离散型随机变量 X 的分布律为

$$P(X = x_k) = p_k, k = 1, 2, \cdots.$$

若级数

$$\sum_{k=1}^{\infty} x_k p_k = x_1 p_1 + x_2 p_2 + \cdots + x_n p_n + \cdots$$

绝对收敛,则称级数 $\sum_{k=1}^{\infty} x_k p_k$ 为 X 的数学期望(或均值),记为

$$E(X) = \sum_{k=1}^{\infty} x_k p_k. \tag{4.1}$$

根据定义可知,在上述例 4.1 中,

$$E(X) = 1.0, E(Y) = 0.9.$$

例 4.2　一个袋中有 6 个白球和 4 个黑球,从中任取 3 球,设 X 是取得黑球数的个数,求 X 的数学期望.

解　X 可能取值为 $0, 1, 2, 3$,X 取各值的概率为

$$P(X = k) = \frac{C_4^k C_6^{3-k}}{C_{10}^3}, k = 0, 1, 2, 3,$$

即为

X	0	1	2	3
p_k	$\frac{1}{6}$	$\frac{1}{2}$	$\frac{3}{10}$	$\frac{1}{30}$

故 X 的数学期望为

$$E(X) = 0 \times \frac{1}{6} + 1 \times \frac{1}{2} + 2 \times \frac{3}{10} + 3 \times \frac{1}{30} = 1.2,$$

即平均取 1.2 个.

例 4.3　设 X 表示从不合格率为 p 的一大批产品中首次取得不合格品的次数(可视为放回抽样),其分布律为

$$P(X = k) = p q^{k-1}, k = 1, 2, \cdots,$$

其中,$0 < p < 1, q = 1 - p$(称为几何分布),求数学期望 $E(X)$.

解　　$E(X) = \sum_{k=1}^{\infty} x_k p_k = \sum_{k=1}^{\infty} k p q^{k-1}.$

由幂级数求和的性质,有

$$E(X) = p \sum_{k=1}^{\infty} (q^k)' = p \left(\sum_{k=1}^{\infty} q^k \right)' = p \left(\frac{q}{1-q} \right)'$$
$$= p \cdot \frac{1}{(1-q)^2} = p \cdot \frac{1}{p^2} = \frac{1}{p}.$$

若假设 $p=0.2$,取每次取不合格品的概率为 0.2,则

$$E(X) = \frac{1}{p} = \frac{1}{0.2} = 5.$$

这说明平均说来,首次取得不合格品出现在第 5 次,这是合乎实际的.

定义 4.1.2　设连续型随机变量 X 的概率密度为 $f(x)$,若广义积分 $\int_{-\infty}^{+\infty} xf(x)\mathrm{d}x$ 绝对收敛,则称积分值为 X 的数学期望,记为

$$E(X) = \int_{-\infty}^{+\infty} xf(x)\mathrm{d}x. \tag{4.2}$$

例 4.4　设随机变量 X 的概率密度为

$$f(x) = \begin{cases} x, & 0 < x \leqslant 1; \\ 2-x, & 1 < x \leqslant 2; \\ 0, & \text{其他}. \end{cases}$$

求数学期望 $E(X)$.

解
$$\begin{aligned}
E(X) &= \int_{-\infty}^{+\infty} xf(x)\mathrm{d}x = \int_0^1 x^2\mathrm{d}x + \int_1^2 (2x-x^2)\mathrm{d}x \\
&= \frac{1}{3}x^3 \Big|_0^1 + \left(x^2 - \frac{1}{3}x^3\right)\Big|_1^2 = 1.
\end{aligned}$$

二、随机变量函数的数学期望

若已知 X 的分布,Y 是 X 的函数,$Y=g(X)$,求 Y 的数学期望 $E(Y)$,可以通过下面的定理来确定 Y 的数学期望.

定理 4.1.1　设 Y 是随机变量 X 的函数:$Y=g(X)$,其中 g 是连续函数.

(1) 对离散型随机变量 X,若其分布律为

$$P(X = x_k) = p_k, k = 1,2,3,\cdots.$$

若级数 $\sum\limits_{k=1}^{\infty} g(x_k)p_k$ 绝对收敛,则有

$$E(Y) = E[g(X)] = \sum\limits_{k=1}^{\infty} g(x_k)p_k. \tag{4.3}$$

(2) 对连续型随机变量 X,它的概率密度为 $f(x)$,若广义积分 $\int_{-\infty}^{+\infty} g(x)f(x)\mathrm{d}x$ 绝对收敛,则有

$$E(Y) = E[g(X)] = \int_{-\infty}^{+\infty} g(x)f(x)\mathrm{d}x. \tag{4.4}$$

定理证明略去.

该定理的重要意义在于当求 $E(Y)$ 时,不需求 $Y=g(X)$ 的分布,只需知道 X 的分布就可以了,这样给解决问题带来很大的方便.

例 4.5　设 X 的概率分布为

X	-1	0	1	2
p_k	$\dfrac{1}{4}$	$\dfrac{3}{8}$	$\dfrac{1}{4}$	$\dfrac{1}{8}$

求：$E(X^2)$；$E(2X+1)$.

解　　　　　$E(X^2) = (-1)^2 \times \dfrac{1}{4} + 0^2 \times \dfrac{3}{8} + 1^2 \times \dfrac{1}{4} + 2^2 \times \dfrac{1}{8} = 1.$

$$E(2X+1) = (-2+1) \times \frac{1}{4} + (0+1) \times \frac{3}{8} + (2+1) \times \frac{1}{4} + (4+1) \times \frac{1}{8} = \frac{3}{2}.$$

例 4.6　国家出口某种商品，假设国际市场对该商品的年需求量是随机变量 X（单位：t），且 $X \sim U(2\,000, 4\,000)$，若每出售 1 t 该种商品，则获得外汇 3 万元，但若销售不出而库存，则每吨需保养费 1 万元. 问每年应组织多少货源，才能使国家收益的期望值最大？并求其最大期望值.

解　由题设知 X 的概率密度为

$$f(x) = \begin{cases} \dfrac{1}{2\,000}, & 2\,000 \leqslant x \leqslant 4\,000; \\ 0, & \text{其他.} \end{cases}$$

以 y 表示每年应准备该种商品的吨数，显然有 $2\,000 \leqslant y \leqslant 4\,000$，又 Y 表示收益是 X 的函数（单位：万元），则 $X > y$ 表示供不应求，准备商品全部出口，收益 $Y = 3y$，又 $X < y$ 表示供过于求，收益

$$Y = 3X - 1 \times (y - X) = 4X - y.$$

即　　　　　$$Y = g(X) = \begin{cases} 3y, & \text{当 } X > y; \\ 4X - y, & \text{当 } X < y. \end{cases}$$

由式（4.4）得

$$\begin{aligned} E(Y) &= \int_{-\infty}^{+\infty} g(x) f(x) \mathrm{d}x = \int_{2\,000}^{4\,000} \frac{1}{2\,000} g(x) \mathrm{d}x \\ &= \frac{1}{2\,000} \int_{2\,000}^{y} (4x - y) \mathrm{d}x + \frac{1}{2\,000} \int_{y}^{4\,000} 3y \mathrm{d}x \\ &= 0.001 \times (-y^2 + 7\,000y - 4 \times 10^6). \end{aligned}$$

由　　　　　$$\frac{\mathrm{d}E(Y)}{\mathrm{d}y} = 0.001 \times (-2y + 7\,000) = 0,$$

得　　　　　　　　　　　$$y = 3\,500 \text{ t},$$

又　　　　　　　　　　　$$\frac{\mathrm{d}^2 E(Y)}{\mathrm{d}y^2} = -0.002 < 0,$$

即当 $y = 3\,500$ t 时，国家期望收益最大，其最大值为

$$\max E(y) = 0.001 \times (-3\,500^2 + 7\,000 \times 3\,500 - 4 \times 10^6)$$
$$= 8\,250(万元).$$

三、数学期望的性质

以下假设数学期望总是存在的.

（1）若 C 是常数,则有 $E(C) = C$;

（2）设 X 是随机变量,C 是常数,则有

$$E(CX) = CE(X);\qquad\qquad(4.5)$$

（3）设 X,Y 是任意两个随机变量,则有

$$E(X+Y) = E(X) + E(Y),\qquad\qquad(4.6)$$

且推广有　　　　　　$E(aX + bY) = aE(X) + bE(Y),$

$$E\Big(\sum_{k=1}^{n} a_k X_k\Big) = \sum_{k=1}^{n} a_k E(X_k),\qquad\qquad(4.7)$$

其中,a_k 为常数,X_k 是随机变量;

（4）若 X,Y 是两个相互独立的随机变量,则有

$$E(XY) = E(X)E(Y).\qquad\qquad(4.8)$$

下面仅证明性质（4）.

设 (X,Y) 的联合概率密度为 $f(x,y)$,其关于 X 和关于 Y 的边缘概率密度分别为 $f_X(x), f_Y(y)$,因 X,Y 相互独立,则有

$$f(x,y) = f_X(x) \times f_Y(y).$$

由式（4.4）推广到二维随机变量,则有

$$E(XY) = \int_{-\infty}^{+\infty}\int_{-\infty}^{+\infty} xy f(x,y)\,\mathrm{d}x\mathrm{d}y$$
$$= \int_{-\infty}^{+\infty}\int_{-\infty}^{+\infty} xy f_X(x) f_Y(y)\,\mathrm{d}x\mathrm{d}y$$
$$= \Big[\int_{-\infty}^{+\infty} x f_X(x)\,\mathrm{d}x\Big]\Big[\int_{-\infty}^{+\infty} y f_Y(y)\,\mathrm{d}y\Big]$$
$$= E(X)E(Y).$$

例 4.7　设一台机器上有 3 个部件,在某一时刻需对部件进行高度调整,3 个部件需调整的概率分别为是 0.1,0.15,0.2,且相互独立,若记 X 为需调整的部件数,求 $E(X)$.

解　引入随机变量

$$X_i = \begin{cases} 1, 第\ i\ 个部件要调整; \\ 0, 第\ i\ 个部件不要调整. \end{cases} i = 1,2,3.$$

又设 p_i 为第 i 个部件需调整的概率,则

$$p_1 = 0.1, p_2 = 0.15, p_3 = 0.2.$$

又
$$E(X_1) = 1 \times p_1 + 0 \times (1 - p_1)$$
$$= 1 \times 0.1 + 0 \times 0.9 = 0.1.$$

同理
$$E(X_2) = 0.15, E(X_3) = 0.2.$$

X 为需要调整部件数,则
$$X = X_1 + X_2 + X_3,$$
$$E(X) = E(X_1) + E(X_2) + E(X_3)$$
$$= 0.1 + 0.15 + 0.2 = 0.45.$$

例 4.8　某批产品成箱包装,每箱 5 件,一用户在购进该批产品前先取出 3 箱,再从每箱中任意抽取 2 件产品进行检验. 设取出的第一、二、三箱中分别有 0 件,1 件,2 件二等品,其余是一等品.

(1) 设 X 表示抽验的 6 件产品中二等品的件数,求 X 的分布律及 X 的数学期望;

(2) 若抽验的 6 件产品中有 2 件或 2 件以上是二等品,用户就拒绝购买该批产品,求该批产品被用户拒绝购买的概率.

解　(1) X 的可能取值为 $0, 1, 2, 3$,则

$$P(X = 0) = \frac{C_5^2}{C_5^2} \cdot \frac{C_4^2}{C_5^2} \cdot \frac{C_3^2}{C_5^2} = \frac{18}{100} = \frac{9}{50}$$

表示全部取一等品的概率.

$$P(X = 1) = \frac{C_5^2}{C_5^2} \cdot \frac{C_4^1 C_1^1}{C_5^2} \cdot \frac{C_3^2 C_2^0}{C_5^2} + \frac{C_5^2}{C_5^2} \cdot \frac{C_4^2 C_1^0}{C_5^2} \cdot \frac{C_3^1 C_2^1}{C_5^2} = \frac{24}{50},$$

$$P(X = 2) = \frac{C_5^2}{C_5^2} \cdot \frac{C_4^1 C_1^1}{C_5^2} \cdot \frac{C_3^1 C_2^1}{C_5^2} + \frac{C_5^2}{C_5^2} \cdot \frac{C_4^2 C_1^0}{C_5^2} \cdot \frac{C_3^0 C_2^2}{C_5^2} = \frac{15}{50},$$

$$P(X = 3) = \frac{C_5^2}{C_5^2} \cdot \frac{C_4^1 C_1^1}{C_5^2} \cdot \frac{C_3^0 C_2^2}{C_5^2} = \frac{2}{50}.$$

得 X 的分布律为

X	0	1	2	3
p_k	$\frac{9}{50}$	$\frac{24}{50}$	$\frac{15}{50}$	$\frac{2}{50}$

其平均取得的二等品数,即数学期望为

$$E(X) = 0 \times \frac{9}{50} + 1 \times \frac{24}{50} + 2 \times \frac{15}{50} + 3 \times \frac{2}{50} = \frac{60}{50} = 1.2.$$

(2) 用户拒绝购买该批产品的概率为

$$P(X \geqslant 2) = P(X = 2) + P(X = 3)$$
$$= \frac{15}{50} + \frac{2}{50} = \frac{17}{50}.$$

注:由于第一箱产品全部是一级品,而 X 表示二级品的件数,故分布律可简单计算. 如

$$P(X = 1) = \frac{C_4^1 C_1^1}{C_5^2} \cdot \frac{C_3^2 C_2^0}{C_5^2} + \frac{C_4^2 C_1^0}{C_5^2} \cdot \frac{C_3^1 C_2^1}{C_5^2} = \frac{24}{50}.$$

§4.2　方差及性质

在实际问题中,只知道随机变量取值的均值 $E(X)$ 是不够的. 一批产品质量好坏不仅要知道其使用的平均寿命,而且还要掌握随机变量取值与它的均值的偏离程度. 例如,在 §4.1 的例 4.1 中,已知求出甲、乙两人一天出现废品的平均件数分别是 $E(X)=1.0$ 和 $E(Y)=0.9$,用"废品数与平方件数之差的平方的平均值"来衡量其偏离程度,得

$$E[X-E(X)]^2 = (0-1)^2 \times 0.4 + (1-1)^2 \times 0.3 + (2-1)^2 \times 0.2 + (3-1)^2 \times 0.1$$
$$= 1.0,$$
$$E[Y-E(Y)]^2 = (0-0.9)^2 \times 0.3 + (1-0.9)^2 \times 0.5 + (2-0.9)^2 \times 0.2$$
$$= 0.49.$$

从上面 3 个数可知,乙的偏离较小,说明乙的技术比较稳定,从而进一步说明乙的技术较好.

下面引入一般概念.

一、方差的定义

定义 4.2.1　设 X 是一个随机变量,若期望值 $E[X-E(X)]^2$ 存在,则称该期望值为 X 的方差,记为

$$D(X) = E[X-E(X)]^2, \tag{4.9}$$

而称 $\sqrt{D(X)}$ 为 X 标准差或均方差,记为

$$\sigma(X) = \sqrt{D(X)} = \sqrt{E[X-E(X)]^2}.$$

由方差的定义,对于离散型随机变量,由式(4.3)有

$$D(X) = \sum_{k=1}^{\infty} [x_k - E(X)]^2 p_k, \tag{4.10}$$

其中,$p_k = P\{X = x_k\}$,$k = 1, 2, \cdots$ 是 X 的分布律.

对于连续型随机变量 X,按式(4.4)有

$$D(X) = \int_{-\infty}^{+\infty} [x - E(X)]^2 f(x) \mathrm{d}x, \tag{4.11}$$

其中,$f(x)$ 是 X 的概率密度函数.

方差的实用计算公式为

$$D(X) = E(X^2) - [E(X)]^2. \tag{4.12}$$

事实上,

$$D(X) = E[X - E(X)]^2$$
$$= E[X^2 - 2X \cdot E(X) + E^2(X)]$$
$$= E(X^2) - 2[E(X)]^2 + [E(X)]^2$$
$$= E(X^2) - [E(X)]^2.$$

例 4.9 在上一节例 4.2 中,随机变量 X 的概率分布为

X	0	1	2	3
p_k	$\frac{1}{6}$	$\frac{1}{2}$	$\frac{3}{10}$	$\frac{1}{30}$

求方差 $D(X)$.

解 由上一节例 4.2 中计算得

$$E(X) = 1.2,$$

$$E(X^2) = 0^2 \times \frac{1}{6} + 1^2 \times \frac{1}{2} + 2^2 \times \frac{3}{10} + 3^2 \times \frac{1}{30} = 2.$$

故有

$$D(X) = E(X^2) - [E(X)]^2 = 2 - 1.2^2 = 0.56.$$

例 4.10 设随机变量 X 的概率密度为

$$f(x) = \begin{cases} \frac{1}{2}\sin x, & 0 \leqslant x \leqslant \pi; \\ 0, & \text{其他.} \end{cases} \quad 求 D(X).$$

解
$$E(X) = \int_{-\infty}^{+\infty} x f(x) \mathrm{d}x = \int_0^\pi \frac{1}{2} x \sin x \mathrm{d}x = -\frac{1}{2} \int_0^\pi x \mathrm{d}\cos x$$
$$= -\frac{1}{2}\left[x\cos x \Big|_0^\pi - \int_0^\pi \cos x \mathrm{d}x \right]$$
$$= \frac{\pi}{2};$$

$$E(X^2) = \int_{-\infty}^{+\infty} x^2 f(x) \mathrm{d}x = \int_0^\pi \frac{1}{2} x^2 \sin x \mathrm{d}x = -\frac{1}{2} \int_0^\pi x^2 \mathrm{d}\cos x$$
$$= -\frac{1}{2}\left[x^2\cos x \Big|_0^\pi - \int_0^\pi 2x\cos x \mathrm{d}x \right]$$
$$= \frac{1}{2}\pi^2 + \left[x\sin x \Big|_0^\pi - \int_0^\pi \sin x \mathrm{d}x \right]$$
$$= \frac{1}{2}\pi^2 - 2;$$

$$D(X) = E(X^2) - [E(X)]^2 = \frac{1}{2}\pi^2 - 2 - \frac{\pi^2}{4} = \frac{\pi^2}{4} - 2.$$

二、方差的性质

以下假设所涉及的随机变量的方差都是存在的.

(1) 若 C 为常数,则 $D(C)=0$.

(2) 设 X 是一随机变量,C 是常数,则有

$$D(CX) = C^2 D(X).\tag{4.13}$$

(3) 设 X,Y 是两个相互独立的随机变量,则有

$$D(X+Y) = D(X) + D(Y).\tag{4.14}$$

证明　$\begin{aligned}D(X+Y) &= E\{[(X+Y)-E(X+Y)]^2\}\\ &= E\{[X-E(X)]+[Y-E(Y)]\}^2\\ &= E[X-E(X)]^2 + E[Y-E(Y)]^2 + 2E\{[X-E(X)][Y-E(Y)]\}\\ &= D(X)+D(Y)+2E[XY-XE(Y)-YE(X)+E(X)E(Y)]\\ &= D(X)+D(Y)+2[E(XY)-E(X)E(Y)].\end{aligned}$

由于 X,Y 相互独立,

$$E(XY) = E(X)E(Y),$$

$$D(X+Y) = D(X) + D(Y).$$

这一性质可以推广到任意有限多个相互独立的随机变量和的情形.

(4) $D(X)=0$ 的充分必要条件是 X 依概率 1 取常数 C,即

$$P(X=C) = 1.$$

例 4.11　设二维随机变量 X,Y 联合概率密度为

$$f(x,y) = \begin{cases} 4xy, & 0 \leqslant x \leqslant 1, 0 \leqslant y \leqslant 1; \\ 0, & \text{其他.} \end{cases}$$

求 $D(2X+3Y)$.

解　X 的边缘概率密度为

$$f_X(x) = \int_{-\infty}^{+\infty} f(x,y)\,\mathrm{d}y = \begin{cases} 2x, & 0 \leqslant x \leqslant 1; \\ 0, & \text{其他.} \end{cases}$$

Y 的边缘概率密度为

$$f_Y(y) = \int_{-\infty}^{+\infty} f(x,y)\,\mathrm{d}x = \begin{cases} 2y, & 0 \leqslant y \leqslant 1; \\ 0, & \text{其他.} \end{cases}$$

由 $f(x,y)=f_X(x)f_Y(y)$,知 X,Y 相互独立.

$$\begin{aligned}D(X) &= E(X^2) - [E(X)]^2\\ &= \int_0^1 2x^3\,\mathrm{d}x - \left(\int_0^1 2x^2\,\mathrm{d}x\right)^2\\ &= \frac{1}{2} - \left(\frac{2}{3}\right)^2 = \frac{1}{18},\end{aligned}$$

同理,有 $D(Y)=\dfrac{1}{18}$,故

$$D(2X + 3Y) = D(2X) + D(3Y) = 4D(X) + 9D(Y) = \frac{13}{18}.$$

下面介绍一个重要的不等式.

定理 4.2.1（契比雪夫不等式） 设随机变量 X 具有数学期望 $E(X) = \mu$，方差 $D(X) = \sigma^2$，对于任意正数 ε，有不等式

$$P(|X - \mu| \geqslant \varepsilon) \leqslant \frac{\sigma^2}{\varepsilon^2}. \tag{4.15}$$

仅就 X 是连续型随机变量给予证明.

设 X 的概率密度为 $f(x)$，则有

$$
\begin{aligned}
P(|X - \mu| \geqslant \varepsilon) &= \int_{|x-\mu| \geqslant \varepsilon} f(x)\mathrm{d}x \\
&\leqslant \int_{|x-\mu| \geqslant \varepsilon} \frac{|x - \mu|^2}{\varepsilon^2} f(x)\mathrm{d}x \\
&\leqslant \frac{1}{\varepsilon^2} \int_{-\infty}^{+\infty} (x - \mu)^2 f(x)\mathrm{d}x = \frac{\sigma^2}{\varepsilon^2}.
\end{aligned}
$$

契比雪夫不等式也可以写成如下形式：

由 $P(|X - \mu| \geqslant \varepsilon) = 1 - P(|X - \mu| < \varepsilon)$，则有

$$P(|X - \mu| < \varepsilon) \geqslant 1 - \frac{\sigma^2}{\varepsilon^2}.$$

这个不等式给出：在随机变量 X 的分布未知的情况下，事件 $\{|X - \mu| < \varepsilon\}$ 概率的下限的估计.

例如，取 $\varepsilon = 3\sigma$，得

$$P(|X - \mu| < 3\sigma) \geqslant 1 - \frac{\sigma^2}{9\sigma^2} = \frac{8}{9} \approx 0.888\ 9.$$

又如，取 $\varepsilon = 4\sigma$，得

$$P(|X - \mu| < 4\sigma) \geqslant \frac{15}{16} = 0.937\ 5.$$

§4.3　常见分布的期望及方差

一、（0—1）分布

设 X 的分布律为

X	1	0
p_k	p	$1-p=q$

则　　　　　　　　$E(X) = p, E(X^2) = p, D(X) = pq.$ 　　　　　　　　(4.16)

二、二项分布

$X \sim b(n, p)$，X 的分布律为

$$P(X = k) = C_n^k p^k (1-p)^{n-k}, \quad k = 0, 1, 2, \cdots, n.$$

由二项分布的定义可知，随机变量 X 是 n 重贝努利试验中事件 A 发生的次数，且在每次试验中 A 发生的概率为 p，引入随机变量：

$$X_i = \begin{cases} 1, A \text{ 在第 } i \text{ 次试验发生}; \\ 0, A \text{ 在第 } i \text{ 次试验不发生}. \end{cases} \quad i = 1, 2, \cdots, n$$

则　　　　　　　　$X = X_1 + X_2 + \cdots + X_n.$

各次试验相互独立，即 $X_1, X_2, \cdots, X_n$ 相互独立，又 $X_1, X_2, \cdots, X_n$ 都服从(0—1)分布，

$$E(X_i) = p, D(X_i) = pq,$$

则

$$E(X) = \sum_{i=1}^{n} E(X_i) = np,$$

$$D(X) = D\left[\sum_{i=1}^{n} X_i\right] = \sum_{i=1}^{n} D(X_i) = npq.$$

即若 $X \sim b(n, p)$，则

$$E(X) = np, D(X) = npq, E(X^2) = npq + n^2 p^2. \tag{4.17}$$

三、泊松分布

$X \sim \pi(\lambda)$，X 的分布律为

$$P(X = k) = \frac{\lambda^k e^{-\lambda}}{k!}, k = 0, 1, 2, \cdots, \lambda > 0,$$

$$E(X) = \sum_{k=0}^{\infty} k \cdot \frac{\lambda^k e^{-\lambda}}{k!} = \lambda e^{-\lambda} \sum_{k=1}^{\infty} \frac{\lambda^{k-1}}{(k-1)!}$$

$$= \lambda e^{-\lambda} e^{\lambda} = \lambda,$$

$$E(X^2) = E[X(X-1) + X] = E[X(X-1)] + E(X)$$

$$= \sum_{k=0}^{\infty} k(k-1) \frac{\lambda^k e^{-\lambda}}{k!} + \lambda = \lambda^2 \sum_{k=2}^{\infty} \frac{\lambda^{(k-2)}}{(k-2)!} \cdot e^{-\lambda} + \lambda$$

$$= \lambda^2 e^{\lambda} e^{-\lambda} + \lambda$$

$$= \lambda^2 + \lambda.$$

$$D(X) = E(X^2) - [E(X)]^2 = \lambda^2 + \lambda - \lambda^2 = \lambda.$$

即若 $X \sim \pi(\lambda)$，则

$$E(X) = \lambda, D(X) = \lambda, E(X^2) = \lambda^2 + \lambda. \tag{4.18}$$

四、几何分布

X 的分布律为

$$P(X = k) = pq^{k-1}, k = 1, 2, \cdots, 0 < p < 1, q = 1 - p.$$

由 §4.1 例 4.3 知 $E(X) = \dfrac{1}{p}$，又有

$$E(X^2) = E[X(X+1) - X] = E[X(X+1)] - E(X)$$

$$= \sum_{k=1}^{\infty} k(k+1) pq^{k-1} - \frac{1}{p} = p\left(\sum_{k=1}^{\infty} q^{k+1}\right)'' - \frac{1}{p}$$

$$= \frac{2p}{(1-q)^3} - \frac{1}{p}$$

$$= \frac{2}{p^2} - \frac{1}{p}.$$

$$D(X) = E(X^2) - [E(X)]^2 = \frac{2}{p^2} - \frac{1}{p} - \frac{1}{p^2} = \frac{q}{p^2}.$$

则 X 服从几何分布，那么

$$E(X) = \frac{1}{p}, D(X) = \frac{q}{p^2}, E(X^2) = \frac{2-p}{p^2}. \tag{4.19}$$

五、均匀分布

$X \sim U(a, b)$，其概率密度函数为

$$f(x) = \begin{cases} \dfrac{1}{b-a}, & a \leqslant x \leqslant b; \\ 0, & \text{其他}. \end{cases}$$

$$E(X) = \int_a^b \frac{1}{b-a} x \, \mathrm{d}x = \frac{1}{2}(a+b).$$

$$E(X^2) = \int_a^b \frac{1}{b-a} x^2 \, \mathrm{d}x = \frac{1}{3}(a^2 + ab + b^2).$$

$$D(X) = E(X^2) - [E(X)]^2$$

$$= \frac{1}{3}(a^2 + ab + b^2) - \frac{1}{4}(a^2 + 2ab + b^2)$$

$$= \frac{1}{12}(b-a)^2.$$

即若 $X \sim U(a, b)$，则有

$$E(X) = \frac{a+b}{2}, D(X) = \frac{(b-a)^2}{12}, E(X^2) = \frac{1}{3}(a^2 + ab + b^2). \tag{4.20}$$

六、指数分布

$X \sim E(\lambda)$，其概率密度为

$$f(x) = \begin{cases} \lambda e^{-\lambda x}, & x > 0; \\ 0, & x \leqslant 0. \end{cases} \quad \lambda > 0.$$

$$E(X) = \int_0^{+\infty} x\lambda e^{-\lambda x} dx = -\int_0^{+\infty} x de^{-\lambda x}$$

$$= -\left[xe^{-\lambda x} \Big|_0^{+\infty} - \int_0^{+\infty} e^{-\lambda x} dx \right]$$

$$= -\frac{1}{\lambda} e^{-\lambda x} \Big|_0^{+\infty} = \frac{1}{\lambda}.$$

$$E(X^2) = \int_0^{+\infty} x^2 \lambda e^{-\lambda x} dx$$

$$= -\left[x^2 e^{-\lambda x} \Big|_0^{+\infty} - \int_0^{+\infty} 2x e^{-\lambda x} dx \right] = \frac{2}{\lambda^2}.$$

$$D(X) = E(X^2) - [E(X)]^2 = \frac{2}{\lambda^2} - \left(\frac{1}{\lambda} \right)^2 = \frac{1}{\lambda^2}.$$

即若 $X \sim E(\lambda)$，则有

$$E(X) = \frac{1}{\lambda}, D(X) = \frac{1}{\lambda^2}, E(X^2) = \frac{2}{\lambda^2}. \tag{4.21}$$

七、正态分布

$X \sim N(\mu, \sigma^2)$，其概率密度为

$$f(x) = \frac{1}{\sqrt{2\pi}\sigma} e^{-\frac{(x-\mu)^2}{2\sigma^2}} \ (-\infty < x < +\infty),$$

$$E(X) = \int_{-\infty}^{+\infty} x \frac{1}{\sqrt{2\pi}\sigma} e^{-\frac{(x-\mu)^2}{2\sigma^2}} dx.$$

令 $\dfrac{x-\mu}{\sigma} = t$，则

$$E(X) = \int_{-\infty}^{+\infty} \frac{\sigma t + \mu}{\sqrt{2\pi}} e^{-\frac{t^2}{2}} dt$$

$$= \int_{-\infty}^{+\infty} \frac{\sigma}{\sqrt{2\pi}} t e^{-\frac{1}{2}t^2} dt + \mu \int_{-\infty}^{+\infty} \frac{1}{\sqrt{2\pi}} e^{-\frac{t^2}{2}} dt$$

$$= 0 + \mu \cdot 1 = \mu.$$

$$D(X) = \int_{-\infty}^{+\infty} (x-\mu)^2 f(x) dx = \frac{1}{\sqrt{2\pi}\sigma} \int_{-\infty}^{+\infty} (x-\mu)^2 e^{-\frac{(x-\mu)^2}{2\sigma^2}} dx.$$

令 $\dfrac{x-\mu}{\sigma} = t$，则

$$D(X) = \frac{1}{\sqrt{2\pi}} \sigma^2 \int_{-\infty}^{+\infty} t^2 e^{-\frac{t^2}{2}} dt$$

$$= \frac{\sigma^2}{\sqrt{2\pi}} \left[-t e^{-\frac{t^2}{2}} \Big|_{-\infty}^{+\infty} + \int_{-\infty}^{+\infty} e^{-\frac{t^2}{2}} dt \right]$$

$$= \sigma^2 \int_{-\infty}^{+\infty} \frac{1}{\sqrt{2\pi}} e^{-\frac{t^2}{2}} dt = \sigma^2.$$

即若 $X \sim N(\mu, \sigma^2)$，则有

$$E(X) = \mu, D(X) = \sigma^2, E(X^2) = \sigma^2 + \mu^2. \tag{4.22}$$

特别地，若 $X \sim N(0,1)$，称为标准正态分布，则

$$E(X) = 0, D(X) = 1, E(X^2) = 1. \tag{4.23}$$

书末附录 B 中附表 6 给出了常用随机变量的数学期望和方差，供查用.

§4.4　协方差、相关系数及矩

一、协方差

在 §4.2 方差的性质（3）的证明过程中，可得到：若两个随机变量 X 和 Y 相互独立时，有

$$E\{[X - E(X)] \cdot [Y - E(Y)]\} = 0.$$

这就意味着当 $E\{[X - E(X)] \cdot [Y - E(Y)]\} \neq 0$ 时，X 与 Y 不相互独立，即存在一定的关系. 数值 $E\{[X - E(X)] \cdot [Y - E(Y)]\}$ 描述了随机变量 X, Y 取值间的相互关系，是二维随机变量 (X, Y) 的一个重要数字特征.

定义 4.4.1　对二维随机变量 (X, Y)，$E(X), E(Y)$ 存在，若 $E\{[X - E(X)] \cdot [Y - E(Y)]\}$ 也存在，则该期望值为 X, Y 的协方差，记为 $\mathrm{Cov}(X, Y)$，即

$$\mathrm{Cov}(X, Y) = E\{[X - E(X)] \cdot [Y - E(Y)]\}. \tag{4.24}$$

将 $\mathrm{Cov}(X, Y)$ 按定义展开，可得计算协方差的常用式子：

$$\mathrm{Cov}(X, Y) = E(XY) - E(X)E(Y). \tag{4.25}$$

协方差具有以下性质：

(1) $\mathrm{Cov}(X, Y) = \mathrm{Cov}(Y, X)$；

(2) 若 a, b 为常数，则

$$\mathrm{Cov}(aX, bY) = ab\mathrm{Cov}(X, Y);$$

(3) $\mathrm{Cov}(X_1 + X_2, Y) = \mathrm{Cov}(X_1, Y) + \mathrm{Cov}(X_2, Y). \tag{4.26}$

由协方差的定义可得出下面两个定理.

定理 4.4.1　若随机变量 X 和 Y 相互独立，则 $\mathrm{Cov}(X, Y) = 0$.

定理 4.4.2　若 X, Y 是两个随机变量，且 $D(X), D(Y)$ 存在，则

$$D(X \pm Y) = D(X) + D(Y) \pm 2\mathrm{Cov}(X, Y). \tag{4.27}$$

二、相关系数

定义 4.4.2　二维随机变量 (X,Y) 有协方差 $\mathrm{Cov}(X,Y)$ 和非零方差 $D(X),D(Y)$，则称

$\dfrac{\mathrm{Cov}(X,Y)}{\sqrt{D(X)}\sqrt{D(Y)}}$ 为 X 与 Y 的相关系数，记为 ρ_{XY}，即 $\rho_{XY}=\dfrac{\mathrm{Cov}(X,Y)}{\sqrt{D(X)}\sqrt{D(Y)}}$．

相关系数 ρ_{XY} 是一个无量纲的量，它又可看成是协方差关于 $D(X),D(Y)$ 的标准化，故又称为标准协方差.

相关系数具有以下性质：（证明略）

(1) $|\rho_{XY}|\leqslant 1$；

(2) $\rho_{XY}=0$，称 X,Y 不相关；

(3) $|\rho_{XY}|=1$，称 X,Y 完全线性相关，其充分必要条件是 X 和 Y 依概率 1 线性相关，即存在常数 a,b，使 $P(Y=aX+b)=1$. 此时，若给定一个随机变量值，另一个随机变量的值就可确定.

又若随机变量 X,Y 相互独立时，协方差 $\mathrm{Cov}(X,Y)=0$，从而相关系数 $\rho_{XY}=0$，因此 X,Y 一定不相关，反之不一定成立. 但是当 (X,Y) 服从二维正态分布 $N(\mu_1,\mu_2,\sigma_1^2,\sigma_2^2,\rho)$ 时，X 和 Y 相互独立与 X 和 Y 不相关是等价的.

例 4.12　设 A,B 为随机事件，$P(A)=0.3,P(B)=0.4,P(B|A)=0.5$，令随机变量

$$X=\begin{cases}1,&\text{若 }A\text{ 发生；}\\-1,&\text{若 }A\text{ 不发生．}\end{cases}$$

$$Y=\begin{cases}1,&\text{若 }B\text{ 发生；}\\-1,&\text{若 }B\text{ 不发生．}\end{cases}$$

求：(1) X,Y 的联合分布律；(2) X 的分布函数 $F_X(x)$；(3) X,Y 的相关系数 ρ_{XY}．

解　该例是一个综合性较强的例子，涉及知识面贯穿前四章.

(1) $P(X=1,Y=1)=P(AB)=P(A)P(B\mid A)=0.15$；

　　$P(X=1,Y=-1)=P(A\overline{B})=P(A)-P(AB)=0.15$；

　　$P(X=-1,Y=1)=P(\overline{A}B)=P(B)-P(AB)=0.25$；

　　$P(X=-1,Y=-1)=P(\overline{A}\,\overline{B})=P(\overline{A\cup B})=1-P(A\cup B)$

　　　　　　　　　　　　　　$=1-P(A)-P(B)+P(AB)=0.45$.

（或 $P(\overline{A}\,\overline{B})=1-P(AB)-P(A\overline{B})-P(\overline{A}B)=1-0.15-0.15-0.25=0.45$）

(X,Y) 的联合分布律为

X \\ Y	-1	1
-1	0.45	0.25
1	0.15	0.15

(2) 随机变量 X,Y 的边缘分布律分别为

X	-1	1
p_i	0.7	0.3

Y	-1	1
p_j	0.6	0.4

则 X 的分布函数为

$$F_X(x) = \begin{cases} 0, & x < -1; \\ 0.7, & -1 \leqslant x < 1; \\ 1, & x \geqslant 1. \end{cases}$$

(3) $E(X) = -0.4, E(X^2) = 1, D(X) = 0.84;$
$E(Y) = -0.2, E(Y^2) = 1, D(Y) = 0.96.$

又 XY 的分布律为

XY	-1	1
p_k	0.4	0.6

则 $E(XY) = 0.2.$

X, Y 的协方差为

$$\mathrm{Cov}(X, Y) = E(XY) - E(X)E(Y) = 0.12.$$

相关系数为

$$\rho_{XY} = \frac{\mathrm{Cov}(X, Y)}{\sqrt{D(X)}\ \sqrt{D(Y)}} = \frac{0.12}{\sqrt{0.84 \times 0.96}} = 0.133\,6.$$

例 4.13   设二维随机变量 (X, Y) 的联合概率密度为

$$f(x, y) = \begin{cases} 8xy, & 0 \leqslant y \leqslant x, 0 \leqslant x \leqslant 1; \\ 0, & \text{其他.} \end{cases}$$

求:数学期望 $E(X), E(Y)$;方差 $D(X), D(Y)$;协方差 $\mathrm{Cov}(X, Y)$;相关系数 ρ_{XY} 以及 $D(5X - 3Y)$.

解   这是一个基本题,也是一个知识面应用较广泛的题. 本题可先求出边缘分布,再求期望方差;也可直接由联合分布求解答.下面用联合分布计算.

$$E(X) = \int_0^1 \left[\int_0^x x \cdot 8xy\,\mathrm{d}y \right] \mathrm{d}x = \int_0^1 4x^4\,\mathrm{d}x = \frac{4}{5},$$

$$E(Y) = \int_0^1 \left[\int_y^1 y \cdot 8xy\,\mathrm{d}x \right] \mathrm{d}y = \int_0^1 4(y^2 - y^4)\,\mathrm{d}y = \frac{8}{15};$$

$$E(X^2) = \int_0^1 \left[\int_0^x x^2 \cdot 8xy\,\mathrm{d}y \right] \mathrm{d}x = \int_0^1 4x^5\,\mathrm{d}x = \frac{2}{3},$$

$$E(Y^2) = \int_0^1 \left[\int_y^1 y^2 \cdot 8xy\,\mathrm{d}x \right] \mathrm{d}y = \int_0^1 4(y^3 - y^5)\,\mathrm{d}y = \frac{1}{3};$$

$$D(X) = E(X^2) - [E(X)]^2 = \frac{2}{3} - \left(\frac{4}{5} \right)^2 = \frac{2}{75},$$

$$D(Y) = E(Y^2) - [E(Y)]^2 = \frac{1}{3} - \left(\frac{8}{15}\right)^2 = \frac{11}{225};$$

$$E(XY) = \int_0^1 \left[\int_0^x xy \cdot 8xy\, \mathrm{d}y\right]\mathrm{d}x = \int_0^1 \frac{8}{3}x^5\,\mathrm{d}x = \frac{4}{9},$$

$$\mathrm{Cov}(X,Y) = E(XY) - E(X)E(Y) = \frac{4}{9} - \frac{4}{5} \times \frac{8}{15} = \frac{4}{225};$$

$$\rho_{XY} = \frac{\mathrm{Cov}(X,Y)}{\sqrt{D(X)}\,\sqrt{D(Y)}} = \frac{\frac{4}{225}}{\sqrt{\frac{2}{75}}\sqrt{\frac{11}{225}}} = \frac{2\sqrt{2}}{\sqrt{33}} \approx 0.492\,3;$$

$$\begin{aligned}
D(5X - 3Y) &= D(5X) + D(3Y) - 2\mathrm{Cov}(5X, 3Y)\\
&= 25D(X) + 9D(Y) - 2 \times 5 \times 3\mathrm{Cov}(X,Y)\\
&= 25 \times \frac{2}{75} + 9 \times \frac{11}{225} - 30 \times \frac{4}{225}\\
&= \frac{43}{75} \approx 0.573\,3.
\end{aligned}$$

三、矩的概念

数学期望、方差和协方差是随机变量最常用的数字特征. 它们都可归结是某种矩, 矩是最广泛的一种数字特征, 在应用概率和统计中占重要地位.

定义 4.4.3 设 X 和 Y 是随机变量, 若 $E(X^k)(k=1,2,\cdots)$ 存在, 则称它是 X 的 k 阶原点矩; 若 $E[X-E(X)]^k(k=1,2,\cdots)$ 存在, 则称它是 X 的 k 阶中心矩; 若 $E\{[X-E(X)]^k[Y-E(Y)]^l\}(k,l=1,2,\cdots)$ 存在, 称它为 X 和 Y 的 $k+l$ 阶混合中心矩,

对于 $k=1$ 时的 1 阶原点矩, $E(X)$ 为 X 的数学期望; 对于 $k=2$ 时的 2 阶中心矩, $D(X)=E[X-E(X)]^2$ 为 X 的方差; 而 $\mathrm{Cov}(X,Y)$ 是 X 和 Y 的 2 阶混合中心矩.

习 题 4

1. 设随机变量 X 的分布律为

X	-2	-1	0	2
p_k	$\frac{3}{8}$	$\frac{1}{4}$	$\frac{1}{8}$	$\frac{1}{4}$

求: (1) $E(X), E(X^2), E(-3X+1)$;

(2) $D(X), D(-2X)$.

2. 设 (X,Y) 的分布律为

X＼Y	1	2	3
−1	0.2	0.1	0.0
0	0.1	0.0	0.3
1	0.1	0.1	0.1

求:(1) $E(X),E(Y)$;(2) $D(X),D(-3Y)$.

3. 设随机变量 X 的概率密度函数为

$$f(x)=\begin{cases} Ax^2, & 0\leqslant x\leqslant 2; \\ 0, & \text{其他.} \end{cases}$$

求常数 A 及 $E(X),D(X)$.

4. 设随机变量 X 的概率密度为

$$f(x)=\begin{cases} A\,|\,x\,|, & |\,x\,|\leqslant\dfrac{1}{2}; \\ 0, & \text{其他.} \end{cases}$$

求:(1) A 及 $E(X)$;(2) $D(X)$;(3) $F(x)$.

5. 设在某一规定的时间间隔里,某电气设备用于最大负荷前的时间 X(以分计)是一个随机变量,其概率密度为

$$f(x)=\begin{cases} \dfrac{1}{1\,500^2}x, & 0\leqslant x\leqslant 1\,500; \\ \dfrac{1}{1\,500^2}(3\,000-x), & 1\,500<x\leqslant 3\,000; \\ 0, & \text{其他.} \end{cases}$$

求 $E(X)$.

6. 设随机变量 X 的概率密度为

$$f(x)=\begin{cases} \mathrm{e}^{-x}, & x>0; \\ 0, & x\leqslant 0. \end{cases}$$

求:(1) $Y=2X$ 的数学期望;(2) $Y=\mathrm{e}^{-2X}$ 的数学期望.

7. 设 X_1,X_2 是两个相互独立的随机变量,其概率密度分别为

$$f_1(x)=\begin{cases} 2x, & 0\leqslant x\leqslant 1; \\ 0, & \text{其他.} \end{cases}$$

$$f_2(x)=\begin{cases} \mathrm{e}^{-(x-5)}, & x>5; \\ 0, & \text{其他.} \end{cases}$$

求:(1) $E(X_1)$;(2) $E(X_2)$;(3) $E(X_1X_2)$.

8. 设随机变量 X 的概率密度为

$$f(x) = \begin{cases} x, & 0 < x \leqslant 1; \\ 2-x, & 1 < x \leqslant 2; \\ 0, & \text{其他}. \end{cases}$$

求 $D(X)$.

9. 设随机变量 X 的概率密度为

$$f(x) = \begin{cases} \dfrac{2}{\pi}\cos^2 x, & |x| \leqslant \dfrac{\pi}{2}; \\ 0, & \text{其他}. \end{cases}$$

求 $E(X), D(X)$.

10. 设随机变量 $X \sim b(10, 0.2), Y \sim \pi(3)$,求 $E(X^2 + 2Y^2)$.

11. 设 X, Y 相互独立,$X \sim N(2, 9), Y \sim b(5, 0.2)$,求:(1) $E(2XY)$;(2) $D(X-2Y)$.

12. 设随机变量 X 服从拉普拉斯分布,其概率密度为

$$f(x) = \frac{1}{2}e^{-|x|} (-\infty < x < +\infty),$$

求 $E(X), D(X)$.

13. 设随机变量 X_1, X_2 的概率密度函数分别为

$$f_1(x) = \begin{cases} 2e^{-2x}, & x > 0; \\ 0, & x \leqslant 0. \end{cases} \qquad f_2(x) = \begin{cases} 4e^{-4x}, & x > 0; \\ 0, & x \leqslant 0. \end{cases}$$

(1) 求 $E(X_1 + X_2), E(2X_1 - 3X_2^2)$;(2) 设 X_1, X_2 相互独立,求 $E(X_1 X_2)$.

14. 设随机变量 X 的数学期望为 $E(X)$,方差为 $D(X) > 0$,引入随机变量

$$X^* = \frac{X - E(X)}{\sqrt{D(X)}} (X^* \text{ 称为标准化随机变量}).$$

验证 $E(X^*) = 0, D(X^*) = 1$.

15. 设二维随机变量 X, Y 的概率密度为

$$f(x, y) = \begin{cases} 6xy^2, & 0 \leqslant x \leqslant 1, 0 \leqslant y \leqslant 1; \\ 0, & \text{其他}. \end{cases}$$

求:(1) $E(aX + bY)$;(2) $D(aX + bY)$;(3) $E(XY)$.

16. 设二维随机变量 X, Y 的概率密度为

$$f(x, y) = \begin{cases} A, & 0 < x < 1, 0 < y < x; \\ 0, & \text{其他}. \end{cases}$$

确定常数 A,并求 $E(XY)$.

17. 一工厂生产的某种设备的寿命 X(以年计)的概率密度为

$$f(x) = \begin{cases} \dfrac{1}{4}e^{-\frac{x}{4}}, & x > 0; \\ 0, & x \leqslant 0. \end{cases}$$

工厂规定,出售的设备若在售出一年内损坏可予以调换.若工厂售出一台设备获利 100 元,调换一台设备厂方花费 300 元,求厂方出售一台设备净获利的数学期望.

18. 设随机变量 X 和 Y 相互独立,且 $E(X)=1,E(Y)=-1,D(X)=D(Y)=1$,求 $E(X+Y)^2$.

19. 某商店每天出售某种食品的数量 X(单位:kg)是一个随机变量,若已知 $E(X)=700,D(X)=2\,500$,用契比雪夫不等式估计日销售量在 600 到 800 之间的概率.

20. 设二维随机变量 (X,Y) 的概率密度为

$$f(x,y)=\begin{cases}1, & (x,y)\in D; \\ 0, & \text{其他}.\end{cases}$$

其中,D 是由 $y=x,y=-x,x=1$ 所围成的区域.验证 X 和 Y 不相关,但 X 和 Y 不是相互独立的.

21. 设二维随机变量 X,Y 的概率密度为

$$f(x,y)=\begin{cases}\dfrac{1}{3}(x+y), & 0\leqslant x\leqslant 2,0\leqslant y\leqslant 1; \\ 0, & \text{其他}.\end{cases}$$

求 $E(X),E(Y),\mathrm{Cov}(X,Y),\rho_{XY}$.

22. 设 X,Y 是随机变量,$D(X)=25,D(Y)=36,\rho_{XY}=0.4$,求 $D(X+Y)$ 和 $D(X-Y)$.

23. 已知 3 个随机变量 X,Y,Z 中,$E(X)=E(Y)=1,E(Z)=-1,D(X)=D(Y)=D(Z)=1,\rho_{XY}=0,\rho_{XZ}=\dfrac{1}{2},\rho_{YZ}=\dfrac{1}{2}$,求 $E(X+Y+Z),D(X+Y+Z)$.

综合练习 4

1. 设随机变量 X 的概率密度为

$$f(x)=\begin{cases}\dfrac{1}{2}\cos\dfrac{x}{2}, & 0\leqslant x\leqslant\pi; \\ 0, & \text{其他}.\end{cases}$$

对 X 独立地重复观察 4 次,用 Y 表示观察值大于 $\dfrac{\pi}{3}$ 的次数,求 Y^2 的数学期望.

2. 设随机变量 X 和 Y 的联合概率分布为

X \ Y	-1	0	1
0	0.07	0.18	0.15
1	0.08	0.32	0.20

求:(1) X,Y 的相关系数 ρ_{XY};(2) X^2,Y^2 的协方差 $\mathrm{Cov}(X^2,Y^2)$.

3. 设随机变量 U 在区间 $[-2,2]$ 上服从均匀分布, 随机变量

$$X = \begin{cases} -1, & 若 U \leqslant -1; \\ 1, & 若 U > -1. \end{cases}$$

$$Y = \begin{cases} -1, & 若 U \leqslant 1; \\ 1, & 若 U > 1. \end{cases}$$

求: (1) X 和 Y 的联合概率分布; (2) $D(X+Y)$.

4. 已知甲、乙两箱装有同种产品, 其中甲箱中装有 3 件合格品和 3 件次品, 乙箱中仅装有 3 件合格品, 从甲箱中任取 3 件产品放入乙箱后, 求:

(1) 乙箱中次品数 X 的数学期望;

(2) 从乙箱中任取 1 件产品是次品的概率.

5. 假设一设备开机后无故障工作时间 X 服从指数分布, 平均无故障工作的时间 $E(X) = 5 \text{ h}$, 设备定时开机, 出现故障时自动关机, 而在无故障的情况下工作 2 h 后便关机. 求该设备每次开机无故障工作时间 Y 的分布函数 $F(y)$.

6. 设随机变量 X 和 Y 的联合分布在以点 $(0,1),(1,0),(1,1)$ 为顶点的三角形区域上服从均匀分布, 求 $D(X+Y)$.

7. 设 X,Y 是两个相互独立同服从正态分布 $N\left(0, \dfrac{1}{2}\right)$ 的随机变量, $Z = |X-Y|$, 求 $E(Z), D(Z)$.

8. 设某种商品每周的需求量 $X \sim U[10,30]$, 而进货量为 $[10,30]$ 中某一整数, 商品每销售一单位商品可获利 500 元; 若供大于求, 则削价处理, 每处理一单位商品亏损 100 元; 若供不应求, 则可以从外部调剂供应, 此时每单位商品仅获利 300 元, 为使商店所获利润期望值不少于 9 280 元, 求最少进货量.

9. 某箱装有 100 件产品, 其中一、二和三等品分别为 80、10 和 10 件, 现从中随机抽取一件, 记为 $X_i = \begin{cases} 1, 若抽到 i 等品; \\ 0, 其他. \end{cases}$ $i = 1,2,3.$

求: (1) 随机变量 X_1 和 X_2 的联合分布;

(2) X_1, X_2 的相关系数.

10. 设随机变量 X 服从参数为 λ 的指数分布, 求 $P(X > \sqrt{D(X)})$.

11. 设随机变量 $X_1, X_2, \cdots, X_n (n > 1)$ 独立同分布, 且其方差为 $\sigma^2 > 0$.

令

$$\overline{X} = \frac{1}{n} \sum_{i=1}^{n} X_i.$$

求: (1) 协方差 $\text{Cov}(X_1, \overline{X})$; (2) $D(X_1 + \overline{X})$.

12. 设 A, B 为随机事件, $P(A) = \dfrac{1}{4}, P(B|A) = \dfrac{1}{3}, P(A|B) = \dfrac{1}{2}$, 令

$$X = \begin{cases} 1, A 发生; \\ 0, A 不发生. \end{cases} \quad Y = \begin{cases} 1, B 发生; \\ 0, B 不发生. \end{cases}$$

求: (1) 二维随机变量 (X,Y) 的联合分布律;

(2) X,Y 的相关系数 ρ_{XY}；

(3) $Z=X^2+Y^2$ 的分布律.

13. 设二维随机变量 (X,Y) 的概率分布为

X ＼ Y	−1	0	1
−1	a	0	0.2
0	0.1	b	0.2
1	0	0.1	c

其中 a,b,c 为常数,且 X 的数学期望 $E(X)=-0.2,P(Y\leqslant 0\,|\,X\leqslant 0)=0.5$,记 $Z=X+Y$.

求：(1) a,b,c 的值；

(2) Z 的概率分布；

(3) $P(X=Z)$.

14. 设随机变量 X 的概率密度为

$$f_X(x)=\begin{cases}\dfrac{1}{2}, & -1<x<0;\\[2mm]\dfrac{1}{4}, & 0\leqslant x<2;\\[2mm]0, & \text{其他}.\end{cases}$$

令 $Y=X^2$，$F(x,y)$ 为二维随机变量 (X,Y) 的分布函数.

求：(1) Y 的概率密度 $f_Y(y)$；

(2) X,Y 的协方差 $\mathrm{Cov}(X,Y)$；

(3) $F\left(-\dfrac{1}{2},4\right)$.

15. 购买某种保险,每个投保人每年度向保险公司交纳保费 a 元,若投保人在购买保险的一年度内出险,则可以获得 10 000 元的赔偿金. 假定在一年度内有 10 000 人购买了这种保险,且各投保人是否出险相互独立. 已知保险公司在一年度内至少支付赔偿金 10 000 元的概率为 $1-0.999^{10^4}$.

(1) 求一投保人在一年度内出险的概率 p；

(2) 设保险公司开办该项险种业务除赔偿金外的成本为 50 000 元,为保证盈利的期望不小于 0,求每位投保人应交纳的最低保费(单位:元).

16. 如图,由 M 到 N 的电路中有 4 个元件,分别标为 T_1,T_2,T_3,T_4,电流能通过 T_1,T_2,T_3 的概率都是 p,电流能通过 T_4 的概率为 0.9,电流能否通过各元件相互独立,已知 T_1,T_2,T_3 中至少有一个能通过电流的概率为 0.999。

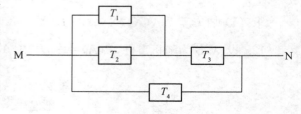

(1) 求 p；

(2) 求电流能在 M 与 N 之间通过的概率;

(3) X 表示 T_1,T_2,T_3,T_4 中能通过电流的元件个数,求 X 的期望.

17. 经销商经销某种农产品,在一个销售季度内,每售出 1 t 该产品获利润 500 元,未售出的产品,每 1 t 亏损 300 元. 根据历史资料,得到销售季度内市场需求量的频率分布直方图,如图所示. 经销商为下一个销售季度购进了 130 t 该农产品. 以 X(单位:t,$100 \leqslant X \leqslant 150$)表示下一个销售季度内的市场需求量,$T$(单位:元)表示下一个销售季度内经销该农产品的利润.

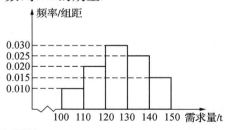

(1) 将 T 表示为 X 的函数;

(2) 根据直方图估计利润 T 不少于 57 000 元的概率;

(3) 在直方图的需求量分组中,以各组的区间中点值代表该组的各个值,并以需求量落入该区间的频率作为需求量取该区间中点值的概率(例如:若需求量 $X \in [100,110)$,则取 $X=105$,且 $X=105$ 的概率等于需求量落入 $[100,110)$ 的频率),求 T 的数学期望.

18. 设二维离散型随机变量 (X,Y) 的概率分布为

$$P(X=0,Y=0)=P(X=0,Y=2)=\frac{1}{4},$$

$$P(X=2,Y=0)=P(X=2,Y=2)=\frac{1}{12},$$

$$P(X=0,Y=1)=P(X=1,Y=0)=P(X=1,Y=2)=P(X=2,Y=1)=0,$$

$$P(X=1,Y=1)=\frac{1}{3}.$$

(1) 求 $P(X=2Y)$;(2) 求 $\text{Cov}(X-Y,Y)$.

19. 设随机变量 X 与 Y 相互独立,且都服从参数为 1 的指数分布。记 $U=\max(X,Y)$,$V=\min(X,Y)$.

(1) 求 V 的概率密度 $f_V(v)$;

(2) 求 $E(U+V)$.

第 **5** 章
极限定理

人类经过长期的实践,发现在随机变量中,有许多极有意义的规律. 例如,一类事件发生的频率具有稳定性;大量实测值和算术平均值具有稳定性;由大量相互独立而作用微小的随机因素综合影响而形成的随机变量往往近似服从正态分布等. 这些规律都由大数定律和极限定理予以阐述.

极限定理是概率论中重要的理论,在概率论和数理统计中有着广泛的应用,它包括很丰富的内容. 最重要的有两个方面:大数定理和中心极限定理. 本章仅对其基本内容作简单介绍,侧重于应用,而不给予理论证明.

§5.1　大数定律

定理 5.1.1(辛钦大数定理)　设 $X_1,X_2,\cdots,X_n,\cdots$ 是相互独立的具有相同的有限数学期望和方差的随机变量序列,且 $E(X_k)=\mu,D(X_k)=\sigma^2(k=1,2,\cdots)$,则对任意的正数 ε,有

$$\lim_{n\to\infty}P\Big(\Big|\frac{1}{n}\sum_{k=1}^{n}X_k-\mu\Big|<\varepsilon\Big)=1. \tag{5.1}$$

若用 $\overline{X}$ 表示 n 个随机变量的算术平均值,即

$$\overline{X}=\frac{1}{n}\sum_{k=1}^{n}X_k\Big(E(\overline{X})=\mu,D(\overline{X})=\frac{1}{n}\sigma^2\Big),$$

则式(5.1)可表示为

$$\lim_{n\to\infty}P(|\overline{X}-\mu|<\varepsilon)=1(用契比雪夫不等式即得). \tag{5.2}$$

式(5.2)表明,随机事件$\{|\overline{X}-\mu|<\varepsilon\}$,对任意 $\varepsilon>0$,当 n 充分大时,不等式$\{|\overline{X}-\mu|<\varepsilon\}$成立的概率很大,即当 n 充分大时,算术平均值 $\overline{X}$ 以很大的概率接近 X_k 的期望值 μ,这就是人们在实际问题中常用算术平均值作为精确均值 μ 的近似值的理论根据之一.

定理 5.1.2(贝努利大数定理)　设 n_A 是 n 次独立重复试验中事件 A 发生的次数,p 是事件 A 在每次试验中发生的概率,则对于任意正数 ε,令

$$X_k=\begin{cases}1,第\ k\ 次\ A\ 出现;\\0,第\ k\ 次\ \overline{A}\ 出现.\end{cases}$$

则
$$n_A = \sum_{k=1}^{n} X_k, E(X_k) = p.$$

有
$$\lim_{n \to \infty} P\left(\left|\frac{n_A}{n} - p\right| < \varepsilon\right) = 1 \tag{5.3}$$

或
$$\lim_{n \to \infty} P\left(\left|\frac{n_A}{n} - p\right| \geqslant \varepsilon\right) = 0.$$

贝努利大数定理表明:事件 A 发生的频率 $\frac{n_A}{n}$ 依概率收敛于事件的概率 p, 即当试验次数充分大时, 事件出现的概率与频率之间有较大偏差的可能性非常小. 这就为在实际应用中当试验次数很大时, 用频率来近似代替事件的概率给出了理论根据. 同时也以严格的数学形式表达了频率的稳定性.

§5.2 中心极限定理

定理 5.2.1(独立同分布的中心极限定理) 设随机变量 $X_1, X_2, \cdots, X_n, \cdots$ 相互独立, 服从同一分布, 且具有数学期望和方差: $E(X_k) = \mu, D(X_k) = \sigma^2 > 0 (k = 1, 2, \cdots)$, 则随机变量之和 $\sum_{k=1}^{n} X_k$ 的标准化变量

$$Y_n = \frac{\sum_{k=1}^{n} X_k - n\mu}{\sqrt{n}\sigma}$$

的分布函数 $F_n(x)$ 对任意的 x 满足

$$\lim_{n \to \infty} F_n(x) = P(Y_n \leqslant x) = \int_{-\infty}^{x} \frac{1}{\sqrt{2\pi}} e^{-\frac{1}{2}t^2} dt = \Phi(x), \tag{5.4}$$

即均值为 μ, 方差为 $\sigma^2 > 0$ 的独立同分布的随机变量 $X_1, X_2, \cdots, X_n$, 当 n 充分大, 有

$$\frac{\sum_{k=1}^{n} X_k - n\mu}{\sqrt{n}\sigma} \overset{近似}{\sim} N(0, 1). \tag{5.5}$$

中心极限定理表明, 无论随机变量 $X_1, X_2, \cdots, X_n, \cdots$ 服从什么分布, 只要满足定理条件, 它们之和 $\sum_{k=1}^{n} X_k$ (当 n 充分大时)都近似服从正态分布, 这也充分显示了无论是在理论上还是在应用上, 正态分布在概率论与数理统计中的重要地位.

又若令 $\overline{X} = \frac{1}{n} \sum_{k=1}^{n} X_k$, 则有

$$\frac{\frac{1}{n} \sum_{k=1}^{n} X_k - \mu}{\sigma/\sqrt{n}} = \frac{\overline{X} - \mu}{\sigma/\sqrt{n}} \overset{近似}{\sim} N(0, 1)$$

或
$$\overline{X} \overset{近似}{\sim} N\left(\mu, \frac{\sigma^2}{n}\right).$$
(5.6)

例 5.1 设有电子元件 30 个,用 $A_1, A_2, \cdots, A_{30}$ 表示,且每个元件 $A_k(k=1,2,\cdots,30)$ 的寿命都服从参数为 $\lambda=0.1$ 的指数分布. 其使用情况如下:若 A_k 失效不能修复,A_{k+1} 立即投入使用,$k=1,2,\cdots,29.$ 令 T 表示 30 个电子元件在某系统使用的总时间,求 T 超过 350 h 的概率.

解 这是一个很有实际背景的应用问题. 设电子元件 A_i 的使用寿命是随机变量 $T_k(k=1,2,\cdots,30)$,则 $T = \sum\limits_{k=1}^{30} T_k$,由指数分布的数学期望和方差,有

$$E(T_k) = \frac{1}{\lambda} = \frac{1}{0.1} = 10, k = 1, 2, \cdots, 30.$$

$$D(T_k) = \frac{1}{\lambda^2} = \frac{1}{0.01} = 100,$$

即 $\mu=10, \sigma=10$,显然 $T_1, T_2, \cdots, T_{30}$ 是相互独立的,由中心极限定理得

$$P(T > 350) = 1 - P(T \leqslant 350)$$

$$= 1 - P\left(\frac{T - 30 \times 10}{\sqrt{30} \times 10} \leqslant \frac{350 - 30 \times 10}{\sqrt{30} \times 10}\right)$$

$$= 1 - P\left(\frac{T - 300}{10\sqrt{30}} \leqslant 0.913\right) \approx 1 - \Phi(0.913)$$

$$= 1 - 0.8186 = 0.1814.$$

例 5.2 1 台仪器同时收到 50 个信号 $W_k(k=1,2,\cdots,50)$,设它们是相互独立的随机变量,且在区间 $[0,10]$ 上服从均匀分布. 记 $W = \sum\limits_{k=1}^{50} W_k$.

(1) 求 $P(W>260)$;(2) 要使 $P(W>260)$ 不超过 10%,问要收到多少这样的信号.

解 (1) $W_k \sim U(0,10)$,则

$$E(W_k) = \frac{0+10}{2} = 5, D(W_k) = \frac{(10-0)^2}{12} = \frac{25}{3}.$$

由中心极限定理,有

$$P(W > 260) = 1 - P(W \leqslant 260)$$

$$= 1 - P\left(\frac{W - 50 \times 5}{\sqrt{50} \cdot \sqrt{25/3}} \leqslant \frac{260 - 50 \times 5}{\sqrt{50} \cdot \sqrt{25/3}}\right)$$

$$= 1 - P\left(\frac{W - 250}{20.41} \leqslant 0.4899\right)$$

$$\approx 1 - \Phi(0.4899) = 1 - 0.6879 = 0.3121.$$

(2) 设收到信号要 n 个,要求 $P(W>260) \leqslant 0.1$,即

$$1 - P\left(\frac{W - 5n}{\sqrt{25n/3}} \leqslant \frac{260 - 5n}{\sqrt{25n/3}}\right) \approx 1 - \Phi\left(\frac{52 - n}{\sqrt{n/3}}\right) \leqslant 0.1$$

或 $$\Phi\left(\frac{52-n}{\sqrt{n/3}}\right) \geqslant 0.9.$$

反查表,要求 $\dfrac{n-52}{\sqrt{n/3}} \geqslant 1.281$,解出 $n \geqslant 57.6$,取 $n=58$,即至少要收到 58 个信号.

定理 5.2.2(棣莫弗-拉普拉斯定理) 设随机变量 $X_n(n=1,2,\cdots)$ 服从参数为 $n,p(0<p<1)$ 的二项分布,则对于任意区间 $(a,b]$,有

$$\lim_{n\to\infty} P\left(a < \frac{X_n - np}{\sqrt{np(1-p)}} \leqslant b\right) = \int_a^b \frac{1}{\sqrt{2\pi}} e^{-\frac{t^2}{2}} dt$$
$$= \Phi(b) - \Phi(a). \tag{5.7}$$

例 5.3 一个复杂的系统,由 25 个相互独立起作用的子系统所组成,在整个运行期间,每个子系统失效的概率是 0.1,且必须有 80% 以上的子系统运行才能使整个系统工作,求整个系统的可靠性.

解 设

$$X_k = \begin{cases} 1, \text{第 } k \text{ 个子系统在整个运行期间处于工作状态;} \\ 0, \text{第 } k \text{ 个子系统在运行期间失效.} \end{cases}$$

由条件 $X_1, X_2, \cdots, X_{25}$ 相互独立,且 $X_k \sim b(1,0.9)$,则 $X = \sum\limits_{k=1}^{25} X_k$ 表示整个运行期间子系统正常工作的个数,$X \sim b(25,0.9)$.

$$P(X \geqslant 25 \times 80\%) = P\left(\frac{X-np}{\sqrt{np(1-p)}} \geqslant \frac{25 \times 0.8 - np}{\sqrt{np(1-p)}}\right)$$
$$= P\left(\frac{X - 25 \times 0.9}{\sqrt{25 \times 0.9 \times 1}} \geqslant \frac{20 - 25 \times 0.9}{\sqrt{25 \times 0.9 \times 0.1}}\right)$$
$$= P\left(\frac{X - 22.5}{1.5} \geqslant -1.667\right).$$

故 $$P(X \geqslant 20) \approx 1 - \Phi(-1.667) = 1 - (1 - 0.952) = 0.952,$$
即整个系统的可靠性为 0.952.

习 题 5

1. 一电子系统同时收到 20 个噪声电压 $V_k(k=1,2,\cdots,20)$,它们相互独立(单位:V),且在 $(0,10)$ 上服从均匀分布,记 $V = \sum\limits_{k=1}^{20} V_k$,求累加电压超过 105 V 的概率,即求 $P(V > 105)$.

2. 一系统包括 10 个部分,每部分的长度是相互独立且具有同一分布的随机变量,其数学期望为 2 mm,均方差为 0.05 mm,按规定总长度为 20 ± 0.1 mm 时产品合格,求产品合格的概率.

3. 设某厂生产的晶体管的寿命服从均值为 $\frac{1}{\lambda} = 100$ 的指数分布. 现从该厂的产品中随机地抽取 64 只产品, 求这 64 只晶体管的寿命总和超过 7 000 h 的概率 (假定这类晶体管寿命是相互独立的).

4. 有一批建筑房屋用的木柱, 其中 80% 的长度不小于 3 m, 现从这批木柱中随机取出 100 根, 求其中至少有 30 根短于 3 m 的概率.

5. 一系统由 100 个相互独立工作的电子元件组成, 在整个运行期间每个元件失效的概率为 0.1, 为使整个系统工作, 至少需要 85 个元件正常运行, 求整个系统正常工作的概率.

6. 设电话总机共有 200 个电话分机, 若每个分机都有 5% 的时间使用外线, 且是否使用外线相互独立. 要保证每个用户有 95% 的概率接通外线, 问总机至少要设置多少条外线?

综合练习 5

1. 一生产线生成的产品成箱包装, 每箱的重量是随机的. 设每箱平均重 50 kg, 标准差 5 kg, 若用最大载重量为 5 t 的汽车承运, 利用中心极限定理说明每辆车最多可以装多少箱, 才能保证不超载的概率大于 0.977.

2. 某保险公司多年的统计资料表明, 在索赔户中被盗索赔户占 20%, 以 X 表示在随机抽查的 100 个索赔户之中因被盗向保险公司索赔的户数.

(1) 求 X 的概率分布;

(2) 利用棣莫弗-拉普拉斯定理, 求被盗索赔户不少于 14 户且不多于 30 户的概率的近似值.

3. 设 $X_1, X_2, \cdots, X_n, \cdots$ 为独立同分布的随机变量列, 且 $X_n \sim E(\lambda), \lambda > 1$, 求

$$\lim_{n \to \infty} P\left(\frac{\lambda \sum\limits_{i=1}^{n} X_i - n}{\sqrt{n}} \leqslant x \right).$$

第 **6** 章
数理统计的基本概念

数理统计是以概率论为理论基础的应用非常广泛的一个较新的数学分支,它根据观察或试验得到的数据,对研究对象的客观规律性作出合理的估计和推断.

在客观实践中,由于各种条件的限制,不可能同时也没有必要对每一个研究对象进行分析,而只能对其中的一部分进行分析研究(这一部分简称为样本),从这一部分的研究结果,对整个研究对象作出判断.数理统计就是研究样本数据的搜集、整理分析、推断的各种统计方法及其理论背景的一门新兴的数学学科.

应用数理统计的方法,可以研究大量的自然现象和社会现象的规律性.数理统计研究的内容广泛而丰富,本书只介绍参数估计、假设检验、方差分析以及回归分析的部分内容.

本章首先介绍总体、随机样本及统计量等基本概念,同时给出几个常用的统计量和抽样分布,为统计推断提供理论基础,这些常用的统计量和抽样分布也是本章的重点.

§6.1　总体与样本

一、总体和个体

研究对象的全体称为总体.在实际问题中,人们对于所研究的对象一般总是关心它的某个指标,如使用寿命,材料抗弯强度等等,并视之为一个随机变量 X,故总体就是要研究随机变量取值的全体.

组成总体的每个单元称为个体.例如,某厂生产一批电子元件共 5 000 只,每只元件使用的寿命是一个随机变量 X,故总体是指 5 000 只电子元件的使用寿命,而个体是每一只电子元件的使用寿命.

二、样本与样本值

样本:在总体 X 中随机抽取 n 个个体 $X_1, X_2, \cdots, X_n$,则称 $X_1, X_2, \cdots, X_n$ 为总体 X 的容量为 n 的一个样本.由于 $X_1, X_2, \cdots, X_n$ 都是随机变量,故构成一个 n 维随机变量.

样本值:对 1 次具体的抽取而得到的 n 个数值 $x_1, x_2, \cdots, x_n$,则称 n 个具体数值 $x_1,$ $x_2, \cdots, x_n$ 为 $X_1, X_2, \cdots, X_n$ 的样本值或样本的观察值.

简单随机样本:若样本的选取满足① 每一个个体 $X_i(i=1,2,\cdots,n)$ 都与总体 X 同分布;② $X_1, X_2, \cdots, X_n$ 相互独立. 那么, 称 $X_1, X_2, \cdots, X_n$ 是取自总体 X 的简单随机样本, 或简称为样本, n 称为样本的容量或大小.

由总体 X 取得简单随机样本 $X_1, X_2, \cdots, X_n$ 的过程称为抽样.

设总体 X 的分布函数为 $F(x)$, 概率密度函数为 $f(x)$, $X_1, X_2, \cdots, X_n$ 是总体 X 的简单随机样本, 则 $X_1, X_2, \cdots, X_n$ 的联合分布函数为

$$F^*(x_1, x_2, \cdots, x_n) = F(x_1)F(x_2) \cdot \cdots \cdot F(x_n) = \prod_{i=1}^{n} F(x_i). \tag{6.1}$$

$X_1, X_2, \cdots, X_n$ 的联合概率密度为

$$f^*(x_1, x_2, \cdots, x_n) = f(x_1)f(x_2) \cdot \cdots \cdot f(x_n) = \prod_{i=1}^{n} f(x_i), \tag{6.2}$$

即总体的分布完全确定了样本的分布.

三、样本分布函数

设 $(x_1, x_2, \cdots, x_n)$ 是总体 X 的样本值, 将其按从小到大排成 $x_{(1)} \leqslant x_{(2)} \leqslant \cdots \leqslant x_{(n)}$ 的顺序, $F_n(x)$ 为不大于 x 的样本值出现的频率, 即

$$F_n(x) = \begin{cases} 0, & x < x_{(1)}; \\ \dfrac{k}{n}, & x_{(k)} \leqslant x < x_{(k+1)}, 1 \leqslant k \leqslant n-1; \\ 1, & x \geqslant x_{(n)}. \end{cases} \tag{6.3}$$

称 $F_n(x)$ 为 X 的经验分布函数.

数理统计中有一个著名的格里汶科定理, 它证明了当 n 充分大时, X 的经验分布函数 $F_n(x)$ 可近似代替 X 的分布函数 $F(x)$, 即 $F_n(x) \approx F(x)$, 也说明利用样本对总体进行估计和推断是有理论依据的.

四、统计量

设 $X_1, X_2, \cdots, X_n$ 是总体 X 的一个样本, $T(X_1, X_2, \cdots, X_n)$ 是一个连续函数, 若该函数不含任何未知参数, 则称 $T(X_1, X_2, \cdots, X_n)$ 为一个统计量. 在利用样本对总体的统计特性作出各种估计和推断时, 常要构造合适的统计量, 通过对统计量的研究而对总体作出判断, 如何选择统计量是做好统计推断的前提.

下面介绍几个最常用的统计量:

(1) 称统计量 $\overline{X} = \dfrac{1}{n} \sum_{i=1}^{n} X_i$ 为总体 X 的样本均值;

(2) 称统计量 $S^2 = \dfrac{1}{n-1} \sum_{i=1}^{n} (X_i - \overline{X})^2$ 为样本的方差, 其计算为

$$S^2 = \frac{1}{n-1} \Big[\sum_{i=1}^{n} (X_i^2 - 2\overline{X}X_i + \overline{X}^2) \Big] = \frac{1}{n-1} \Big(\sum_{i=1}^{n} X_i^2 - n\overline{X}^2 \Big);$$

（3）称统计量 $S = \sqrt{\dfrac{1}{n-1}\sum_{i=1}^{n}(X_i - \overline{X})^2}$ 为样本标准差；

（4）称统计量 $A_k = \dfrac{1}{n}\sum_{i=1}^{n}X_i^k \quad (k = 1,2,\cdots)$ 为样本 k 阶矩.

若设 $(x_1, x_2, \cdots, x_n)$ 为 $(X_1, X_2, \cdots, X_n)$ 的样本观察值，则

$$\overline{x} = \frac{1}{n}\sum_{i=1}^{n}x_i$$

为样本均值的观察值；

$$s^2 = \frac{1}{n-1}\sum_{i=1}^{n}(x_i - \overline{x})^2$$

为样本方差的观察值；

$$s = \sqrt{\frac{1}{n-1}\sum_{i=1}^{n}(x_i - \overline{x})^2}$$

为样本标准差的观察值；

$$a_k = \frac{1}{n}\sum_{i=1}^{n}x_i^k \quad (k = 1,2,\cdots)$$

为样本 k 阶矩的观察值.

§6.2　抽样分布

统计量的分布称为抽样分布. 利用统计量对总体进行研究时，往往要求出统计量的分布. 下面介绍数理统计中最重要的 4 种抽样分布.

一、标准正态分布

设 $X \sim N(0,1)$，它的概率密度 $\varphi(x) = \dfrac{1}{\sqrt{2\pi}}e^{-\frac{x^2}{2}} \quad (-\infty < x < +\infty)$，它的分位点记为 z_α，如图 6-1 所示.

$$P(X > z_\alpha) = \alpha,$$

即有　　　　$P(X \leqslant z_\alpha) = 1 - \alpha$

或　　　　　$\Phi(z_\alpha) = 1 - \alpha.$

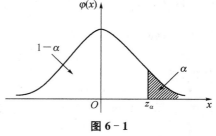

图 6-1

也可反查标准正态分布表，得到 $1-\alpha$.

如 $\alpha = 0.05，z_\alpha = 1.645$，则

$$P(X \leqslant 1.645) = 0.95, z_{\frac{\alpha}{2}} = 1.96, P(|X| \leqslant 1.96) = 0.95.$$

又若 $Y \sim N(\mu, \sigma^2)$，则 $X = \dfrac{Y - \mu}{\sigma} \sim N(0,1)$.

二、χ^2 分布

1. 定义

定义 6.2.1　设总体 $X \sim N(0,1)$，$X_1, X_2, \cdots, X_n$ 是 X 的简单随机样本，统计量 χ^2 为

$$\chi^2 = X_1^2 + X_2^2 + \cdots + X_n^2 = \sum_{i=1}^{n} X_i^2, X_i \sim N(0,1), \tag{6.4}$$

则称 χ^2 服从自由度为 n 的 χ^2（卡方）分布，记为 $\chi^2 \sim \chi^2(n)$.

它的概率密度为

$$f(x) = \begin{cases} \dfrac{1}{2^{\frac{n}{2}} \Gamma\left(\dfrac{n}{2}\right)} x^{\frac{n}{2}-1} e^{-\frac{x}{2}}, & x > 0; \\ 0, & x \leqslant 0. \end{cases} \tag{6.5}$$

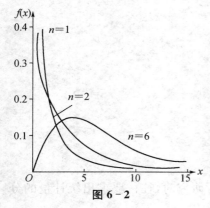

图 6-2

如图 6-2 所示. 其中，

$$\Gamma\left(\frac{n}{2}\right) = \int_0^{+\infty} x^{\frac{n}{2}-1} e^{-x} dx.$$

当 $n=1$ 时，$\chi^2(1)$ 分布称 Γ 分布；

当 $n=2$ 时，$\chi^2(2)$ 分布为指数分布.

2. 可加性

若 $\chi_1^2 \sim \chi^2(n_1)$，$\chi_2^2 \sim \chi^2(n_2)$ 且相互独立，则

$$\chi_1^2 + \chi_2^2 \sim \chi^2(n_1 + n_2), \tag{6.6}$$

称上述性质为 χ^2 分布具有可加性.

3. 数学期望和方差

$\chi^2(n)$ 的数学期望，方差分别为

$$E[\chi^2(n)] = n, D[\chi^2(n)] = 2n. \tag{6.7}$$

4. $\chi^2(n)$ 分布表及用法

对给定 $0 < \alpha < 1$，称 $\chi_\alpha^2(n)$ 为 $\chi^2(n)$ 分布的上 α 分位点，即

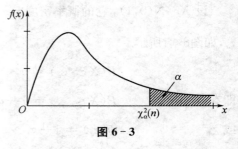

图 6-3

$$P(\chi^2 > \chi_\alpha^2(n)) = \int_{\chi_\alpha^2(n)}^{+\infty} f(x) dx = \alpha, \tag{6.8}$$

如图 6-3 所示. 对不同 $\alpha, n, \chi_\alpha^2(n)$ 数值已制成表，称为 $\chi_\alpha^2(n)$ 分布表，可查附表 3，如

$$\alpha = 0.01, n = 35, \chi_{0.01}^2(35) = 57.342, \text{又} \chi_{0.95}^2(16) = 7.962.$$

三、t 分布

1. 定义

定义 6.2.2　设 $X \sim N(0,1)$，$Y \sim \chi^2(n)$，且 X,Y 相互独立，则

$$T = \frac{X}{\sqrt{Y/n}} \tag{6.9}$$

服从自由度为 n 的 t 分布，记为 $T \sim t(n)$.

它的概率密度函数为

$$f(t) = \frac{\Gamma\left(\dfrac{n+1}{2}\right)}{\sqrt{n\pi}\,\Gamma\left(\dfrac{n}{2}\right)}\left(1 + \frac{t^2}{n}\right)^{-\frac{n+1}{2}}. \tag{6.10}$$

$f(t)$ 是偶函数，图形关于 $t=0$ 对称，如图 6-4 所示.

可以证明

$$\lim_{n \to \infty} f(t) = \frac{1}{\sqrt{2\pi}} \mathrm{e}^{-\frac{t^2}{2}} = \varphi(t).$$

即 t 分布以 $N(0,1)$ 分布为极限分布，当 n 充分大时，分布近似于标准正态分布.

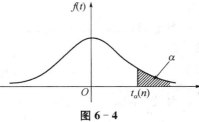

图 6-4

2. $t(n)$ 分布表及其用法

对给定的 $0 < \alpha < 1$，称 $t_\alpha(n)$ 为 $t(n)$ 分布的上 α 分位点，

即

$$P(T > t_\alpha(n)) = \int_{t_\alpha(n)}^{+\infty} f(t)\,\mathrm{d}t = \alpha, \tag{6.11}$$

且有

$$t_{1-\alpha}(n) = -t_\alpha(n).$$

对不同 $\alpha, n, t_\alpha(n)$ 数值已制成数表，称为 $t_\alpha(n)$ 分布表，可查附表 4 求值. 如

$$t_{0.05}(16) = 1.745\,9,\ t_{0.95}(16) = -t_{0.05}(16) = -1.745\,9.$$

对于 $n > 45$，可近似用 $N(0,1)$ 分布，如

$$t_{0.025}(60) \approx z_{0.025} = 1.96.$$

四、F 分布

1. 定义

定义 6.2.3　设 $U \sim \chi^2(n_1)$，$V \sim \chi^2(n_2)$，且 U,V 相互独立，则

$$F = \frac{U/n_1}{V/n_2} \tag{6.12}$$

服从第一自由度为 n_1，第二自由度为 n_2 的 F 分布，记为 $F \sim F(n_1, n_2)$.

它的概率密度函数为

$$f(x) = \begin{cases} \dfrac{\Gamma\left(\dfrac{n_1+n_2}{2}\right)}{\Gamma\left(\dfrac{n_1}{2}\right)\Gamma\left(\dfrac{n_2}{2}\right)} \dfrac{n_1}{n_2}\left(\dfrac{n_1}{n_2}x\right)^{\frac{n_1+n_2}{2}}\left(1+\dfrac{n_1}{n_2}x\right)^{-\frac{n_1+n_2}{2}}, & x>0; \\ 0, & x\leqslant 0. \end{cases} \qquad (6.13)$$

$f(x)$ 如图 6-5 所示.

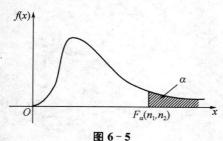

图 6-5

性质如下:

(1) 若 $F \sim F(n_1,n_2)$,则 $\dfrac{1}{F} \sim F(n_2,n_1)$;

(2) $F_{1-\alpha}(n_1,n_2) = \dfrac{1}{F_\alpha(n_2,n_1)}$.　　　　(6.14)

2. F 分布表及其用法

对给定的 $0<\alpha<1$,称 $F_\alpha(n_1,n_2)$ 为 F 分布的上 α 分位点,即

$$P(F > F_\alpha(n_1,n_2)) = \int_{F_\alpha(n_1,n_2)}^{+\infty} f(x)\mathrm{d}x = \alpha. \qquad (6.15)$$

对不同 $\alpha,n_1,n_2,F_\alpha(n_1,n_2)$ 数值已制成数表,称为 $F_\alpha(n_1,n_2)$ 分布表,可查附表 5 求值.如

$$F_{0.05}(12,15) = 2.48, \qquad F_{0.10}(5,4) = 4.05.$$

对较大的 α,可用式(6.14),

$$F_{0.95}(15,12) = \frac{1}{F_{0.05}(12,15)} = \frac{1}{2.48} \approx 0.403,$$

$$F_{0.9}(4,5) = \frac{1}{4.05} \approx 0.25.$$

§6.3　几个重要统计量的分布

设总体 $X \sim N(\mu,\sigma^2)$,$X_1,X_2,\cdots,X_n$ 是 X 的简单随机样本,显然 $X_i \sim N(\mu,\sigma^2)$,$i=1,2,\cdots,n$,则得样本均值 $\overline{X}$ 的分布为:

(1) $\overline{X} = \dfrac{1}{n}\sum_{i=1}^{n}X_i \sim N\left(\mu,\dfrac{\sigma^2}{n}\right) \quad \left(E(\overline{X})=\mu, D(\overline{X})=\dfrac{1}{n}\sigma^2\right),$　　(6.16)

进而有　　　　　　　　$U = \dfrac{\overline{X}-\mu}{\sigma/\sqrt{n}} \sim N(0,1).$　　　　　　(6.17)

(2) 由 $\dfrac{X_i-\mu}{\sigma} \sim N(0,1)$,有

$$\chi^2 = \sum_{i=1}^{n}\left(\frac{X_i-\mu}{\sigma}\right)^2 \sim \chi^2(n). \qquad (6.18)$$

（3）已知样本方差 $S^2 = \dfrac{1}{n-1} \sum\limits_{i=1}^{n} (X_i - \overline{X})^2$，又可得

$$\chi^2 = \frac{(n-1)S^2}{\sigma^2} = \frac{1}{\sigma^2} \sum_{i=1}^{n} (X_i - \overline{X})^2 \sim \chi^2(n-1). \tag{6.19}$$

（4）由 t 分布定义可得

$$T = \frac{\overline{X} - \mu}{S/\sqrt{n}} \sim t(n-1). \tag{6.20}$$

设两个正态总体 $X,Y,X \sim N(\mu_1, \sigma_1^2), Y \sim N(\mu_2, \sigma_2^2)$，且 X,Y 相互独立，它们的样本分别为 $X_1, X_2, \cdots, X_{n_1}; Y_1, Y_2, \cdots, Y_{n_2}$，$\overline{X} = \dfrac{1}{n_1} \sum\limits_{i=1}^{n_1} X_i, \overline{Y} = \dfrac{1}{n_2} \sum\limits_{j=1}^{n_2} Y_j$，则有式（6.21）.

（5）
$$\overline{X} - \overline{Y} \sim N\left(\mu_1 - \mu_2, \frac{\sigma_1^2}{n_1} + \frac{\sigma_2^2}{n_2}\right), \tag{6.21}$$

进而有
$$Z = \frac{(\overline{X} - \overline{Y}) - (\mu_1 - \mu_2)}{\sqrt{\dfrac{\sigma_1^2}{n_1} + \dfrac{\sigma_2^2}{n_2}}} \sim N(0,1). \tag{6.22}$$

又若样本方差 $S_1^2 = \dfrac{1}{n_1 - 1} \sum\limits_{i=1}^{n_1} (X_i - \overline{X})^2, S_2^2 = \dfrac{1}{n_2 - 1} \sum\limits_{j=1}^{n_2} (Y_j - \overline{Y})^2$，且 $\sigma_1^2 = \sigma_2^2 = \sigma^2$，则有式（6.23）.

（6）
$$T = \frac{(\overline{X} - \overline{Y}) - (\mu_1 - \mu_2)}{S_p \sqrt{\dfrac{1}{n_1} + \dfrac{1}{n_2}}} \sim t(n_1 + n_2 - 2). \tag{6.23}$$

其中
$$S_p = \sqrt{\frac{(n_1 - 1)S_1^2 + (n_2 - 1)S_2^2}{n_1 + n_2 - 2}}.$$

（7）
$$F = \frac{S_1^2/\sigma_1^2}{S_2^2/\sigma_2^2} \sim F(n_1 - 1, n_2 - 1). \tag{6.24}$$

例 6.1　设总体 $X \sim N(\mu, \sigma^2), X_1, X_2, \cdots, X_n$ 是 X 的简单随机样本，$\overline{X}$ 为样本均值，S^2 为样本方差. 求：

（1）$P\left((\overline{X} - \mu)^2 \leqslant \dfrac{\sigma^2}{n}\right)$；

（2）$P(\overline{X} - \mu)^2 \leqslant \dfrac{2}{3} S^2, n = 6$ 时.

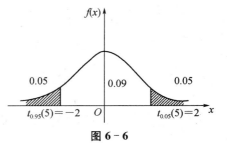

图 6-6

解　（1）由 $\dfrac{\overline{X} - \mu}{\sigma/\sqrt{n}} \sim N(0,1)$，则有

$$P\left((\overline{X} - \mu)^2 \leqslant \frac{\sigma^2}{n}\right) = P\left(|\overline{X} - \mu| \leqslant \frac{\sigma}{\sqrt{n}}\right)$$

$$= P\left(\left|\frac{\overline{X}-\mu}{\sigma/\sqrt{n}}\right| \leqslant 1\right) = \Phi(1) - \Phi(-1)$$

$$= 2\Phi(1) - 1 \approx 2 \times 0.8413 - 1$$

$$= 0.6826.$$

(2) 当 $n=6$，由式(6.20)，得 $\dfrac{\overline{X}-\mu}{S/\sqrt{n}} \sim t(5)$，如图 6-6 所示，有

$$P\left((\overline{X}-\mu)^2 \leqslant \frac{2}{3}S^2\right) = P\left(|\overline{X}-\mu| \leqslant \frac{2}{\sqrt{6}}S\right)$$

$$= P\left(\left|\frac{\overline{X}-\mu}{S/\sqrt{6}}\right| \leqslant 2\right)$$

$$= P\left(-2 \leqslant \frac{\overline{X}-\mu}{S/\sqrt{6}} \leqslant 2\right)（反查表得 t_{0.05}(5) \approx 2）$$

$$= P\left(t_{0.95}(5) \leqslant \frac{\overline{X}-\mu}{S/\sqrt{6}} \leqslant t_{0.05}(5)\right)$$

$$= 0.90.$$

例 6.2　设总体 $X \sim N(0,1)$，$X_1, X_2, \cdots, X_n$ 是 X 的简单随机样本，求下列统计量服从的分布.

(1) $\dfrac{X_1 - X_2}{(X_3^2 + X_4^2)^{\frac{1}{2}}}$；(2) $\dfrac{\sqrt{n-1}X_1}{\sqrt{\displaystyle\sum_{i=2}^{n} X_i^2}}$；(3) $\dfrac{\left(\dfrac{n}{3}-1\right)\displaystyle\sum_{i=1}^{3} X_i^2}{\displaystyle\sum_{i=4}^{n} X_i^2}$.

解　(1) $X_i \sim N(0,1)$，　　$i=1,2,\cdots,n$.

故　$X_1 - X_2 \sim N(0,2)$，　　$\dfrac{X_1 - X_2}{\sqrt{2}} \sim N(0,1)$，　　$X_3^2 + X_4^2 \sim \chi^2(2)$，

它们相互独立，所以

$$\frac{X_1 - X_2}{(X_3^2 + X_4^2)^{\frac{1}{2}}} = \frac{(X_1 - X_2)/\sqrt{2}}{\sqrt{(X_3^2 + X_4^2)/2}} \sim t(2).$$

(2) $X_1 \sim N(0,1)$，$\displaystyle\sum_{i=2}^{n} X_i^2 \sim \chi^2(n-1)$ 且相互独立，所以

$$\frac{\sqrt{n-1}X_1}{\sqrt{\displaystyle\sum_{i=2}^{n} X_i^2}} = \frac{X_1}{\sqrt{\displaystyle\sum_{i=2}^{n} X_i^2/n-1}} \sim t(n-1).$$

(3) $\displaystyle\sum_{i=1}^{3} X_i^2 \sim \chi^2(3)$，$\displaystyle\sum_{i=4}^{n} X_i^2 \sim \chi^2(n-3)$ 又相互独立，所以

$$\frac{\left(\dfrac{n}{3}-1\right)\displaystyle\sum_{i=1}^{3} X_i^2}{\displaystyle\sum_{i=4}^{n} X_i^2} = \frac{\displaystyle\sum_{i=1}^{3} X_i^2/3}{\displaystyle\sum_{i=4}^{n} X_i^2/(n-3)} \sim F(3, n-3).$$

习 题 6

1. 试证统计量样本方差 $S^2 = \dfrac{1}{n-1}\sum\limits_{i=1}^{n}(X_i - \overline{X})^2$ 可表示为

$$S^2 = \frac{1}{n-1}\left(\sum_{i=1}^{n}X_i^2 - n\overline{X}^2\right),$$

其中，$\overline{X} = \dfrac{1}{n}\sum\limits_{i=1}^{n}X_i$.

2. 设对总体 X 得到一个容量为 10 的样本值 $4.5, 2.0, 1.0, 1.5, 3.5, 4.5, 6.5, 5.0,$ $3.5, 4.0$. 求样本均值 $\overline{x}$ 及样本方差 s^2.

3. 设总体 $X \sim N(\mu, \sigma^2)$，$X_1, X_2, \cdots, X_n$ 是 X 的简单随机样本，求 $X_1, X_2, \cdots, X_n$ 的联合概率密度函数.

4. 设总体 $X \sim \pi(\lambda)$，$X_1, X_2, \cdots, X_n$ 是总体 X 的一个简单随机样本，$\overline{X}$ 与 S^2 分别是 X 的样本均值和方差，求 $E(\overline{X}), D(\overline{X}), E(S^2)$.

5. 设总体 $X \sim N(52.6, 3^2)$，从中随机地抽取 $n = 36$ 的样本，求样本均值落在区间 $(50.8, 53.8)$ 内的概率.

6. 设 $X \sim N(\mu, \sigma^2)$，$X_1, X_2, \cdots, X_n$ 是 X 的样本，$\overline{X} = \dfrac{1}{n}\sum\limits_{i=1}^{n}X_i$，$U = \dfrac{\overline{X} - \mu}{\sigma/\sqrt{n}}$. 已知 $P(U > z_\alpha) = 0.025$，求 z_α.

7. 若 $\chi^2 \sim \chi^2(n)$，$P(\chi^2 > \chi_\alpha^2(n)) = \alpha$，查表给出

$$\chi_{0.025}^2(11);\chi_{0.975}^2(24);\chi_{0.99}^2(12);\chi_{0.01}^2(12).$$

8. 若 $T \sim t(n)$，$P(T > t_\alpha(n)) = \alpha$，查表给出

$$t_{0.01}(10);t_{0.99}(12);t_{0.05}(36).$$

9. 若 $F \sim F(n_1, n_2)$，$P(F > F_\alpha(n_1, n_2)) = \alpha$，查表给出

$$F_{0.1}(10,9);F_{0.05}(10,9);F_{0.99}(10,12);F_{0.01}(10,12).$$

10. 当 $T \sim t(n)$，证明 $T^2 \sim F(1, n)$，$\dfrac{1}{T^2} \sim F(n, 1)$.

综合练习 6

1. 设 $X_1, X_2, \cdots, X_9$ 是来自正态总体 X 的简单随机样本，

$$Y_1 = \frac{1}{6}(X_1 + X_2 + \cdots + X_6), \qquad Y_2 = \frac{1}{3}(X_7 + X_8 + X_9),$$

$$S^2 = \frac{1}{2}\sum_{i=7}^{9}(X_i - Y_2)^2, \qquad Z = \frac{\sqrt{2}(Y_1 - Y_2)}{S}.$$

证明统计量 Z 服从自由度为 2 的 t 分布.

2. 设随机变量 $X \sim t(n), n > 1$，求 $Y = \dfrac{1}{X^2}$ 的分布.

3. 设总体 X 服从正态分布 $N(\mu, \sigma^2), \sigma > 0$，从该总体中抽取简单随机样本 $X_1, X_2, \cdots,$ $X_{2n}, n \geqslant 2$，其样本均值 $\overline{X} = \dfrac{1}{2n} \sum\limits_{i=1}^{2n} X_i$，求统计量 $Y = \sum\limits_{i=1}^{n} (X_i + X_{n+i} - 2\overline{X})^2$ 的数学期望.

4. 设总体 $X \sim N(0, 2^2), X_1, X_2, \cdots, X_{15}$ 是来自总体 X 的简单随机样本，求随机变量 $Y = \dfrac{X_1^2 + X_2^2 + \cdots + X_{10}^2}{2(X_{11}^2 + X_{12}^2 + \cdots + X_{15}^2)}$ 服从的分布.

5. 设总体 $X \sim N(0, 3^2), Y \sim N(0, 3^2), X_1, X_2, \cdots, X_9$ 和 $Y_1, Y_2, \cdots, Y_9$ 是分别取自 X, Y 的简单随机样本，求 $Z = \dfrac{X_1 + X_2 + \cdots + X_9}{\sqrt{Y_1^2 + Y_2^2 + \cdots + Y_9^2}}$ 的分布.

6. X_1, X_2, X_3, X_4 是来自正态总体 $N(0, 2^2)$ 的简单随机样本，$X = a(X_1 - 2X_2)^2 + b(3X_3 - 4X_4)^2$，若 $X \sim \chi^2(2)$，求 a, b.

7. $X_1, X_2, \cdots, X_n (n \geqslant 2)$ 为来自总体 $N(0, 1)$ 的简单随机样本. $\overline{X}$ 为样本均值，S^2 为样本方差，求 $\dfrac{(n-1)X_1^2}{\sum\limits_{i=2}^{n} X_i^2}$ 的分布.

第 7 章
参数估计

参数估计是统计推断中最基本也是最重要的问题之一,在很多实际问题中,可以知道总体 X 的分布函数形式,但不知道分布的参数.利用总体的样本对总体的未知参数作出估计的问题称为参数估计,一般主要有两类估计:一类是点估计,另一类是参数的区间估计.

本章重点是介绍未知参数的矩估计法和极大似然估计法,无偏估计及区间估计.

§7.1　参数的点估计

点估计的主要任务是通过样本求出总体参数的估计值.其一般描述是:设总体 X 的分布函数 $F(x,\theta)$ 形式已知,但其中的参数 θ 未知,对总体进行随机抽样,用样本 $X_1,X_2,\cdots,X_n$ 构造一个合适的统计量作为参数 θ 的估计量,记为

$$\hat{\theta} = \hat{\theta}(X_1,X_2,\cdots,X_n). \tag{7.1}$$

若一次抽样的样本值为 $x_1,x_2,\cdots,x_n$,则 $\hat{\theta} = \hat{\theta}(x_1,x_2,\cdots,x_n)$ 为参数 θ 的估计值.

常用的点估计方法有矩估计法和极大(最大)似然估计法,下面分别介绍.

一、矩估计法

矩估计法是用总体 X 的样本矩作为总体矩的估计量.设 X 是连续型随机变量,其概率密度为 $f(x,\theta_1,\theta_2,\cdots,\theta_m)$,其中 $\theta_1,\theta_2,\cdots,\theta_m$ 是待估的 m 个参数.

求

$$E(X^k) = \int_{-\infty}^{+\infty} x^k f(x,\theta_1,\theta_2,\cdots,\theta_m)\mathrm{d}x, k=1,2,\cdots,m,$$

并令

$$E(X^k) = \frac{1}{n}\sum_{i=1}^{n} X_i^k, \tag{7.2}$$

解 m 个方程构成的 m 个待估参数的方程组,即得

$$\hat{\theta}_k(X_1,X_2,\cdots,X_n), k=1,2,\cdots,m$$

为总体 θ_k 的估计量.

又设 X 是离散型随机变量,其分布律为

$$P(X=x) = P(x,\theta_1,\theta_2,\cdots,\theta_m),$$

求

$$E(X^k) = \sum_{x \in R_X} x^k P(x, \theta_1, \theta_2, \cdots, \theta_m),$$

其中,R_X 是 x 可能取值的范围,并令

$$E(X^k) = \frac{1}{n} \sum_{i=1}^{n} X_i^k, k = 1, 2, \cdots, m,$$

即得 m 个未知参数的估计量 $\hat{\theta}_k(X_1, X_2, \cdots, X_n)$.

例 7.1　在某炸药制造厂,一天中发生着火的次数 X 是一个随机变量,服从以 $\lambda > 0$ 为参数的泊松分布,λ 未知,现有样本值如下,求估计参数 λ.

着火次数 k	0	1	2	3	4	5	6	
发生 k 次着火天数 n_k	75	90	54	22	6	2	1	$\sum n_k = 250$

解　由 $X \sim \pi(\lambda)$,故有 $E(X) = \lambda$. 可用样本均值估计总体均值 $E(X)$,样本均值计算可用加权平均,即

$$\overline{x} = \frac{\sum\limits_{k=0}^{6} k n_k}{\sum\limits_{k=0}^{6} n_k} = \frac{1}{250} (0 \times 75 + 1 \times 90 + \cdots + 6 \times 1) = 1.22,$$

故有

$$\hat{\lambda} = 1.22 \text{（表示平均每天着火次数）}.$$

例 7.2　设总体 X 有期望 $E(X) = \mu$,方差 $D(X) = \sigma^2$,其值未知,$X_1, X_2, \cdots, X_n$ 为样本,求 μ 和 σ^2 的矩估计量.

解　由

$$E(X) = \mu, E(X^2) = D(X) + [E(X)]^2 = \sigma^2 + \mu^2,$$

令

$$\begin{cases} \dfrac{1}{n} \sum\limits_{i=1}^{n} X_i = E(X) = \mu, \\ \dfrac{1}{n} \sum\limits_{i=1}^{n} X_i^2 = E(X^2) = \sigma^2 + \mu^2. \end{cases}$$

解得

$$\hat{\mu} = \frac{1}{n} \sum_{i=1}^{n} X_i = \overline{X}, \tag{7.3}$$

$$\hat{\sigma}^2 = \frac{1}{n} \sum_{i=1}^{n} X_i^2 - \overline{X}^2 = \frac{1}{n} \sum_{i=1}^{n} (X_i - \overline{X})^2 = S_n^2. \tag{7.4}$$

特别地,若总体 $X \sim N(\mu, \sigma^2)$,$X_1, X_2, \cdots, X_n$ 为样本,则

$$\hat{\mu} = \overline{X}, \qquad \hat{\sigma}^2 = S_n^2.$$

例 7.3　已知总体 X 的概率密度为

$$f(x, \theta, \beta) = \begin{cases} \dfrac{1}{\sqrt{\theta}} \mathrm{e}^{-\frac{x-\beta}{\sqrt{\theta}}}, & x \geqslant \beta, \theta > 0; \\ 0, & \text{其他}. \end{cases}$$

其中,θ, β 为未知参数,$X_1, X_2, \cdots, X_n$ 为 X 的简单随机样本,求 θ 和 β 的矩估计量.

解

$$E(X) = \int_{\beta}^{+\infty} \frac{x}{\sqrt{\theta}} e^{-\frac{x-\beta}{\sqrt{\theta}}} \, \mathrm{d}x = -\int_{\beta}^{+\infty} x \, \mathrm{d}e^{-\frac{x-\beta}{\sqrt{\theta}}}$$

$$= -\left[x e^{-\frac{x-\beta}{\sqrt{\theta}}} \Big|_{\beta}^{+\infty} - \int_{\beta}^{+\infty} e^{-\frac{x-\beta}{\sqrt{\theta}}} \, \mathrm{d}x \right] = \beta + \sqrt{\theta}.$$

$$D(X) = E(X^2) - [E(X)]^2 = \int_{\beta}^{+\infty} \frac{x^2}{\sqrt{\theta}} e^{-\frac{x-\beta}{\sqrt{\theta}}} \, \mathrm{d}x - (\beta + \sqrt{\theta})^2$$

$$= (2\theta + 2\sqrt{\theta}\beta + \beta^2) - (\beta^2 + 2\sqrt{\theta}\beta + \theta) = \theta.$$

令

$$\begin{cases} \overline{X} = \dfrac{1}{n} \sum_{i=1}^{n} X_i = \beta + \sqrt{\theta}, \\ S_n^2 = \dfrac{1}{n} \sum_{i=1}^{n} (X_i - \overline{X})^2 = \theta, \end{cases}$$

则有

$$\hat{\theta} = S_n^2 = \frac{1}{n} \sum_{i=1}^{n} (X_i - \overline{X})^2,$$

$$\hat{\beta} = \overline{X} - \sqrt{S_n^2} = \overline{X} - \sqrt{\frac{1}{n} \sum_{i=1}^{n} (X_i - \overline{X})^2}.$$

二、极大似然估计法

设总体 X 的概率密度函数为 $f(x, \theta)$，θ 是待估参数，$X_1, X_2, \cdots, X_n$ 是来自 X 的样本，其联合概率密度函数为边缘概率密度函数的乘积，即

$$L(\theta) = L(x_1, x_2, \cdots, x_n, \theta) = \prod_{i=1}^{n} f(x_i, \theta), \tag{7.5}$$

称 $L(\theta)$ 为 θ 的样本似然函数.

极大似然法就是选取这样一个参数值 $\hat{\theta}$ 作为参数 θ 的估计值：这个 $\hat{\theta}$ 使得样本落在观察值 $(x_1, x_2, \cdots, x_n)$ 的邻域里的概率 $\prod_{i=1}^{n} f(x_i, \theta) \mathrm{d}x_i$ 达到最大，对固定的 $(x_1, x_2, \cdots, x_n)$ 就是选取 θ，使 $\prod_{i=1}^{n} f(x_i, \theta)$ 达到最大，即使 $L(\theta)$ 达最大.

定义 7.1.1　对固定的样本值 $(x_1, x_2, \cdots, x_n)$，若有 $\hat{\theta}(x_1, x_2, \cdots, x_n)$ 使 $L(x_1, x_2, \cdots, x_n, \hat{\theta}) = \max L(x_1, x_2, \cdots, x_n, \theta)$，则称 $\hat{\theta}$ 是 θ 的极大似然估计值，相应的 $\hat{\theta}(X_1, X_2, \cdots, X_n)$ 是 θ 的极大似然估计量.

要使 $L(\theta)$ 达到最大，由可微函数取得最大值的必要条件，可知必须满足 $\dfrac{\mathrm{d}L(\theta)}{\mathrm{d}\theta} = 0$，又由 $\ln L$ 是单调函数，在 $\ln L(\theta)$ 有极值的条件下，$\ln L(\theta)$ 达到极大时，L 也达到极大，因此极大似然估计 $\hat{\theta}$ 也可从方程

$$\frac{\mathrm{d}\ln L}{\mathrm{d}\theta} = 0 \tag{7.6}$$

求出,一般用式(7.6)更为容易.

对离散型总体 X,用分布律 $p(x,\theta)$ 代替 $f(x,\theta)$,其求法与连续型相同.

对总体分布含多个未知参数 $\theta_1,\theta_2,\cdots,\theta_m$ 情况,似然函数 L 是这些参数的函数,分别对这些参数求偏导数并令其为零,即

$$\frac{\partial \ln L}{\partial \theta_i}=0, \quad i=1,2,\cdots,m, \tag{7.7}$$

解出 θ_i,即为估计量 $\hat{\theta}_i$.

例 7.4　已知总体 X 的概率密度函数为

$$f(x)=\begin{cases} \theta x^{\theta-1}, & 0<x<1; \\ 0, & \text{其他.} \end{cases}$$

$x_1,x_2,\cdots,x_n$ 是 X 的一个样本值,求未知参数 θ 的矩估计量和极大似然估计量.

解　(1)　$\displaystyle E(X)=\int_0^1 x\cdot\theta x^{\theta-1}\mathrm{d}x=\int_0^1 \theta x^{\theta}\mathrm{d}x$

$$=\frac{\theta}{\theta+1}x^{\theta+1}\Big|_0^1=\frac{\theta}{\theta+1}.$$

由矩估计法有　　$\displaystyle \frac{\theta}{\theta+1}=\overline{X}=\frac{1}{n}\sum_{i=1}^n X_i,$

解得　　　　　　$\displaystyle \theta=\frac{\overline{X}}{1-\overline{X}}.$

故矩估计量为　　$\displaystyle \hat{\theta}=\frac{\overline{X}}{1-\overline{X}}=\frac{\sum\limits_{i=1}^n X_i}{n-\sum\limits_{i=1}^n X_i}.$

(2) 作似然函数,当 $0<x_i<1$ 时,

$$L(x_1,x_2,\cdots,x_n,\theta)=\prod_{i=1}^n f(x_i,\theta)=\theta^n(x_1 x_2\cdots x_n)^{\theta-1},$$

$$\ln L=n\ln\theta+(\theta-1)\ln(x_1 x_2\cdots x_n)=n\ln\theta+(\theta-1)\sum_{i=1}^n \ln x_i.$$

令 $\dfrac{\mathrm{d}\ln\theta}{\mathrm{d}\theta}=0$,得 $\dfrac{n}{\theta}+\sum\limits_{i=1}^n \ln x_i=0.$

极大似然估计值为　　　　　　$\displaystyle \hat{\theta}=-\frac{n}{\sum\limits_{i=1}^n \ln x_i}.$

极大似然估计量为　　　　　　$\displaystyle \hat{\theta}=-\frac{n}{\sum\limits_{i=1}^n \ln X_i}.$

该例表明,参数估计的方法不同,其估计量也不一致.

例 7.5　设 X 表示某种电子元件的使用寿命且服从参数为 $\lambda > 0$ 的指数分布,随机抽取 250 个元件,测得寿命数据如表 7-1 所示.求参数 λ 的极大似然估计值.

表 7-1

寿命时间/h	元件数/个	寿命时间/h	元件数/个
0~99	39	500~599	22
100~199	58	600~699	11
200~299	47	700~799	6
300~399	33	800~899	7
400~499	25	900~1 000	2

解　X 的概率密度函数为

$$f(x,\lambda) = \begin{cases} \lambda \mathrm{e}^{-\lambda x}, & x > 0; \\ 0, & \text{其他.} \end{cases} \qquad \lambda > 0.$$

其似然函数为:当 $x_i > 0$ 时,

$$L(x_1, x_2, \cdots, x_n, \lambda) = \lambda^n \prod_{i=1}^{n} \mathrm{e}^{-\lambda x_i} = \lambda^n \mathrm{e}^{-\lambda \sum\limits_{i=1}^{n} x_i},$$

$$\ln L = n\ln\lambda - \lambda \sum_{i=1}^{n} x_i,$$

$$\frac{\mathrm{d}\ln L}{\mathrm{d}\lambda} = \frac{n}{\lambda} - \sum_{i=1}^{n} x_i = 0,$$

得 $\hat{\lambda} = \dfrac{n}{\sum\limits_{i=1}^{n} x_i} = \dfrac{1}{\bar{x}}$ 为 λ 的极大似然估计值.

由上述样本值计算,得加权组中算术平均值为

$$\bar{x} = \frac{1}{250}(50 \times 39 + 150 \times 58 + \cdots + 950 \times 2) = 307 \text{ h},$$

故 $\hat{\lambda} = \dfrac{1}{307}$ 是 λ 的极大似然估计值.

例 7.6　设总体 $X \sim N(\mu, \sigma^2)$,μ, σ^2 为未知参数,$x_1, x_2, \cdots, x_n$ 为 X 的一个样本值,求 μ, σ^2 的极大似然估计量.

解　X 的概率密度为

$$f(x, \mu, \sigma^2) = \frac{1}{\sqrt{2\pi}\sigma} \mathrm{e}^{-\frac{(x-\mu)^2}{2\sigma^2}},$$

似然函数 $L(x_1, x_2, \cdots, x_n, \mu, \sigma^2) = \prod_{i=1}^{n} \dfrac{1}{\sqrt{2\pi}\sigma} \mathrm{e}^{-\frac{(x_i-\mu)^2}{2\sigma^2}} = (2\pi)^{-\frac{n}{2}} (\sigma^2)^{-\frac{n}{2}} \mathrm{e}^{-\sum\limits_{1}^{n} \frac{(x_i-\mu)^2}{2\sigma^2}},$

$$\ln L = -\frac{n}{2}\ln(2\pi) - \frac{n}{2}\ln(\sigma^2) - \frac{1}{2\sigma^2}\sum_{i=1}^{n}(x_i-\mu)^2.$$

分别对 μ,σ^2 求偏导数,并令其为零,可得

$$\begin{cases} \dfrac{\partial \ln L}{\partial \mu} = \dfrac{1}{\sigma^2}\sum_{i=1}^{n}(x_i-\mu)=0, \\[3mm] \dfrac{\partial \ln L}{\partial \sigma^2} = -\dfrac{n}{2\sigma^2} + \dfrac{1}{2(\sigma^2)^2}\sum_{i=1}^{n}(x_i-\mu)^2 = 0. \end{cases}$$

解出

$$\mu = \frac{1}{n}\sum_{i=1}^{n}x_i = \overline{x}, \sigma^2 = \frac{1}{n}\sum_{i=1}^{n}(x_i-\mu)^2,$$

即极大似然估计量为

$$\hat{\mu} = \overline{X}, \hat{\sigma}^2 = \frac{1}{n}\sum_{i=1}^{n}(X_i-\overline{X})^2 = S_n^2.$$

三、估计量优良性的评定标准

对于同一个参数,用不同的估计方法求出的估计量可能不相同,也可能相同. 如对总体的方差 $D(X)=\sigma^2$,它的矩估计量和极大似然估计量都是 $\hat{\sigma}^2 = \dfrac{1}{n}\sum_{i=1}^{n}(X_i-\overline{X})^2 = S_n^2$,但实际上,经常用样本方差 S^2 为 σ^2 的估计量,即 $\hat{\sigma}^2 = \dfrac{1}{n-1}\sum_{i=1}^{n}(X_i-\overline{X})^2 = S^2$,这两个估计量哪一个较好,这就涉及用什么样的标准来评价估计量的问题. 通常采用的标准有 3 种:无偏性、有效性和一致性.

1. 无偏性

设 $\hat{\theta}$ 是 θ 的估计量,若 $E(\hat{\theta})=\theta$,则称 $\hat{\theta}$ 是 θ 的无偏估计量.

例 7.7　设总体 X 有 $E(X)=\mu$,$D(X)=\sigma^2$,$X_1,X_2,\cdots,X_n$ 为简单随机样本,记 $\overline{X}=\dfrac{1}{n}\sum_{i=1}^{n}X_i$,$S^2=\dfrac{1}{n-1}\sum_{i=1}^{n}(X_i-\overline{X})^2$,$S_n^2=\dfrac{1}{n}\sum_{i=1}^{n}(X_i-\overline{X})^2$,若取 $\hat{\mu}=\overline{X}$,$\hat{\sigma}^2=S^2$,$\hat{\sigma}^2=S_n^2$,说明其无偏性.

解　(1)　$E(\hat{\mu})=E(\overline{X})=\dfrac{1}{n}\sum_{i=1}^{n}E(X_i)=\dfrac{1}{n}\sum_{i=1}^{n}\mu=\mu,$

故 $\hat{\mu}=\overline{X}$ 是 μ 的无偏估计量.

(2) $E(\hat{\sigma}^2)=E(S^2)=\dfrac{1}{n-1}E\Big[\sum_{i=1}^{n}(X_i^2-2\overline{X}X_i+\overline{X}^2)\Big]$

$$=\frac{1}{n-1}E\Big(\sum_{i=1}^{n}X_i^2-n\overline{X}^2\Big)=\frac{1}{n-1}\Big[\sum_{i=1}^{n}(\sigma^2+\mu^2)-n\Big(\frac{\sigma^2}{n}+\mu^2\Big)\Big]$$

$$=\frac{1}{n-1}(n\sigma^2+n\mu^2-\sigma^2-n\mu^2)=\sigma^2,$$

故 $\hat{\sigma}^2=\dfrac{1}{n-1}\sum_{i=1}^{n}(X_i-\overline{X})^2$ 是方差 σ^2 的无偏估计.

（3）对
$$\hat{\sigma}^2 = \frac{1}{n}\sum_{i=1}^{n}(X_i - \overline{X})^2 = S_n^2,$$

有
$$E(\hat{\sigma}^2) = \frac{n-1}{n}E(S^2) = \frac{1}{n}(n-1)\sigma^2,$$

故 $\hat{\sigma}^2 = \frac{1}{n}\sum_{i=1}^{n}(X_i - \overline{X})^2$ 不是 σ^2 的无偏估计，而称为有偏估计.

从无偏性考虑，总是选择样本方差 $S^2 = \frac{1}{n-1}\sum_{i=1}^{n}(X_i - \overline{X})^2$ 作为总体方差 σ^2 的估计量.

例 7.8　已知总体 X 的概率密度为

$$f(x,\theta) = \begin{cases} \dfrac{x}{\theta}\mathrm{e}^{-\frac{x^2}{2\theta}}, & x > 0; \\ 0, & x \leqslant 0. \end{cases}$$

$\theta > 0$，为未知参数（称 X 服从瑞利分布），$X_1, X_2, \cdots, X_n$ 为 X 的一个简单随机样本.

（1）求 θ 的矩估计量；

（2）求 θ 的极大似然估计量，并讨论该估计量是否为 θ 的无偏估计量.

解　（1）$E(X) = \displaystyle\int_0^{+\infty} x \cdot \frac{x}{\theta}\mathrm{e}^{-\frac{x^2}{2\theta}}\mathrm{d}x = -\int_0^{+\infty} x\mathrm{d}\mathrm{e}^{-\frac{x^2}{2\theta}}$

$\qquad = -\left[x\mathrm{e}^{-\frac{x^2}{2\theta}}\Big|_0^{+\infty} - \displaystyle\int_0^{+\infty}\mathrm{e}^{-\frac{x^2}{2\theta}}\mathrm{d}x \right] = \int_0^{+\infty}\mathrm{e}^{-\frac{x^2}{2\theta}}\mathrm{d}x$

$\qquad = \dfrac{1}{2}\sqrt{2\pi\theta}\displaystyle\int_{-\infty}^{+\infty}\frac{1}{\sqrt{2\pi}\cdot\sqrt{\theta}}\mathrm{e}^{-\frac{x^2}{2(\sqrt{\theta})^2}}\mathrm{d}x = \frac{1}{2}\sqrt{2\pi\theta}.$

令 $E(X) = \dfrac{1}{2}\sqrt{2\pi\theta} = \overline{X}$，则

$$2\pi\theta = 4\overline{X}^2,$$

$\hat{\theta} = \dfrac{2}{\pi}\overline{X}^2$ 为 θ 的矩估计量.

（2）作似然函数，即 $X_1, X_2, \cdots, X_n$ 的联合概率密度为

$$f(x_1, x_2, \cdots, x_n, \theta) = \frac{x_1}{\theta}\mathrm{e}^{-\frac{x_1^2}{2\theta}} \cdot \frac{x_2}{\theta}\mathrm{e}^{-\frac{x_2^2}{2\theta}} \cdot \cdots \cdot \frac{x_n}{\theta}\mathrm{e}^{-\frac{x_n^2}{2\theta}}$$

$$= \frac{1}{\theta^n}(x_1 \cdot x_2 \cdot \cdots \cdot x_n)\mathrm{e}^{-\frac{1}{2\theta}\sum_{i=1}^{n}x_i^2} \quad (x_i > 0, i = 1, 2, \cdots, n),$$

$$\ln f = \sum_{i=1}^{n}\ln x_i - n\ln\theta - \frac{1}{2\theta}\sum_{i=1}^{n}x_i^2,$$

$$\frac{\mathrm{d}\ln f}{\mathrm{d}\theta} = -\frac{n}{\theta} + \frac{1}{2\theta^2}\sum_{i=1}^{n}x_i^2 \xlongequal{\text{令}} 0,$$

$$\theta = \frac{1}{2n}\sum_{i=1}^{n}x_i^2,$$

则 θ 的极大似然估计量为

$$\hat{\theta} = \frac{1}{2n} \sum_{i=1}^{n} X_i^2.$$

又由

$$E(X^2) = \int_0^{+\infty} x^2 \cdot \frac{x}{\theta} e^{-\frac{x^2}{2\theta}} \mathrm{d}x = -\int_0^{+\infty} x^2 \mathrm{d}e^{-\frac{x^2}{2\theta}}$$

$$= -\left[x^2 e^{-\frac{x^2}{2\theta}} \Big|_0^{+\infty} - \int_0^{+\infty} e^{-\frac{x^2}{2\theta}} \mathrm{d}x^2 \right] = 2\theta \int_0^{+\infty} e^{-\frac{x^2}{2\theta}} \mathrm{d}\frac{x^2}{2\theta}$$

$$= -2\theta e^{-\frac{x^2}{2\theta}} \Big|_0^{+\infty} = -2\theta(0-1) = 2\theta,$$

则

$$E(\hat{\theta}) = \frac{1}{2n} \sum_{i=1}^{n} E(X_i^2) = \frac{1}{2n} \sum_{i=1}^{n} 2\theta$$

$$= \frac{1}{2n} \cdot 2n\theta = \theta,$$

即 $\hat{\theta} = \frac{1}{2n} \sum_{i=1}^{n} X_i^2$ 是未知参数 θ 的一个无偏估计量.

2. 有效性

设 $\hat{\theta}_1, \hat{\theta}_2$ 都是总体 θ 的两个无偏估计量,若

$$D(\hat{\theta}_1) \leqslant D(\hat{\theta}_2),$$

则称 $\hat{\theta}_1$ 比 $\hat{\theta}_2$ 有效.

又称所有无偏估计量中方差取得最小的估计量称为最优无偏估计量. 可以证明,$\hat{\mu} = \overline{X}, \hat{\sigma}^2 = S^2$ 分别是总体均值 μ,总体方差 σ^2 的最优无偏估计量.

如 $X \sim N(\mu, \sigma^2)$,X_1, X_2, X_3 是样本,

$$Y_1 = \frac{1}{3}(X_1 + X_2 + X_3), Y_2 = \frac{1}{4}(2X_1 + X_2 + X_3).$$

$$E(Y_1) = E(Y_2) = \mu, D(Y_1) = \frac{1}{3}\sigma^2, D(Y_2) = \frac{3}{8}\sigma^2, D(Y_1) < D(Y_2).$$

则作为 μ 的估计量,Y_1 比 Y_2 更有效.

3. 一致性

一个未知参数 θ 的估计量 $\hat{\theta}$,如果当样本数目逐渐增加时,其计算的估计值 $\hat{\theta}_n$ 越来越接近 θ 的真值,即 $\hat{\theta}_n$ 依概率 1 收敛于 θ,对任意的 $\varepsilon > 0$,有

$$\lim_{n \to +\infty} P(|\hat{\theta}_n - \theta| < \varepsilon) = 1,$$

则称 $\hat{\theta}$ 为 θ 的一致估计量.

我们希望一个参数的估计量具有一致性,不过估计量的一致性只有当样本容量相当大时,才显出优越性,这在实际中往往难以实现. 因此,在工程实际中通常使用无偏性和有效性这两个标准作为评定估计量优良性的指标.

§7.2　参数的区间估计

点估计值仅给出了一个未知参数的单一数值,但实际的未知参数估计还应给出其误差.区间估计就是根据样本求出未知参数的估计区间,并希望这种区间有较大的可靠程度来保证 θ 的真值落在该区间内,这种区间称为 θ 的估计区间.

定义 7.2.1　设总体 X 的分布中有未知参数 θ,由样本 $X_1, X_2, \cdots, X_n$ 确定两个统计量 $\underline{\theta}(X_1, X_2, \cdots, X_n), \bar{\theta}(X_1, X_2, \cdots, X_n)$,若对于给定的 $\alpha(0<\alpha<1,$ 一般 α 取得较小),有

$$P(\underline{\theta} < \theta < \bar{\theta}) = 1-\alpha, \tag{7.8}$$

则称 $(\underline{\theta}, \bar{\theta})$ 是 θ 的 $1-\alpha$ 置信区间. $1-\alpha$ 为置信度,$\underline{\theta}$ 为置信下限,$\bar{\theta}$ 为置信上限.

区间估计就是求 $(\underline{\theta}, \bar{\theta})$,其一般步骤如下:

(1) 构造一个合适的包含特定参数 θ 的统计量 U,统计量的分布已知;

(2) 给定置信度 $1-\alpha$,定出两个常数 a, b,使

$$P(a < U < b) = 1-\alpha;$$

(3) 将 $P(a<U<b)=1-\alpha$ 等价地转换成 $P(\underline{\theta}<\theta<\bar{\theta})=1-\alpha$,则 $(\underline{\theta}, \bar{\theta})$ 为所求的置信度为 $1-\alpha$ 的置信区间.

一、正态总体均值的区间估计

总体 $X \sim N(\mu, \sigma^2), E(X)=\mu, D(X)=\sigma^2$,样本为 $X_1, X_2, \cdots, X_n, X_i \sim N(\mu, \sigma^2)$,$i=1, 2, \cdots, n$,

$$\bar{X} = \frac{1}{n}\sum_{i=1}^{n} X_i, \bar{X} \sim N\left(\mu, \frac{\sigma^2}{n}\right), E(\bar{X})=\mu, D(\bar{X})=\frac{\sigma^2}{n},$$

$$S^2 = \frac{1}{n-1}\sum_{i=1}^{n}(X-\bar{X})^2.$$

分两种情况求 μ 的置信区间.

1. 方差 σ^2 已知

(1) 构造统计量 $Z = \dfrac{\bar{X}-\mu}{\sigma/\sqrt{n}} \sim N(0,1)$;

(2) 给定置信度为 $1-\alpha$,应有

$$P(-z_{\frac{\alpha}{2}} < Z < z_{\frac{\alpha}{2}}) = 1-\alpha, z_{\frac{\alpha}{2}} \text{ 是 } N(0,1) \text{ 上 } \frac{\alpha}{2} \text{ 位表};$$

(3) 等价换算为:

$$P\left(\bar{X} - z_{\frac{\alpha}{2}}\frac{\sigma}{\sqrt{n}} < \mu < \bar{X} + z_{\frac{\alpha}{2}}\frac{\sigma}{\sqrt{n}}\right) = 1-\alpha,$$

从而得 μ 的 $1-\alpha$ 置信区间为

$$(\underline{\mu},\bar{\mu}) = (\overline{X} - z_{\frac{\alpha}{2}}\frac{\sigma}{\sqrt{n}}, \overline{X} + z_{\frac{\alpha}{2}}\frac{\sigma}{\sqrt{n}}). \tag{7.9}$$

2. 方差 σ^2 未知

用样本方差 S^2 代替 σ^2.

(1) 构造统计量 $T = \dfrac{\overline{X} - \mu}{S/\sqrt{n}} \sim t(n-1)$;

(2) 若置信度为 $1-\alpha$, 有

$$P(-t_{\frac{\alpha}{2}}(n-1) < T < t_{\frac{\alpha}{2}}(n-1)) = 1-\alpha, t_{\frac{\alpha}{2}} \text{是} t(n-1) \text{上} \frac{\alpha}{2} \text{位表};$$

(3) 类似地, 可得 μ 的 $1-\alpha$ 置信区间为

$$(\underline{\mu},\bar{\mu}) = (\overline{X} - t_{\frac{\alpha}{2}}(n-1)\frac{S}{\sqrt{n}}, \overline{X} + t_{\frac{\alpha}{2}}(n-1)\frac{S}{\sqrt{n}}).$$

例 7.9　设某种清漆的 9 个样品, 其干燥时间(单位:h)分别为 6.0, 5.7, 5.8, 6.5, 7.0, 6.3, 5.6, 6.1, 5.0, 设干燥时间总体 $X \sim N(\mu, \sigma^2)$, 求这批产品平均干燥时间的 95% 的置信区间.

(1) $\sigma^2 = 0.6^2$;　　　　(2) σ^2 未知.

解　由 $1-\alpha = 0.95$, 所以

$$\alpha = 0.05, \frac{\alpha}{2} = 0.025, n = 9.$$

(1) $\sigma^2 = 0.6^2$, 方差已知.

$$\bar{x} = \frac{1}{9}(6.0 + 5.7 + \cdots + 5.0) = 6.$$

查表

$$z_{\frac{\alpha}{2}} = z_{0.025} = 1.96,$$

$$P\left(-1.96 < \frac{\overline{X} - \mu}{\sigma/\sqrt{n}} < 1.96\right) = 0.95.$$

如图 7-1 所示.

$$\underline{\mu} = \bar{x} - z_{\frac{\alpha}{2}}\frac{\sigma}{\sqrt{n}} = 6 - 1.96 \times \frac{0.6}{\sqrt{9}} = 5.608,$$

$$\bar{\mu} = \bar{x} + z_{\frac{\alpha}{2}}\frac{\sigma}{\sqrt{n}} = 6 + 1.96 \times \frac{0.6}{\sqrt{9}} = 6.392.$$

(2) σ^2 未知.

$$s^2 = \frac{1}{9-1}(6.0^2 + 5.7^2 + \cdots + 5.0^2 - 9 \times 6^2) = 0.33.$$

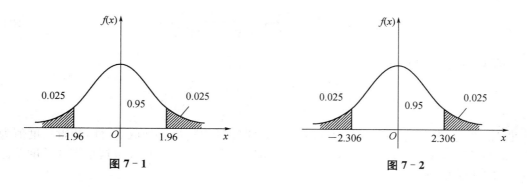

图 7 - 1   图 7 - 2

查表,如图 7 - 2 所示.

$$t_{\frac{\alpha}{2}}(n-1) = t_{0.025}(9-1) = 2.306,$$

$$P\left(-2.306 < \frac{\overline{X} - \mu}{S/\sqrt{n}} < 2.306\right) = 0.95, s = 0.574,$$

$$\underline{\mu} = \overline{x} - t_{\frac{\alpha}{2}}(n-1)\frac{s}{\sqrt{n}} = 6 - 2.306 \times \frac{0.574}{\sqrt{9}} = 5.558,$$

$$\overline{\mu} = \overline{x} + t_{\frac{\alpha}{2}}(n-1)\frac{s}{\sqrt{n}} = 6 + 2.306 + \frac{0.574}{\sqrt{9}} = 6.442.$$

即有 95% 的概率认为这种清漆的平均干燥时间分别落在(1)(5.608,6.392)内;(2)(5.558, 6.442)内.

二、正态总体方差的区间估计

一般总体的均值 μ 未知,用 $\overline{X}$ 代替 μ.

(1) 构造统计量 $\chi^2 = \frac{(n-1)}{\sigma^2}S^2 \sim \chi^2(n-1), S^2 = \frac{1}{n-1}\sum_{i=1}^{n}(X_i - \overline{X})^2$.

(2) 给定置信度为 $1-\alpha$,应有 $P\left(\chi^2_{1-\frac{\alpha}{2}}(n-1) < \frac{(n-1)}{\sigma^2}S^2 < \chi^2_{\frac{\alpha}{2}}(n-1)\right) = 1-\alpha$,得

$P\left(\frac{(n-1)S^2}{\chi^2_{\frac{\alpha}{2}}(n-1)} < \sigma^2 < \frac{(n-1)S^2}{\chi^2_{1-\frac{\alpha}{2}}(n-1)}\right) = 1-\alpha$,如图 7 - 3 所示.

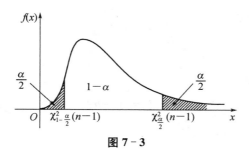

图 7 - 3

故 σ^2 的 $1-\alpha$ 置信区间为

$$(\sigma^2, \overline{\sigma}^2) = \left[\frac{(n-1)S^2}{\chi^2_{\frac{\alpha}{2}}(n-1)}, \frac{(n-1)S^2}{\chi^2_{1-\frac{\alpha}{2}}(n-1)}\right]. \tag{7.10}$$

σ 的 $1-\alpha$ 置信区间为

$$(\underline{\sigma}, \overline{\sigma}) = \left[\sqrt{\frac{(n-1)S^2}{\chi^2_{\frac{\alpha}{2}}(n-1)}}, \sqrt{\frac{(n-1)S^2}{\chi^2_{1-\frac{\alpha}{2}}(n-1)}}\right]. \tag{7.11}$$

例 7.10　一批零件长度 $X \sim N(\mu, \sigma^2)$，从这批零件中随机地抽取 10 件，测得长度值为（单位 mm）49.7,50.9,50.6,51.8,52.4,48.8,51.1,51.0,51.5,51.2. 求这批零件长度总体方差 σ^2 的 90% 的置信区间.

解　　$\bar{x} = \frac{1}{10}(49.7 + 50.9 + \cdots + 51.2) = 50.9, n = 10.$

$$(n-1)s^2 = (49.7 - 50.9)^2 + \cdots + (51.2 - 50.9)^2 = 10.693.$$

$$1 - \alpha = 0.90, \quad \alpha = 0.10, \quad \frac{\alpha}{2} = 0.05, \quad n - 1 = 9.$$

查 χ^2 分布表得

$$\chi^2_{0.95}(9) = 3.325, \quad \chi^2_{0.05}(9) = 16.919,$$

使　　$$P\left(3.325 < \frac{(n-1)S^2}{\sigma^2} < 16.919\right) = 0.95,$$

故有　　$$\underline{\sigma}^2 = \frac{(n-1)s^2}{\chi^2_{\frac{\alpha}{2}}(n-1)} = \frac{10.693}{16.919} = 0.632,$$

$$\overline{\sigma}^2 = \frac{(n-1)s^2}{\chi^2_{1-\frac{\alpha}{2}}(n-1)} = \frac{10.693}{3.325} = 3.216,$$

即有 90% 的概率估计这批零件长度总体方差在 $(0.632, 3.216)$ 内.

三、两正态总体均值差的区间估计

设有两个正态总体 X, Y 相互独立，$X \sim N(\mu_1, \sigma_1^2)$，$Y \sim N(\mu_2, \sigma_2^2)$，$X_1, X_2, \cdots, X_{n_1}$ 是 X 的样本，$Y_1, Y_2, \cdots, Y_{n_2}$ 是 Y 的样本，$\overline{X} = \frac{1}{n_1} \sum_{i=1}^{n_1} X_i, \overline{Y} = \frac{1}{n_2} \sum_{j=1}^{n_2} Y_j$ 分别是 X, Y 样本均值.

1. σ_1^2, σ_2^2 均值已知

(1) 构造统计量 $Z = \dfrac{(\overline{X} - \overline{Y}) - (\mu_1 - \mu_2)}{\sqrt{\dfrac{\sigma_1^2}{n_1} + \dfrac{\sigma_2^2}{n_2}}} \sim N(0,1)$；

(2) 对置信度 $1-\alpha$，有

$$P(-z_{\frac{\alpha}{2}} < Z < z_{\frac{\alpha}{2}}) = 1 - \alpha;$$

(3) 经过变换得出 $\mu_1 - \mu_2$ 的置信区间为

$$(\underline{\mu_1 - \mu_2}, \overline{\mu_1 - \mu_2}) = \left(\overline{X} - \overline{Y} - z_{\frac{\alpha}{2}}\sqrt{\frac{\sigma_1^2}{n_1} + \frac{\sigma_2^2}{n_2}}, \overline{X} - \overline{Y} + z_{\frac{\alpha}{2}}\sqrt{\frac{\sigma_1^2}{n_1} + \frac{\sigma_2^2}{n_2}}\right). \tag{7.12}$$

2. σ_1^2,σ_2^2 均值未知,但 $\sigma_1^2 = \sigma_2^2 = \sigma^2$

(1) 构造统计量

$$T = \frac{(\overline{X} - \overline{Y}) - (\mu_1 - \mu_2)}{S_p\sqrt{\dfrac{1}{n_1} + \dfrac{1}{n_2}}}, S_p^2 = \frac{(n_1-1)S_1^2 + (n_2-1)S_2^2}{n_1 + n_2 - 2},$$

其中,S_1^2,S_2^2 分别是 X,Y 样本方差,则

$$T \sim t(n_1 + n_2 - 2);$$

(2) 对置信度 $1-\alpha$ 有

$$P(-t_{\frac{\alpha}{2}}(n_1 + n_2 - 2) < T < t_{\frac{\alpha}{2}}(n_1 + n_2 - 2)) = 1 - \alpha;$$

(3) 经过变换得出 $\mu_1 - \mu_2$ 的置信区间为

$$(\underline{\mu_1 - \mu_2}, \overline{\mu_1 - \mu_2}) = \Big(\overline{X} - \overline{Y} - t_{\frac{\alpha}{2}}(n_1 + n_2 - 2)S_p\sqrt{\frac{1}{n_1} + \frac{1}{n_2}},$$

$$\overline{X} - \overline{Y} + t_{\frac{\alpha}{2}}(n_1 + n_2 - 2)S_p\sqrt{\frac{1}{n_1} + \frac{1}{n_2}}\Big). \tag{7.13}$$

例 7.11 为调查甲、乙两家银行的户均存款数,从两家银行各抽取一个由 25 个存户组成的样本,两个样本均值分别为 4 500 元和 3 250 元,两个总体的标准差分别为 920 元和 960 元,由经验两个总体均服从正态分布,求 $\mu_1 - \mu_2$ 的置信度为 90% 的置信区间.

解 由已知得 $\overline{x} = 4\,500, \overline{y} = 3\,250, n_1 = n_2 = 25, \sigma_1^2 = 920^2, \sigma_2^2 = 960^2$.

根据 $1-\alpha = 0.9, \alpha = 0.10, \dfrac{\alpha}{2} = 0.05$,查表得 $z_{\frac{\alpha}{2}} = z_{0.05} = 1.645$,使

$$P\Big(-z_{\frac{\alpha}{2}} < \frac{(\overline{X} - \overline{Y}) - (\mu_1 - \mu_2)}{\sqrt{\dfrac{\sigma_1^2}{n_1} + \dfrac{\sigma_2^2}{n_2}}} < z_{\frac{\alpha}{2}}\Big) = 1 - \alpha.$$

故有

$$\underline{\mu_1 - \mu_2} = (\overline{x} - \overline{y}) - z_{0.05}\sqrt{\frac{\sigma_1^2}{n_1} + \frac{\sigma_2^2}{n_2}}$$

$$= (4\,500 - 3\,250) - 1.645 \times \sqrt{\frac{920^2}{25} + \frac{960^2}{25}}$$

$$= 1\,250 - 438 = 812,$$

$$\overline{\mu_1 - \mu_2} = (\overline{x} - \overline{y}) + z_{0.05}\sqrt{\frac{\sigma_1^2}{n_1} + \frac{\sigma_2^2}{n_2}}$$

$$= 1\,250 + 438 = 1\,688,$$

即有 90% 的概率估计甲、乙两家银行户均存款额之差在 812~1 688 元之间.

例 7.12 某厂有两台生产金属棒的机器,两个总体均近似服从正态分布,从机器甲、乙随机抽取 $n_1 = 11, n_2 = 21$ 根金属棒作为两个样本,测数据样本均值和样本方差分别为

$$\overline{x} = 8.06 \text{ cm}, \quad \overline{y} = 7.74 \text{ cm}, \quad s_1 = 0.063 \text{ cm}, \quad s_2 = 0.059 \text{ cm}.$$

设总体的方差相等,求 $\mu_1 - \mu_2$ 的 95% 的置信区间.

解 由已知两个正态总体方差未知但相等,选取

$$T = \frac{(\overline{X} - \overline{Y}) - (\mu_1 - \mu_2)}{S_p \sqrt{\dfrac{1}{n_1} + \dfrac{1}{n_2}}} \sim t(n_1 + n_2 - 2),$$

$$n_1 = 11, n_2 = 21, n_1 + n_2 - 2 = 30,$$

$$1 - \alpha = 0.95, \frac{\alpha}{2} = 0.025, t_{0.025}(30) = 2.042\,3.$$

$$s_p = \sqrt{\frac{(n_1 - 1)s_1^2 + (n_2 - 1)s_2^2}{n_1 + n_2 - 2}}$$

$$= \sqrt{\frac{10 \times 0.063^2 + 20 \times 0.059^2}{30}}$$

$$= 0.06,$$

$$\underline{\mu_1 - \mu_2} = (\overline{x} - \overline{y}) - t_{0.025}(n_1 + n_2 - 2)s_p\sqrt{\frac{1}{n_1} + \frac{1}{n_2}}$$

$$= (8.06 - 7.74) - 2.042\,3 \times 0.06 \times \sqrt{\frac{1}{11} + \frac{1}{21}}$$

$$= 0.32 - 0.046 = 0.274,$$

$$\overline{\mu_1 - \mu_2} = (8.06 - 7.74) + 2.042\,3 \times 0.06 \times \sqrt{\frac{1}{11} + \frac{1}{21}}$$

$$= 0.32 + 0.046 = 0.366.$$

即有 95% 的概率估计 $\mu_1 - \mu_2$ 的置信区间为 $(0.274, 0.366)$.

四、两正态总体方差比的区间估计

设两个正态总体 X, Y 相互独立,$X \sim N(\mu_1, \sigma_1^2)$,$Y \sim N(\mu_2, \sigma_2^2)$,$X$ 的样本容量为 n_1,样本方差为 S_1^2,Y 的样本容量为 n_2,样本方差为 S_2^2,由样本的抽样分布有

$$\frac{(n_1 - 1)S_1^2}{\sigma_1^2} \sim \chi^2(n_1 - 1), \quad \frac{(n_2 - 1)S_2^2}{\sigma_2^2} \sim \chi^2(n_2 - 1).$$

(1) 构造统计量

$$F = \frac{\dfrac{(n_1 - 1)S_1^2}{\sigma_1^2} / n_1 - 1}{\dfrac{(n_2 - 1)S_2^2}{\sigma_2^2} / n_2 - 1} = \frac{S_1^2/S_2^2}{\sigma_1^2/\sigma_2^2} \sim F(n_1 - 1, n_2 - 1);$$

(2) 给定置信度 $1 - \alpha$,如图 7-4 所示,有

$$P\Big(F_{1-\frac{\alpha}{2}}(n_1-1,n_2-1)<\frac{S_1^2/S_2^2}{\sigma_1^2/\sigma_2^2}$$

$$<F_{\frac{\alpha}{2}}(n_1-1,n_2-1)\Big)=1-\alpha;$$

（3）经变换得 $\dfrac{\sigma_1^2}{\sigma_2^2}$ 的 $1-\alpha$ 置信区间

$$\left(\frac{S_1^2/S_2^2}{F_{\frac{\alpha}{2}}(n_1-1,n_2-1)},\frac{S_1^2/S_2^2}{F_{1-\frac{\alpha}{2}}(n_1-1,n_2-1)}\right).$$

$$(7.14)$$

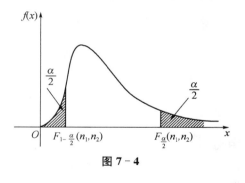

图 7-4

例 7.13 设两台型号相同的机床生产同一种产品,产品总体长度 $X\sim N(\mu_1,\sigma_1^2)$, $Y\sim N(\mu_2,\sigma_2^2)$,$X$ 的样本容量 $n_1=10$,Y 的样本容量 $n_2=15$,样本方差为 $s_1^2=1.09^2$, $s_2^2=1.18^2$,求两总体方差比 σ_1^2/σ_2^2 的 90% 的置信区间.

解 由题设得 $1-\alpha=0.90$,$\alpha=0.10$,$\dfrac{\alpha}{2}=0.05$,$n_1-1=9$,$n_2-1=14$.

查表得 $$F_{\frac{\alpha}{2}}(n_1-1,n_2-1)=F_{0.05}(9,14)=2.65,$$

$$F_{1-\frac{\alpha}{2}}(n_1-1,n_2-1)=F_{0.95}(9,14)=\frac{1}{F_{0.05}(14,9)}=\frac{1}{3.01}.$$

得 σ_1^2/σ_2^2 的 90% 的置信区间为

$$\left(\frac{s_1^2/s_2^2}{F_{\frac{\alpha}{2}}(n_1-1,n_2-1)},\frac{s_1^2/s_2^2}{F_{1-\frac{\alpha}{2}}(n_1-1,n_2-1)}\right)$$

$$=\left(\frac{1.09^2/1.18^2}{2.65},\frac{1.09^2/1.18^2}{0.3322}\right)$$

$$=(0.322,2.569).$$

五、单侧置信区间

在实际问题中,对参数 θ 进行区间估计时,有时只需要考虑置信下限 $\underline{\theta}$,不考虑置信上限,置信区间为 $(\underline{\theta},+\infty)$,即对于给定值 $\alpha(0<\alpha<1)$,若由样本 $X_1,X_2,\cdots,X_n$ 确定的统计量 $\underline{\theta}=\underline{\theta}(X_1,X_2,\cdots,X_n)$,满足

$$P(\theta>\underline{\theta})=1-\alpha, \tag{7.15}$$

则随机区间 $(\underline{\theta},+\infty)$ 是 θ 的置信水平为 $1-\alpha$ 的单侧置信区间,$\underline{\theta}$ 为单侧置信下限.

同理,若 $\bar{\theta}=\bar{\theta}(X_1,X_2,\cdots,X_n)$ 满足

$$P(\theta<\bar{\theta})=1-\alpha, \tag{7.16}$$

则随机区间 $(-\infty,\bar{\theta})$ 是 θ 的置信水平为 $1-\alpha$ 的单侧置信区间,$\bar{\theta}$ 为单侧置信上限.

例 7.14 从一批灯泡中随机地取 5 只做寿命试验,测得寿命(以 h 计)为 1 050,1 100, 1 120,1 250,1 280.设灯泡使用寿命服从正态分布,求灯泡寿命平均值的置信水平为 0.95 的单侧置信下限.

解　　　　　　$1-\alpha=0.95, \alpha=0.05, n=5.$

$$\overline{x}=\frac{1}{5}(1\,050+\cdots+1\,280)=1\,160,$$

$$s^2=\frac{1}{5-1}\big[(1\,050-1\,160)^2+\cdots+(1\,280-1\,160)^2\big]=9\,950.$$

因为　　　　　　$\dfrac{\overline{X}-\mu}{S/\sqrt{n}}\sim t(n-1),$

取　　　　　　$t_\alpha(n-1)=t_{0.05}(4)=2.131\,8,$

使　　　　　　$P\Big(\dfrac{\overline{X}-\mu}{S/\sqrt{n}}<t_\alpha(n-1)\Big)=1-\alpha,$

即　　　　　　$P\Big(\mu>\overline{X}-\dfrac{S}{\sqrt{n}}t_\alpha(n-1)\Big)=1-\alpha.$

μ 的单侧置信下限为

$$\underline{\mu}=\overline{x}-\frac{s}{\sqrt{n}}t_\alpha(n-1)=1\,160-\frac{\sqrt{9\,950}}{\sqrt{5}}\times2.131\,8=1\,065,$$

即该批灯泡有 95% 的可能性平均使用寿命在 $1\,065\,\mathrm{h}$ 以上.

习 题 7

1. 设总体 X 的概率密度为

$$f(x)=\begin{cases}\theta k^\theta x^{-(\theta+1)},& x>k;\\[2mm]0,& x\leqslant k.\end{cases}\qquad k>0\text{ 为已知}, \theta>1.$$

$X_1, X_2, \cdots, X_n$ 是 X 的简单随机样本.

(1) 求 θ 的矩估计量;(2) 求 θ 的极大似然估计量.

2. 设总体 X 的概率密度为

$$f(x)=\frac{1}{2\sigma}\mathrm{e}^{-\frac{|x|}{\sigma}},\ -\infty<x<+\infty,$$

$X_1, X_2, \cdots, X_n$ 是 X 的简单随机样本,求参数 σ 的极大似然估计量.

3. 已知总体 X 的概率密度为

$$f(x)=\begin{cases}(k\theta)x^{k-1}\mathrm{e}^{-\theta x^k},& x>0;\\[2mm]0,& \text{其他}.\end{cases}\qquad k\text{ 已知}, k>0.$$

$X_1, X_2, \cdots, X_n$ 是 X 的简单随机样本,$\theta>0$ 是未知参数,求参数 θ 的极大似然估计量.

4. 设总体 $X\sim b(m,p)$,$P\{X=x\}=\mathrm{C}_m^x p^x(1-p)^{m-x}$,$x=0,1,\cdots,m$,$0<p<1$ 是未知

参数.

（1）求 p 的矩估计量；（2）求 p 的极大似然估计量；（3）p 的估计量是不是无偏估计量.

5. 设总体 X 具有分布律

X	1	2	3
p_k	θ^2	$2\theta(1-\theta)$	$(1-\theta)^2$

其中，$\theta(0<\theta<1)$ 是未知参数，已知取得了样本值 $x_1=1,x_2=2,x_3=1$，求 θ 的矩估计值和极大似然估计值.

6. 设总体 X 服从指数分布，其概率密度为

$$f(x,\lambda) = \begin{cases} \lambda e^{-\lambda x}, x>0; \\ 0, x \leqslant 0. \end{cases}$$

其中，参数 $\lambda>0$ 未知，$X_1,X_2,\cdots,X_n$ 是来自 X 的样本. 证明：$\overline{X}$ 和 $nZ=n[\min(X_1,X_2,\cdots,X_n)]$ 都是 λ 的无偏估计量.

7. 设某车间生产的某种零件长度 $X \sim N(\mu,\sigma^2)$，从一批这样的零件中随机抽取 9 件，测得长度值为 49.7，50.6，51.8，52.4，48.8，51.1，51.2，51.0，51.5 mm. 求以下两种情况下这批零件平均长度 μ 的 95% 的置信区间.

（1）总体方差 $\sigma^2=1.5^2$；　　　　　　（2）总体方差 σ^2 未知.

8. 有一批白糖分袋装，现从中随机地取 16 袋，称得重量（以 g 计）如下：

$$506 \quad 508 \quad 499 \quad 503 \quad 504 \quad 510 \quad 497 \quad 512$$
$$514 \quad 505 \quad 493 \quad 496 \quad 506 \quad 502 \quad 509 \quad 496$$

设袋装白糖重量近似服从正态分布. 求总体均值 μ 的置信水平为 0.95 的置信区间.

9. 若某种产品的某项质量指标服从正态分布，现从这批产品中随机地抽取 25 件，测得样本方差 $s^2=100$，求该种质量指标总体方差 σ^2 的 95% 的置信区间.

10. 研究两种燃料的燃烧率，设两者分别服从正态分布 $N(\mu_1,0.05^2)$，$N(\mu_2,0.05^2)$，取样本容量 $n_1=n_2=20$ 的两组独立样本，求得燃烧率的样本均值分别为 18，24，求两种燃料燃烧率总体均值差 $(\mu_1-\mu_2)$ 的置信度为 99% 的双侧置信区间.

11. 为提高某一化学生产过程的得率，拟采用一种新催化剂. 设用原催化剂进行 $n_1=8$ 次试验，得率平均值 $\overline{x}_1=91.73$，样本方差 $s_1^2=3.89$，新催化剂进行了 $n_2=8$ 次试验，得率平均值 $\overline{x}_2=93.73$，样本方差 $s_2^2=4.02$，设两总体都服从正态分布，且方差相等，两样本独立，求两总体均值差 $(\mu_1-\mu_2)$ 的置信度为 0.95 的置信区间.

12. 研究由机器 A 和机器 B 生产钢管内径，设两个总体 $X \sim N(\mu_1,\sigma_1^2)$，$Y \sim N(\mu_2,\sigma_2^2)$ 且相互独立，取样本容量 $n_1=18$ 测得 $s_1^2=0.34$ mm^2，取样本容量 $n_2=13$ 测得 $s_2^2=0.29$ mm^2，$\mu_i,\sigma_i^2(i=1,2)$ 未知，求方差比 $\dfrac{\sigma_1^2}{\sigma_2^2}$ 的置信水平为 0.90 的置信区间.

13. 从一批灯管中随机抽 5 个做寿命试验，测得寿命值（单位：h）为 150，105，125，250，280. 设灯管寿命 $X \sim N(\mu,\sigma^2)$，求灯管寿命均值的置信度为 0.95 的单侧置信下限.

综合练习 7

1. 设总体 X 的概率密度为

$$f(x,\theta) = \begin{cases} e^{-(x-\theta)}, & x \geqslant \theta; \\ 0, & x < \theta. \end{cases}$$

若 $X_1, X_2, \cdots, X_n$ 是来自总体 X 的简单随机样本,求未知参数 θ 的矩估计量.

2. 设总体 X 的概率分布为

X	0	1	2	3
p_k	θ^2	$2\theta(1-\theta)$	θ^2	$1-2\theta$

其中,$\theta(0<\theta<\frac{1}{2})$ 是未知参数,利用总体 X 的如下样本值 $3,1,3,0,3,1,2,3$. 求 θ 的矩估计值和极大似然估计值.

3. 已知一批零件的长度 X(单位:cm)服从正态分布 $N(\mu,1)$,从中随机抽取 16 个零件,测得长度平均值为 40 cm,求 μ 的置信度为 0.95 的置信区间.

4. 设总体的概率密度为

$$f(x) = \begin{cases} 2e^{-2(x-\theta)}, & x > \theta; \\ 0, & x \leqslant \theta. \end{cases}$$

其中 $\theta>0$ 是未知参数,$X_1, X_2, \cdots, X_n$ 是总体 X 的简单随机样本,记 $\hat{\theta} = \min(X_1, X_2, \cdots, X_n)$.

求:(1) 总体 X 的分布函数 $F(x)$;

(2) 统计量 $\hat{\theta}$ 的分布函数 $F_{\hat{\theta}}(x)$;

(3) 若用 $\hat{\theta}$ 为 θ 的估计量,讨论是否具有无偏性.

5. 设总体 X 的概率密度为

$$f(x) = \begin{cases} \dfrac{6x}{\theta^3}(\theta-x), & 0 < x < \theta; \\ 0, & \text{其他.} \end{cases}$$

$X_1, X_2, \cdots, X_n$ 是总体 X 的简单随机样本.

(1) 求 θ 的矩估计量 $\hat{\theta}$; (2) 求 $\hat{\theta}$ 的方差 $D(\hat{\theta})$.

6. 在天平上重复称一重为 a 的物品,设各次称重结果相互独立且服从 $N(a,0.2^2)$,若以 $\overline{X}_n$ 表示 n 次称重结果的算术平均值,求使 $P(|\overline{X}_n - a| < 0.1) = 0.95$ 成立的 n.

7. 假设 $0.50, 1.25, 0.80, 2.00$ 是来自总体 X 的样本值. 已知 $Y = \ln X$ 服从正态分布 $N(\mu,1)$.

求:(1) X 的数学期望 $E(X)$(记 $E(X)$ 为 b);

(2) μ 的置信度为 0.95 的置信区间;

(3) b 的置信度为 0.95 的置信区间.

8. 设总体 $X \sim N(\mu_1, \sigma^2)$，总体 $Y \sim N(\mu_2, \sigma^2)$，$X_1, X_2, \cdots, X_{n_1}$ 和 $Y_1, Y_2, \cdots, Y_{n_2}$ 分别是取自总体 X 和 Y 的简单随机样本，求

$$E\left[\frac{\sum\limits_{i=1}^{n_1}(X_i - \overline{X})^2 + \sum\limits_{j=1}^{n_2}(Y_j - \overline{Y})^2}{n_1 + n_2 - 2}\right].$$

9. 设随机变量 X 的分布函数为

$$F(x, \alpha, \beta) = \begin{cases} 1 - \left(\dfrac{\alpha}{x}\right)^{\beta}, & x > \alpha; \\ 0, & x \leqslant \alpha. \end{cases}$$

其中参数 $\alpha > 0, \beta > 1$，设 $X_1, X_2, \cdots, X_n$ 是来自总体 X 的简单随机样本.

(1) 当 $\alpha = 1$ 时，求未知参数 β 的矩估计量和极大似然估计量；

(2) 当 $\beta = 2$ 时，求未知参数 α 的极大似然估计量.

10. 设 $X_1, X_2, \cdots, X_n (n > 2)$ 为来自总体 $N(0, \sigma^2)$ 的简单随机样本，其样本均值为 $\overline{X}$，记

$$Y_i = X_i - \overline{X}, i = 1, 2, \cdots, n.$$

(1) 求 Y_i 的方差 $D(Y_i), i = 1, 2, \cdots, n$；

(2) 求 Y_1 与 Y_n 的协方差 $\mathrm{Cov}(Y_1, Y_n)$；

(3) 若 $c(Y_1 + Y_n)^2$ 是 σ^2 的无偏估计量，求常数 c.

11. 设总体 X 的概率密度为

$$f(x; \theta) = \begin{cases} \theta, & 0 < x < 1; \\ 1 - \theta, & 1 \leqslant x < 2; \\ 0, & \text{其他}. \end{cases}$$

其中 θ 是未知参数 $(0 < \theta < 1)$. $X_1, X_2, \cdots, X_n$ 为来自总体 X 的简单随机样本，记 N 为样本值 $x_1, x_2, \cdots, x_n$ 中小于 1 的个数.

求：(1) θ 的矩估计；(2) θ 的最大似然估计.

12. 设随机变量 X 与 Y 相互独立且分别服从正态分布 $N(\mu, \sigma^2)$ 与 $N(\mu, 2\sigma^2)$，其中未知参数 $\sigma > 0$，记 $Z = X - Y$.

(1) 求 Z 的概率密度 $f(z, \sigma^2)$；(2) 设 $Z_1, Z_2, \cdots, Z_n$ 为来自总体 Z 的简单随机样本，求 σ^2 的最大似然估计量；(3) 证明该估计量为 σ^2 的无偏估计量.

13. 设总体 X 的概率密度为 $f(x) = \begin{cases} \dfrac{\theta^2}{x^3} \mathrm{e}^{-\frac{\theta}{x}}, & x > 0; \\ 0, & \text{其他}. \end{cases}$ 其中 θ 为未知参数且大于零，$X_1, X_2, \cdots, X_n$ 为来自总体 X 的简单随机样本.(1) 求 θ 的矩估计量；(2) 求 θ 的最大似然估计量.

14. 设总体 X 的概率分布为

$$P(X = 1) = 1 - \theta, \quad P(X = 2) = \theta - \theta^2, \quad P(X = 3) = \theta^2.$$

其中参数 $\theta \in (0, 1)$ 未知，以 N_i 表示来自总体 X 的简单随机样本（样本容量为 n）中等于 i 的个数 $(i = 1, 2, 3)$，求常数 a_1, a_2, a_3，使 $T = \sum\limits_{i=1}^{3} a_i N_i$ 为 θ 的无偏估计量，并求 T 的方差.

第 **8** 章

假设检验

§8.1 基本概念

数理统计中,统计推断研究的重要的基本问题有两类:一类是参数估计问题,其基本思想和方法已在第 7 章做了介绍;另一类是本章即将讨论的假设检验问题.

在实际工作中,对研究的总体往往不知道其分布,或者知道分布形式却不知道其分布参数. 在这种情况下,为推断总体的某些性质,首先做出某种假设,然后根据样本去检验这种假设是否合理,即由样本对提出的假设做出决策:接受假设或拒绝假设,这就是假设检验方法.

假设检验做出决策时,要运用"实际推断原理",即"小概率事件在一次试验中几乎是不可能发生的"原理,这是在实践中广泛应用的一个准则.

小概率事件的值记为 α,称为显著性水平,α 的取值大小根据具体实践而定,不同的问题对 α 有不同的要求,精度要求越高,α 的值就越小,一般 α 取 $0.1,0.05,0.01,0.005$.

以上是解决一般假设检验问题的基本思想和方法. 在此,先介绍参数的假设检验问题,即在总体分布已知的情况下,对其参数进行假设检验.下面通过一个实例来说明其基本思想和具体做法.

例 8.1 某车间用一台包装机包装精碘盐,额定标准是每包净重 500 g,设包装机包装出的盐每袋重量服从正态分布 $N(\mu,\sigma^2)$,为检查包装机工作是否正常,随机地抽取 9 包,称得净重(单位:g)为 $497,506,518,524,488,511,510,515,512$. 又方差 $\sigma^2 = 15^2$,问这天包装机工作是否正常?

解 这是一个典型的假设检验问题,设该天包装的每袋盐重 X g,显然 X 是一个随机变量,且 $X \sim N(\mu,15^2)$.上述问题变成正态变量 X 的数学期望 μ 是否等于 500 g,为此先提出假设.

(1) 原假设 $H_0: \mu = \mu_0 = 500$;备择假设 $H_1: \mu \neq \mu_0$.

然后根据样本判断这个假设是否成立. 如果接受 H_0,则认为该天包装机工作正常;否则拒绝 H_0,接受 H_1,则认为包装机工作不正常.

(2) 先假定假设 H_0 为真,选取一个与 H_0 有关的统计量且其分布已知,本例中由于总体方差已知,取统计量 $U = \dfrac{\overline{X} - \mu}{\sigma/\sqrt{n}} \sim N(0,1)$.

（3）根据要求给出显著性水平 α，取一个与 H_0 有关的区域 ω，使统计量落入区域 ω 的概率很小，本例中若取 $\alpha = 0.05$，使 $P(|U| > z_{0.025}) = 0.05$，如图 8-1 所示，$\omega$ 称为拒绝域，本例拒绝域为 $|U| > z_{0.025}$．

（4）由样本计算出平均值

$$\overline{x} = \frac{1}{9}(497 + 506 + \cdots + 512) = 509,$$

$$u = \frac{\overline{x} - \mu}{\sigma/\sqrt{n}} = \frac{509 - 500}{15/\sqrt{9}} = 1.8.$$

查标准正态分布表给出

$$z_{0.025} = 1.96（双侧检验）.$$

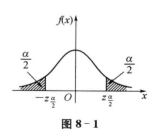

图 8-1

（5）判断：由于 $u = 1.8 < z_{0.025} = 1.96$，小概率事件未发生，在显著性水平 $\alpha = 0.05$ 下，接受原假设 $H_0 : \mu = \mu_0 = 500$ g，即认为包装机该天工作正常．

下面给出拒绝域和接受域的概念．

对于样本，计算其值 $u = \dfrac{\overline{x} - \mu}{\sigma/\sqrt{n}}$，若 $|u| > z_{\frac{\alpha}{2}}$，即 $u > z_{\frac{\alpha}{2}}$ 或 $u < -z_{\frac{\alpha}{2}}$ 时，开区间 $(-\infty, -z_{\frac{\alpha}{2}})$，$(z_{\frac{\alpha}{2}}, +\infty)$ 为 H_0 的关于 U 的拒绝域，又若 $|u| < z_{\frac{\alpha}{2}}$，即 $u \in (-z_{\frac{\alpha}{2}}, z_{\frac{\alpha}{2}})$，接受 H_0．故开区间 $(-z_{\frac{\alpha}{2}}, z_{\frac{\alpha}{2}})$ 称为 H_0 关于 U 的接受域，$u = \pm z_{\frac{\alpha}{2}}$ 为其临界点．

§8.2　正态总体均值的假设检验

1. 方差已知

设 $X \sim N(\mu, \sigma^2)$，样本为 $X_1, X_2, \cdots, X_n$，样本均值 $\overline{X} = \dfrac{1}{n}\sum\limits_{i=1}^{n} X_i$，方差 σ^2 已知，介绍 3 种情形，并用 U 检验法解决此类问题．

（1）检验假设　$H_0 : \mu = \mu_0$；$H_1 : \mu \neq \mu_0$．其中，μ_0 是已知数，与例 8.1 的解法完全一致，即取

$$U = \frac{\overline{X} - \mu}{\sigma/\sqrt{n}} \sim N(0, 1).$$

对显著性水平 α，取 $z_{\frac{\alpha}{2}}$，则得拒绝域

$$|U| > z_{\frac{\alpha}{2}}. \tag{8.1}$$

然后用样本实测值计算出 $u = \dfrac{\overline{x} - \mu_0}{\sigma/\sqrt{n}}$，当 $|u| > z_{\frac{\alpha}{2}}$ 时，拒绝 H_0，否则 $|u| < z_{\frac{\alpha}{2}}$，接受 H_0．

（2）检验假设　$H_0 : \mu \leqslant \mu_0$；$H_1 : \mu > \mu_0$．

取

$$U = \frac{\overline{X} - \mu}{\sigma/\sqrt{n}} \sim N(0, 1),$$

对显著性水平 α，取 z_α，则得拒绝域

$$U > z_\alpha. \tag{8.2}$$

计算样本实测值 $u=\dfrac{\overline{x}-\mu_0}{\sigma/\sqrt{n}}$，$u>z_\alpha$ 时拒绝 H_0，否则 $u<z_\alpha$ 时接受 H_0.

(3) 检验假设　　$H_0:\mu\geqslant\mu_0；H_1:\mu<\mu_0$.

取　　　　　　　　　　　　$U=\dfrac{\overline{X}-\mu_0}{\sigma/\sqrt{n}}\sim N(0,1)$，

对显著性水平 α，取 $-z_\alpha$，则得拒绝域

$$U<-z_\alpha. \tag{8.3}$$

计算样本实测值 $u=\dfrac{\overline{x}-\mu_0}{\sigma/\sqrt{n}}$，$u<-z_\alpha$ 时，拒绝 H_0，否则 $u>-z_\alpha$ 时，接受 H_0.

一般称第一种假设检验为双侧检验，第二、三种假设检验为单侧检验. 如图 8-2 所示.

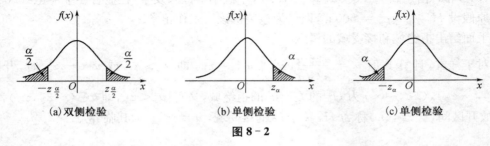

|　(a) 双侧检验　　　　　　(b) 单侧检验　　　　　　(c) 单侧检验|

图 8-2

例 8.2　某厂生产的固体燃料的燃烧率 $X\sim N(40,2^2)$（单位：cm/s），现在用新方法生产了 1 批燃料，从中任取 $n=25$ 只样本，测得燃料样本均值 $\overline{x}=41.25$ cm/s，问新方法生产的固体燃料的燃烧率是否较以往生产的产品有显著提高（取显著性水平 $\alpha=0.025$）？

解　(1) 按题意检验假设为

$H_0:\mu\leqslant\mu_0=40$（假设新方法没有提高燃烧率）；

$H_1:\mu>\mu_0$（假设新方法提高了燃烧率）.

(2) 取 $U=\dfrac{\overline{X}-\mu}{\sigma/\sqrt{n}}\sim N(0,1)$（总体方差已知）.

(3) 对显著性水平 $\alpha=0.025$，单侧检验，查表得　　$z_{0.025}=1.96$.

(4) 由样本实值计算得

$$u=\frac{\overline{x}-\mu_0}{\sigma/\sqrt{n}}=\frac{41.25-40}{2/\sqrt{25}}=3.125.$$

(5) 因 $u=3.125>z_{0.025}=1.96$.

故在显著性水平 $\alpha=0.025$ 下拒绝 H_0，即认为用新方法生产的固体燃料燃烧率较以往生产的有显著提高.

2. 方差未知

设 $X\sim N(\mu,\sigma^2)$，样本 $X_1,X_2,\cdots,X_n$，$\overline{X}=\dfrac{1}{n}\displaystyle\sum_{i=1}^{n}X_i$，$S^2=\dfrac{1}{n-1}\displaystyle\sum_{i=1}^{n}(X_i-\overline{X})^2$，总体方差 σ^2 未知，用样本方差 S^2 代替 σ^2，取统计量 $T=\dfrac{\overline{X}-\mu}{S/\sqrt{n}}\sim t(n-1)$，类似总体方差 σ^2 已知，

对显著性水平 α，取 $t_{\frac{\alpha}{2}}(n-1),t_\alpha(n-1)$，双侧检验的拒绝域为

$$|T|>t_{\frac{\alpha}{2}}(n-1). \tag{8.4}$$

单侧检验的拒绝域分别为

$$T>t_\alpha(n-1), \tag{8.5}$$

$$T<-t_\alpha(n-1). \tag{8.6}$$

其中，样本实测值为 $t=\dfrac{\overline{x}-\mu_0}{s/\sqrt{n}}$，总体均值检验方法如表 8-1 所示.

表 8-1　单个正态总体均值检验表

序号	原假设 H_0	H_0 下的检验统计量及分布	备择假设 H_1	H_0 的拒绝域
1	$\mu=\mu_0$		$\mu\neq\mu_0$	$|U|>z_{\frac{\alpha}{2}}$
	$\mu\leqslant\mu_0$	$U=\dfrac{\overline{X}-\mu_0}{\sigma/\sqrt{n}}\sim N(0,1)$	$\mu>\mu_0$	$U>z_\alpha$
	$\mu\geqslant\mu_0$		$\mu<\mu_0$	$U<-z_\alpha$
	(σ^2 已知)			
2	$\mu=\mu_0$		$\mu\neq\mu_0$	$|T|>t_{\frac{\alpha}{2}}(n-1)$
	$\mu\leqslant\mu_0$	$T=\dfrac{\overline{X}-\mu_0}{S/\sqrt{n}}\sim t(n-1)$	$\mu>\mu_0$	$T>t_\alpha(n-1)$
	$\mu\geqslant\mu_0$		$\mu<\mu_0$	$T<-t_\alpha(n-1)$
	(σ^2 未知)			

例 8.3　按规定某种食品的每 100 g 中维生素 C(V_C)的含量不得少于 21 mg，设 V_C 含量的测定值总体 X 服从正态分布 $N(\mu,\sigma^2)$，现从这批食品中随机地抽取 17 个样品，测得每 100 g 食品 V_C 的含量（单位：mg）为 16，22，21，20，23，21，19，15，13，23，17，20，29，18，22，16，25. 对显著性水平 $\alpha=0.025$，检验该食品的含量是否合格.

解　（1）本题是在方差 σ^2 未知的情况下，均值 μ 的假设检验问题，由要求"V_C 含量不得少于 21 mg"，故检验假设为

$$H_0:\mu\geqslant\mu_0=21;H_1:\mu<\mu_0.$$

（2）取

$$T=\dfrac{\overline{X}-\mu_0}{S/\sqrt{n}}\sim t(n-1).$$

（3）对显著性水平 $\alpha=0.025$，单侧检验，查表得 $t_{0.025}(16)=2.1199$.

（4）由样本实测值计算

$$\overline{x}=\frac{1}{17}(16+22+\cdots+25)=20,$$

$$s^2=\frac{1}{16}\big[(16-20)^2+(22-20)^2+\cdots+(25-20)^2\big]\approx15.88,$$

$$s=3.98,$$

$$t=\frac{\overline{x}-\mu_0}{s/\sqrt{n}}=\frac{20-21}{3.98/\sqrt{17}}=-1.036.$$

(5) 因 $t = -1.036 > -t_{0.025}(16) = -2.1199$.

不在拒绝域内(拒绝域为 $T < -t_\alpha(n-1)$),故在显著性水平 $\alpha = 0.025$ 下接受 H_0,拒绝 H_1,说明这批食品每 100 g 中 V_C 的含量不少于 21 mg,产品合格.

§8.3 正态总体方差的假设检验

1. 期望 μ 已知时,检验 σ^2

设总体 $X \sim N(\mu, \sigma^2)$,μ 已知,$X_1, X_2, \cdots, X_n$ 是总体 X 的简单随机样本.

(1) 检验假设 $H_0 : \sigma^2 = \sigma_0^2$;$H_1 : \sigma^2 \neq \sigma_0^2$.

(2) 在 H_0 成立条件下,取统计量

$$\chi^2 = \sum_{i=1}^{n} \left(\frac{X_i - \mu}{\sigma_0} \right)^2 \sim \chi^2(n).$$

(3) 对给定显著性水平 α,查表求 $\chi_{\frac{\alpha}{2}}^2(n), \chi_{1-\frac{\alpha}{2}}^2(n)$,使

$$P(0 < \chi^2 < \chi_{1-\frac{\alpha}{2}}^2(n) \bigcup \chi_{\frac{\alpha}{2}}^2(n) < \chi^2 < +\infty) = \alpha,$$

如图 8-3 所示.

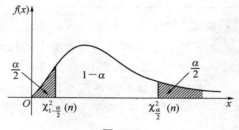

图 8-3

(4) 由样本值计算出 $\chi^2 = \sum_{i=1}^{n} \left(\frac{X_i - \mu}{\sigma_0} \right)^2$.

(5) 判断:若 $\chi^2 < \chi_{1-\frac{\alpha}{2}}^2(n)$ 或 $\chi^2 > \chi_{\frac{\alpha}{2}}^2(n)$,则拒绝 H_0;若 $\chi_{1-\frac{\alpha}{2}}^2(n) < \chi^2 < \chi_{\frac{\alpha}{2}}^2(n)$,则接受 H_0. H_0 的拒绝域为

$$\chi^2 < \chi_{1-\frac{\alpha}{2}}^2(n) \text{ 或 } \chi^2 > \chi_{\frac{\alpha}{2}}^2(n). \tag{8.7}$$

单侧检验的拒绝域分别为

$$\chi^2 > \chi_\alpha^2(n), \tag{8.8}$$

$$\chi^2 < \chi_{1-\alpha}^2(n), \tag{8.9}$$

如图 8-4 所示.

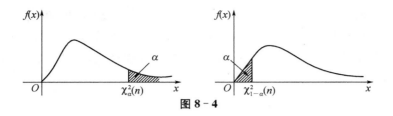

图 8 - 4

2. 期望 μ 未知时, 检验 σ^2

总体 $X \sim N(\mu, \sigma^2)$, $X_1, X_2, \cdots, X_n$ 是总体 X 的简单随机样本, 样本均值 $\overline{X} = \frac{1}{n} \sum\limits_{i=1}^{n} X_i$, 用 $\overline{X}$ 代替 μ.

(1) 检验假设 $H_0: \sigma^2 = \sigma_0^2$; $H_1: \sigma^2 \neq \sigma_0^2$.

(2) 在 H_0 成立条件下, 取统计量

$$\chi^2 = \frac{(n-1)S^2}{\sigma_0^2} = \frac{1}{\sigma_0^2} \sum_{i=1}^{n} (X_i - \overline{X})^2 \sim \chi^2(n-1).$$

(3) 对给定显著性水平 α, 查表求 $\chi_{\frac{\alpha}{2}}^2(n-1), \chi_{1-\frac{\alpha}{2}}^2(n-1)$, 使

$$P(0 < \chi^2 < \chi_{1-\frac{\alpha}{2}}^2(n-1) \bigcup \chi_{\frac{\alpha}{2}}^2(n-1) < \chi^2 < +\infty) = \alpha.$$

(4) 由样本值计算出 $\chi^2 = \frac{1}{\sigma_0^2} \sum\limits_{i=1}^{n} (X_i - \overline{X})^2$.

(5) 判断: 若 $\chi^2 < \chi_{1-\frac{\alpha}{2}}^2(n-1)$ 或 $\chi^2 > \chi_{\frac{\alpha}{2}}^2(n-1)$, 则拒绝 H_0, 若

$\chi_{1-\frac{\alpha}{2}}^2(n-1) < \chi^2 < \chi_{\frac{\alpha}{2}}^2(n-1)$, 则接受 H_0.

H_0 的拒绝域为

$$\chi^2 < \chi_{1-\frac{\alpha}{2}}^2(n-1) \text{ 或 } \chi^2 > \chi_{\frac{\alpha}{2}}^2(n-1). \tag{8.10}$$

单侧检验的拒绝域分别为

$$\chi^2 > \chi_{\alpha}^2(n-1), \tag{8.11}$$

$$\chi^2 < \chi_{1-\alpha}^2(n-1). \tag{8.12}$$

以上讨论如表 8-2 所示.

表 8 - 2 单个正态总体方差检验表

序号	原假设 H_0	H_0 下的检验统计量及分布	备择假设 H_1	H_0 的拒绝域
1	$\sigma^2 = \sigma_0^2$	$\chi^2 = \sum\limits_{i=1}^{n} \left(\dfrac{X_i - \mu}{\sigma_0} \right)^2 \sim \chi^2(n)$	$\sigma^2 \neq \sigma_0^2$	$\chi^2 < \chi_{1-\frac{\alpha}{2}}^2(n)$ 或 $\chi^2 > \chi_{\frac{\alpha}{2}}^2(n)$
	$\sigma^2 \leqslant \sigma_0^2$		$\sigma^2 > \sigma_0^2$	$\chi^2 > \chi_{\alpha}^2(n)$
	$\sigma^2 \geqslant \sigma_0^2$		$\sigma^2 < \sigma_0^2$	$\chi^2 < \chi_{1-\alpha}^2(n)$
	(μ 已知)			
2	$\sigma^2 = \sigma_0^2$	$\chi^2 = \dfrac{1}{\sigma_0^2} \sum\limits_{i=1}^{n} (X_i - \overline{X})^2 \sim \chi^2(n-1)$	$\sigma^2 \neq \sigma_0^2$	$\chi^2 < \chi_{1-\frac{\alpha}{2}}^2(n-1)$ 或 $\chi^2 > \chi_{\frac{\alpha}{2}}^2(n-1)$
	$\sigma^2 \leqslant \sigma_0^2$		$\sigma^2 > \sigma_0^2$	$\chi^2 > \chi_{\alpha}^2(n-1)$
	$\sigma^2 \geqslant \sigma_0^2$		$\sigma^2 < \sigma_0^2$	$\chi^2 < \chi_{1-\alpha}^2(n-1)$
	(μ 未知)			

例 8.4 某车间生产的金属丝折断力方差 $\sigma_0^2 = 64$，今从一批产品中随机抽取 10 根做折断力试验，其结果（单位 kg）为 578，572，570，568，572，570，572，596，584，570. 对显著性水平 $\alpha = 0.05$，检验这批金属丝的折断力方差也为 64（折断力 X 服从正态分布，即 $X \sim N(\mu, \sigma^2)$）。

解 （1）检验假设为（总体均值 μ 未知）

$$H_0: \sigma^2 = \sigma_0^2 = 64; \quad H_1: \sigma^2 \neq \sigma_0^2.$$

（2）取

$$\chi^2 = \frac{1}{\sigma_0^2} \sum_{i=1}^{n} (X_i - \overline{X})^2 \sim \chi^2(n-1).$$

（3）对给定显著性水平 $\alpha = 0.05$，双侧检验，查表得

$$\chi^2_{1-\frac{\alpha}{2}}(n-1) = \chi^2_{0.975}(9) = 2.7,$$

$$\chi^2_{\frac{\alpha}{2}}(n-1) = \chi^2_{0.025}(9) = 19.023.$$

（4）由样本实测值算出得

$$\overline{x} = 575.2,$$

$$\sum_{i=1}^{10} (x_i - \overline{x})^2 = (578 - 575.2)^2 + \cdots + (570 - 575.2)^2 = 681.6,$$

$$\chi^2 = \frac{1}{\sigma_0^2} \sum_{i=1}^{10} (x_i - \overline{x})^2 = \frac{681.6}{64} \approx 10.65.$$

（5）判断：因 $2.7 < 10.65 < 19.023$，即

$$\chi^2_{1-\frac{\alpha}{2}}(n-1) < \chi^2 < \chi^2_{\frac{\alpha}{2}}(n-1),$$

故接受 $H_0: \sigma_0^2 = 64$，认为这批金属丝的折断力方差无显著差异。

§8.4 两正态总体期望差的假设检验

设总体 $X \sim N(\mu_1, \sigma_1^2)$，$Y \sim N(\mu_2, \sigma_2^2)$，$X, Y$ 相互独立，X 的样本为 $X_1, X_2, \cdots, X_{n_1}$，$Y$ 的样本为 $Y_1, Y_2, \cdots, Y_{n_2}$。$\overline{X} = \frac{1}{n_1} \sum_{i=1}^{n_1} X_i$，$\overline{Y} = \frac{1}{n_2} \sum_{j=1}^{n_2} Y_j$，$\mu_1 - \mu_2$ 为总体 X, Y 的期望差。

1. σ_1^2, σ_2^2 都已知

（1）检验假设 $H_0: \mu_1 - \mu_2 = \delta_0; \quad H_1: \mu_1 - \mu_2 \neq \delta_0 (\delta_0$ 为常数）。

（2）选取统计量 $U = \dfrac{(\overline{X} - \overline{Y}) - \delta_0}{\sqrt{\dfrac{\sigma_1^2}{n_1} + \dfrac{\sigma_2^2}{n_2}}} \sim N(0, 1)$。

（3）对显著性水平 α，查表求 $z_{\frac{\alpha}{2}}$，使

$$P(|U| > z_{\frac{\alpha}{2}}) = \alpha.$$

(4) 由样本计算

$$u = \frac{\overline{x} - \overline{y} - \delta_0}{\sqrt{\dfrac{\sigma_1^2}{n_1} + \dfrac{\sigma_2^2}{n_2}}}.$$

(5) 判断：若

$$u < -z_{\frac{\alpha}{2}} \text{ 或 } u > z_{\frac{\alpha}{2}},$$

拒绝 H_0.

$$\quad 若 \qquad -z_{\frac{\alpha}{2}} < u < z_{\frac{\alpha}{2}}, \tag{8.13}$$

接受 H_0.

对于单侧检验，

$$H_0 : \mu_1 - \mu_2 \leqslant \delta_0, \tag{8.14}$$

拒绝域

$$U > z_\alpha.$$

$$又 \qquad H_0 : \mu_1 - \mu_2 \geqslant \delta_0, \tag{8.15}$$

拒绝域

$$U < -z_\alpha.$$

2. σ_1^2, σ_2^2 都未知，但 $\sigma_1^2 = \sigma_2^2 = \sigma^2$，用样本方差代替总体方差

(1) 检验假设 $H_0 : \mu_1 - \mu_2 = \delta_0 ; H_1 : \mu_1 - \mu_2 \neq \delta_0$（$\delta_0$ 为常数）.

(2) 选取统计量 $T = \dfrac{(\overline{X} - \overline{Y}) - \delta_0}{S_p \sqrt{\dfrac{1}{n_1} + \dfrac{1}{n_2}}} \sim t(n_1 + n_2 - 2).$

(3) 对显著性水平 α，查表求 $t_{\frac{\alpha}{2}}(n_1 + n_2 - 2)$，使

$$P(|T| > t_{\frac{\alpha}{2}}(n_1 + n_2 - 2)) = \alpha.$$

(4) 由样本值计算

$$t = \frac{\overline{x} - \overline{y} - \delta_0}{s_p \sqrt{\dfrac{1}{n_1} + \dfrac{1}{n_2}}}.$$

(5) 判断：若

$$t < -t_{\frac{\alpha}{2}}(n_1 + n_2 - 2) \text{ 或 } t > t_{\frac{\alpha}{2}}(n_1 + n_2 - 2),$$

拒绝 H_0.

$$若 \qquad -t_{\frac{\alpha}{2}}(n_1 + n_2 - 2) < t < t_{\frac{\alpha}{2}}(n_1 + n_2 - 2), \tag{8.16}$$

接受 H_0.

对于单侧检验，

$$H_0 : \mu_1 - \mu_2 \leqslant \delta_0,$$

拒绝域

$$T > t_\alpha(n_1 + n_2 - 2). \tag{8.17}$$

$$又 \qquad H_0 : \mu_1 - \mu_2 \geqslant \delta_0,$$

拒绝域

$$T < -t_\alpha(n_1 + n_2 - 2). \tag{8.18}$$

以上讨论如表 8-3 所示.

表 8 - 3　两正态总体期望差检验表

序号	原假设 H_0	H_0 下的检验统计量及分布	备择假设 H_1	H_0 的拒绝域
1	$\mu_1 - \mu_2 = \delta_0$ $\mu_1 - \mu_2 \leqslant \delta_0$ $\mu_1 - \mu_2 \geqslant \delta_0$ (σ_1^2, σ_2^2 已知)	$U = \dfrac{(\overline{X} - \overline{Y}) - \delta_0}{\sqrt{\dfrac{\sigma_1^2}{n_1} + \dfrac{\sigma_2^2}{n_2}}} \sim N(0,1)$	$\mu_1 - \mu_2 \neq \delta_0$ $\mu_1 - \mu_2 > \delta_0$ $\mu_1 - \mu_2 < \delta_0$	$|U| > z_{\frac{\alpha}{2}}$ $U > z_\alpha$ $U < -z_\alpha$
2	$\mu_1 - \mu_2 = \delta_0$ $\mu_1 - \mu_2 \leqslant \delta_0$ $\mu_1 - \mu_2 \geqslant \delta_0$ (σ_1^2, σ_2^2 未知且 $\sigma_1^2 = \sigma_2^2 = \sigma^2$)	$T = \dfrac{(\overline{X} - \overline{Y} - \delta_0)}{S_p \sqrt{\dfrac{1}{n_1} + \dfrac{1}{n_2}}} \sim t(n_1 + n_2 - 2)$ $S_p = \sqrt{\dfrac{(n_1-1)S_1^2 + (n_2-1)S_2^2}{n_1 + n_2 - 2}}$	$\mu_1 - \mu_2 \neq \delta_0$ $\mu_1 - \mu_2 > \delta_0$ $\mu_1 - \mu_2 < \delta_0$	$|T| > t_{\frac{\alpha}{2}}(n_1 + n_2 - 2)$ $T > t_\alpha(n_1 + n_2 - 2)$ $T < t_\alpha(n_1 + n_2 - 2)$

例 8.5　若有两箱灯泡,现从第一箱中取 9 只测试,测得样本平均寿命 1 532 h,样本标准差 423 h;从第二箱中取 18 只测试,测得样本平均寿命 1 412 h,样本标准差 380 h,设两箱灯泡寿命都服从正态分布且方差相等,对显著性水平 $\alpha = 0.05$,检验两箱灯泡平均寿命有无显著差异?

解　可认为第一箱灯泡总体寿命 $X \sim N(\mu_1, \sigma_1^2)$,第二箱灯泡总体寿命 $Y \sim N(\mu_2, \sigma_2^2)$,$X, Y$ 相互独立.

(1) 检验假设 $H_0 : \mu_1 - \mu_2 = 0; H_1 : \mu_1 - \mu_2 \neq 0$.

(2) 由于 σ_1^2, σ_2^2 都未知,但 $\sigma_1^2 = \sigma_2^2 = \sigma^2$,选取统计量

$$T = \frac{(\overline{X} - \overline{Y}) - 0}{S_p \sqrt{\dfrac{1}{n_1} + \dfrac{1}{n_2}}} \sim t(n_1 + n_2 - 2).$$

(3) $n_1 = 9, n_2 = 18, \overline{x} = 1\,532, \overline{y} = 1\,412, s_1 = 423, s_2 = 380$,对显著性水平 $\alpha = 0.05$,查表得(双侧检验):

$$t_{\frac{\alpha}{2}}(n_1 + n_2 - 2) = t_{0.025}(9 + 18 - 2) = 2.059\,5,$$

使　　　　　　$P(|T| > t_{\frac{\alpha}{2}}(n_1 + n_2 - 2)) = \alpha.$

(4) 由样本值计算: $s_p = \sqrt{\dfrac{(9-1) \times 423^2 + (18-1) \times 380^2}{9 + 18 - 2}} = 394.27,$

$$\sqrt{\frac{1}{n_1} + \frac{1}{n_2}} = \sqrt{\frac{1}{9} + \frac{1}{18}} = 0.408\,25,$$

$$\overline{x} - \overline{y} = 1\,532 - 1\,412 = 120,$$

$$s_p \sqrt{\frac{1}{n_1} + \frac{1}{n_2}} = 394.27 \times 0.408\,25 = 160.96,$$

$$T = \frac{(\overline{X} - \overline{Y}) - 0}{S_p \sqrt{\dfrac{1}{n_1} + \dfrac{1}{n_2}}} \sim t(n_1 + n_2 - 2),$$

$$t = \frac{\overline{x} - \overline{y} - 0}{s_p \sqrt{\dfrac{1}{n_1} + \dfrac{1}{n_2}}} = \frac{1\,532 - 1\,412}{394.\,27 \times 0.\,408\,25} = 0.\,745\,5.$$

（5）判断：　　　$|\,t\,| = 0.\,745\,5 < t_{0.025}(25) = 2.\,059\,5,$

故接受 $H_0 : \mu_1 = \mu_2$，即认为两箱灯泡平均寿命无显著差异.

§8.5　两正态总体方差比的假设检验

设总体 $X \sim N(\mu_1, \sigma_1^2)$，$Y \sim N(\mu_2, \sigma_2^2)$ 相互独立，$\dfrac{\sigma_1^2}{\sigma_2^2}$ 为两正态总体方差比，μ_1, μ_2 未知，总体 X 的样本为 $X_1, X_2, \cdots, X_{n_1}$，$Y$ 的样本为 $Y_1, Y_2, \cdots, Y_{n_2}$，并且

$$S_1^2 = \frac{1}{n_1 - 1} \sum_{i=1}^{n_1} (X_i - \overline{X})^2, \qquad S_2^2 = \frac{1}{n_2 - 1} \sum_{j=1}^{n_2} (Y_j - \overline{Y})^2.$$

（1）检验假设 $H_0 : \sigma_1^2 / \sigma_2^2 = 1$，即 $\sigma_1^2 = \sigma_2^2$；$H_1 : \sigma_2^2 \neq \sigma_0^2$.

（2）在 H_0 下，选统计量 $F = \dfrac{S_1^2}{S_2^2} \sim F(n_1 - 1, n_2 - 1)$.

（3）对显著性水平 α，查表求 $F_{\frac{\alpha}{2}}(n_1 - 1, n_2 - 1)$ 及 $F_{1 - \frac{\alpha}{2}}(n_1 - 1, n_2 - 1)$，使

$$P(0 < F < F_{1 - \frac{\alpha}{2}}(n_1 - 1, n_2 - 1)) \bigcup P(F_{\frac{\alpha}{2}}(n_1 - 1, n_2 - 1) < F < +\infty) = \alpha.$$

（4）由样本值计算 $F = \dfrac{S_1^2}{S_2^2}$.

（5）判断：若　　　$F < F_{1 - \frac{\alpha}{2}}(n_1 - 1, n_2 - 1)$ 或 $F > F_{\frac{\alpha}{2}}(n_1 - 1, n_2 - 1),$　　　　(8.19)
则拒绝 H_0.

　　若　　　　　　$F_{1 - \frac{\alpha}{2}}(n_1 - 1, n_2 - 1) < F < F_{\frac{\alpha}{2}}(n_1 - 1, n_2 - 1),$

则接受 H_0. 如图 8-5 所示.

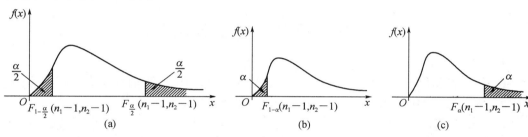

图 8-5

对于单侧检验，

$$H_0 : \sigma_1^2 \leqslant \sigma_2^2 ; H_1 : \sigma_1^2 > \sigma_2^2.$$

H_0 的拒绝域

$$F > F_\alpha(n_1 - 1, n_2 - 1). \tag{8.20}$$

又

$$H_0 : \sigma_1^2 \geqslant \sigma_2^2 ; H_1 : \sigma_1^2 < \sigma_2^2.$$

H_0 的拒绝域

$$F < F_{1-\alpha}(n_1 - 1, n_2 - 1). \tag{8.21}$$

例 8.6　在 §8.4 例 8.5 中检验两箱灯泡使用寿命的方差是否有显著差异.($\alpha = 0.05$)

解　(1)μ_1, μ_2 未知，检验假设 $H_0 : \sigma_1^2 = \sigma_2^2, H_1 : \sigma_1^2 \neq \sigma_2^2$.

(2)$n_1 = 9, n_2 = 18, n_1 - 1 = 8, n_2 - 1 = 17$，取统计量

$$F = \frac{S_1^2}{S_2^2} \sim F(n_1 - 1, n_2 - 1) = F(8, 17).$$

(3)对显著性水平 $\alpha = 0.05$，查表得

$$F_{\frac{\alpha}{2}}(8, 17) = F_{0.025}(8, 17) = 3.06,$$

$$F_{1-\frac{\alpha}{2}}(n_1 - 1, n_2 - 1) = F_{0.975}(8, 17) = \frac{1}{F_{0.025}(17, 8)} = \frac{1}{4.06} = 0.246\,3,$$

使

$$P(0 < F < 0.246\,3 \bigcup 3.06 < F < +\infty) = 0.05.$$

(4)由样本实测值

$$s_1 = 423, s_2 = 380,$$

$$F = \frac{s_1^2}{s_2^2} = \frac{423^2}{380^2} = 1.239.$$

(5)判断：由 $0.246\,3 < 1.239 < 3.06$ 即有

$$F_{0.975}(8, 17) < F < F_{0.025}(8, 17).$$

F 值不在拒绝域内，应接受 H_0，即认为两箱灯泡使用寿命方差无显著差异.

例 8.5 中检验了平均寿命，此例中检验了寿命方差，都无显著差异，可以认为这两箱灯泡是同一批生产的.

§8.6　两种类型的错误

由于假设检验做出判断的依据是一个样本的样本值，即由样本的性质去推断总体的性质.因此，假设检验不可能绝对正确，会出现两种类型的错误.

(1)第一类错误是：原假设 H_0 实际为真时，检验结果却拒绝 H_0，这叫做弃真错误；

(2)第二类错误是：原假设 H_0 实际不真时，检验结果却接受 H_0，这叫做取伪错误.

当然，人们希望犯这两类错误的概率越小越好，当样本容量固定时，一般说来：减少犯一

类错误的概率,往往会增大犯另一类错误的概率. 要同时减少犯两类错误的概率,必须加大样本容量 n.

在实际问题中,希望两类错误都能得到适当的控制,若样本容量给定,一般主要控制第一类错误的概率. 以正态总体 $X \sim N(\mu, \sigma^2)$,方差 σ^2 已知,检验总体均值 μ 为例:

$$H_0: \mu = \mu_0; H_1: \mu \neq \mu_0.$$

统计量　　　　　　　　　　　$$U = \frac{\overline{X} - \mu}{\sigma / \sqrt{n}} \sim N(0, 1).$$

对显著性水平 α,犯第一类错误的概率就是 U 落于拒绝域中的概率,即

$$P(|U| > z_{\frac{\alpha}{2}}) = \alpha,$$

或犯第一类错误的概率 α:

$$P(拒绝 \ H_0 | H_0 \ 为真) = P(|U| > z_{\frac{\alpha}{2}} | \mu = \mu_0) = \alpha,$$

这就是显著性水平 α 的实际意义.

实际问题中,人们将根据实际问题允许犯第一类错误的宽严程度来确定 α 的值. 并称 $\beta = P\{接受 \ H_0 | H_0 \ 不真 \ \mu \neq \mu_0\}$ 为第二类取伪错误的概率,一般作显著性检验时,不考虑第二类错误 β 的大小,主要控制第一类错误 α 的大小.

§8.7　总体分布的假设检验

在实际问题中,人们有时不知道总体的分布,仅仅能掌握的是抽样观测到的数据资料,这就需要根据样本对总体分布进行假设检验. 一般总体分布的假设检验有两种方法,即 χ^2 检验法和科尔莫戈罗夫检验法,本节仅介绍 χ^2 检验法,其具体检验方法是:

(1) 将 n 个样本值按大小顺序排列并等分为 k 个组(每组内的样本点数不得少于 5 个),用 m_i 表示第 i 个区间 $[t_{i-1}, t_i]$ 上的样本点个数,$\frac{m_i}{n}$ 为频率,作频率直方图,以此估出总体 X 的分布,定出 X 的分布函数 $F^*(x)$.

原假设　　　　　　　　　　$$H_0: F(x) = F^*(x).$$

设 $\hat{p}_i = P(t_{i-1} < X \leqslant t_i)$,在 H_0 成立的条件下,有

$$\hat{p}_i = F^*(t_i) - F^*(t_{i-1}), \tag{8.22}$$

研究 $\frac{m_i}{n}$ 与 $\hat{p}_i$ 的差异,即 m_i 与 $n\hat{p}_i$ 的差异程度.

(2) 选统计量

$$\chi^2 = \sum_{i=1}^{k} \frac{(m_i - n\hat{p}_i)^2}{n\hat{p}_i}, \tag{8.23}$$

数学上可以证明,在 H_0 成立的条件下,χ^2 的极限分布是 $\chi^2(k-r-1)$,其中,r 是 $F^*(x)$ 中

待估参数的个数. 一般当 $n \geqslant 50$, 则可按 $\chi^2(k-r-1)$ 分布处理.

（3）对给定的检验水平 α, 查表求 $\chi^2(k-r-1)$ 使

$$P(\chi^2 > \chi^2_\alpha(k-r-1)) = \alpha. \tag{8.24}$$

（4）由样本值求出统计量 χ^2 的具体值.

（5）做出判断：当 $\chi^2 \geqslant \chi^2_\alpha(k-r-1)$ 时, 小概率事件发生, 则拒绝 H_0, 即不能认定总体分布函数 $F(x)$；若 $\chi^2 < \chi^2_\alpha(k-r-1)$, 接受 H_0.

例 8.7　随机抽取了某地区某年一个月新生男婴儿 50 名, 测其体重（单位：g）如下：

2 520	3 540	2 400	3 320	3 120	3 400	2 900	2 420	3 280	3 100
2 980	3 160	3 100	3 460	2 740	3 060	3 700	3 460	3 580	3 100
3 100	3 700	3 280	2 880	3 120	3 800	3 740	2 940	3 580	2 980
3 700	3 460	2 940	3 300	2 980	3 480	3 220	3 060	3 400	2 680
3 340	2 500	2 960	2 900	4 600	2 780	3 340	2 500	3 300	3 640

以 X 表示新生儿的体重, 分析 X 服从什么分布, 并进行假设检验（$\alpha = 0.05$）.

解　（1）根据样本值在数轴上选取 6 个分点：$2\,450, 2\,700, 2\,950, 3\,200, 3\,450, 3\,700$. 将数轴分为 7 个区间：$k=7$（一般 $n=20\sim60$, 小区间数 $6\sim8$, $n=60\sim100$, 小区间数 $8\sim10$, $n=100\sim500$, 小区间数 $10\sim20$）即 $(-\infty, 2\,450], (2\,450, 2\,700], \cdots, (3\,700, +\infty]$. 其中样本的最小值 $x_{\min} = 2\,400$, 最大者 $x_{\max} = 4\,600$, 并给出样本观察值分组频率分布表和直方图（在此省略）, 从直方图曲线初步认为总体 X 服从正态分布.

用样本均值 $\bar{x}$ 和样本方差 s^2 作为总体分布的未知参数 μ 和 σ^2 的估计值. 经计算

$$\hat{\mu} = \bar{x} = 3\,160, \quad \hat{\sigma}^2 = s^2 = 465.5^2.$$

检验假设　　$H_0: X \sim N(3\,160, 465.5^2).$

（2）在 H_0 成立的条件下, 选取统计量

$$\chi^2 = \sum_{i=1}^{k} \frac{(m_i - n\hat{p}_i)^2}{n\hat{p}_i} \sim \chi^2(k-r-1).$$

（3）对 $\alpha=0.05, k=7, r=2$（7 个区间, 2 个未知数）, 查表得

$$\chi^2_{0.05}(7-2-1) = \chi^2_{0.05}(4) = 9.49.$$

（4）计算 X 落在各区间的概率值

$$\hat{p}_1 = F^*(t_1) - 0 = F^*(2\,450) = \Phi\left(\frac{2\,450 - 3\,160}{465.6}\right)$$

$$= \Phi(-1.53) = 1 - 0.937 = 0.063,$$

$$\hat{p}_2 = F^*(t_2) - F^*(t_1) = \Phi\left(\frac{2\,700 - 3\,160}{465.5}\right) - 0.063$$

$$= 0.161 - 0.063 = 0.098,$$

$$\hat{p}_3 = F^*(t_3) - F^*(t_2) = \Phi\left(\frac{2\,950 - 3\,160}{465.5}\right) - 0.161$$

$$= 0.326 - 0.161 = 0.165,$$

$$\hat{p}_4 = F^*(t_4) - F^*(t_3) = \Phi\left(\frac{3\,200 - 3\,160}{465.5}\right) - 0.326$$
$$= 0.536 - 0.326 = 0.210,$$

$$\hat{p}_5 = F^*(t_5) - F^*(t_4) = \Phi\left(\frac{3\,450 - 3\,160}{465.5}\right) - 0.536$$
$$= 0.732 - 0.536 = 0.196,$$

$$\hat{p}_6 = F^*(t_6) - F^*(t_5) = \Phi\left(\frac{3\,700 - 3\,160}{465.5}\right) - 0.732$$
$$= 0.877 - 0.732 = 0.145,$$

$$\hat{p}_7 = 1 - F^*(t_6) = 1 - 0.877 = 0.123,$$

$$\chi^2 = \sum_{i=1}^{7}\frac{(m_i - n\hat{p})^2}{n\hat{p}_i} = \frac{(2 - 50\times0.063)^2}{50\times0.063} + \frac{(5 - 50\times0.098)^2}{50\times0.098} +$$

$$\frac{(7 - 50\times0.165)^2}{50\times0.165} + \frac{(12 - 50\times0.210)^2}{50\times0.210} + \frac{(10 - 50\times0.196)^2}{50\times0.196} +$$

$$\frac{(11 - 50\times0.145)^2}{50\times0.145} + \frac{(3 - 50\times0.123)^2}{50\times0.123}$$

$$= 4.38.$$

(5) 判断:因 $\chi^2 = 4.38 < \chi^2_{0.05}(4) = 9.49$,接受 H_0,即认为男新生儿的体重服从正态分布 $N(3\,160, 465.5^2)$.

习 题 8

1. 已知某炼铁厂含碳量服从正态分布 $N(\mu, 0.108^2)$,现在测定了 9 炉铁水,其平均含碳量为 4.484,若方差没有变化,可否认为现在生产的铁水平均含碳量为 4.55 ($\alpha = 0.05$)?

2. 假设某厂生产一种钢索,其断裂强度 $X(10^5\,Pa)$ 服从正态分布,从中抽取容量为 9 的样本,测得断裂强度值为 793,782,795,802,797,775,768,798,809. 据此样本值能否认为这批钢索的平均断裂强度为 $800\times10^5\,Pa$ ($\alpha = 0.05$)?

3. 某砖瓦厂生产砖的抗断强度 X 服从正态分布,$X \sim N(\mu, 1.1^2)$ 今从砖厂产品中随机地抽取 6 块,测得抗断强度(单位:kg/cm^2)为 32.56, 29.66, 31.64, 30.00, 31.87, 31.03. 检验这批砖的平均抗断强度是否比 $32.50\,kg/cm^2$ 高 ($\alpha = 0.05$)?

4. 某厂生产的乐器所用的一种镍合金弦线的抗拉强度 X 服从正态分布,$X \sim N(\mu, \sigma^2)$,今新生产了一批弦线,随机取 10 根弦线做抗拉试验,测得其抗拉强度(单位:kg/cm^2)为 10 512, 10 623, 10 668, 10 554, 10 776, 10 707, 10 557, 10 581, 10 666, 10 670. 问这批弦线的抗拉强度是否为 $10\,560\,kg/cm^2$ ($\alpha = 0.05$).

5. 5 名测量人员彼此独立地测量同一块土地,分别测量得其面积(km^2)为 1.27, 1.24, 1.20, 1.29, 1.25. 设测量值服从正态分布,由样本值能否说明这块土地面积不超过 $1.25\,km^2$ ($\alpha = 0.05$)?

6. 设某次考试的考生成绩服从正态分布,从中随机地抽取 36 位考生的成绩,算得平均成绩 66.5 分,标准差 15 分,是否可以认为这次考试全体考生的平均成绩为 70 分($\alpha=0.05$)?

7. 机器包装白糖,设每袋白糖的净重服从正态分布,规定每袋白糖标准重量为 500 g,标准差不得超过 10 g,某天开工后,从装好的各袋中随机抽取 9 袋,测得其净重(单位:g)为 497,507,510,475,484,488,524,491,515.问这时包装机工作是否正常($\alpha=0.05$)?

8. 某厂生产的某种型号的电池,其寿命(单位:h)近似服从方差 $\sigma^2=5\,000$ 的正态分布,现新生产一批电池,估计寿命的波动性有所改变.现随机取 26 只电池,测其寿命的样本方差 $s^2=9\,200$,根据这一数据能否推断这批电池的寿命的波动性较以往有显著的变化($\alpha=0.05$).

9. 电工器材厂生产一批保险丝,随机抽 10 根,试验其熔化时间(单位:ms)为 42,65,75,78,71,59,57,68,54,55.设熔化时间服从正态分布,从这批数据是否可以认为整批保险丝的熔化时间的方差小于 8($\alpha=0.05$)?

10. 两台机床加工同一种零件,分别取 9 个和 16 个零件,测得平均长度分别为 62 cm 和 59 cm,设零件长度服从正态分布,两个总体的标准差分别是 5 cm 和 6 cm,根据这些数据能否推断两台机床加工零件长度有显著差异的结论($\alpha=0.05$).

11. 两箱中分别装有甲、乙两厂生产的产品,欲比较它们的重量,甲厂产品重量 $X\sim N(\mu_1,\sigma_1^2)$,乙厂产品重量 $Y\sim N(\mu_2,\sigma_2^2)$.设 $\sigma_1^2=\sigma_2^2$,从 X 中任取 10 件,测得 $\bar{x}=4.95$ kg,样本标准差 $s_1^2=0.07$ kg,从 Y 中抽取 15 件,测得 $\bar{y}=5.02$ kg,样本标准差 $s_2^2=0.12$ kg,检验两厂生产产品的平均重量有无显著差别($\alpha=0.05$)?

12. 在平炉上进行一项试验以确定改变操作方法的建议是否会增加钢的得率,试验是在同一只平炉上进行的.每炼一炉钢除操作方法外,其他条件都尽可能做到相同.先用标准方法然后用新方法交替进行各炼了 10 炉钢,其得率分别为:

(1) 标准方法:78.1,72.4,76.2,74.3,77.4,78.4,76.0,75.5,76.7,77.3;

(2) 新方法:79.1,81.0,77.3,79.1,80.0,79.1,79.1,77.3,80.2,82.1.

设这两个样本相互独立,且分别来自正态总体 $N(\mu_1,\sigma_1^2)$ 和 $N(\mu_2,\sigma_2^2)$,$\sigma_1^2=\sigma_2^2$,μ_1,μ_2 均未知,取 $\alpha=0.05$,检验建议的新方法能否提高得率?

13. 设两个正态分布 $X\sim N(\mu_1,\sigma_1^2)$,$Y\sim N(\mu_2,\sigma_2^2)$.$X,Y$ 相互独立,从总体 X,Y 各取 $n_1=n_2=10$ 的样本进行测试,测得 $\bar{x}=76.32,s_1^2=3.325,\bar{y}=79.43,s_2^2=2.225$ 检验两个总体的方差是否有显著差别($\alpha=0.01$)?

14. 用两种方法研究冰的潜热,样本都取自 $-0.72\,℃$ 的冰,用方法 A 做,取样本容量 $n_1=13$,用方法 B 做,取样本容量 $n_2=8$,测量每克冰从 $-0.72\,℃$ 变为 $0\,℃$ 的水的过程中热量的变化数据,得 $\bar{x}=80.02,s_1^2=5.75\times10^{-4}$(方法 A 测量总体 $X\sim N(\mu_1,\sigma_1^2)$),$\bar{y}=79.98$,$s_2^2=9.86\times10^{-4}$(方法 B 测量总体 $Y\sim N(\mu_2,\sigma_2^2)$),$X,Y$ 相互独立.检验两种方法研究冰的潜热是否有显著差异($\alpha=0.05$)?

第 **9** 章

方差分析及回归分析

在科学试验和生产实践中,影响一个事物的因素往往是多方面的,人们总是要通过试验,观察各种因素的影响.例如,不同型号的机器、不同的原材料、不同的技术人员和不同的操作方法对产品的产量、质量都会有影响.通过试验,从多种可控因素中找出主要因素,通过对主要因素的调整和控制,做到优质高产,解决这个问题的有效方法之一就是方差分析.变量之间的各种关系是客观世界中普遍存在的关系,一般这种关系可分为确定性的与非确定性的.非确定性的关系也称相关关系,例如,人的身高与体重的关系、年龄与血压的关系、农作物产量与降雨量的关系等.回归分析是研究相互关系的有效方法之一,利用回归分析还可以达到预测和控制的目的.

方差分析和回归分析在数理统计中具有广泛的应用价值,本章对其最基本内容作简单介绍.

§9.1　单因素试验的方差分析

在试验中,人们将要考察的产品的产量、性能称为指标,影响指标的条件称为因素,因素所处的不同状态称为水平.本节讨论仅有一个因素即单因素试验的方差分析.

设单因素 A 有 a 个不同水平 $A_1, A_2, \cdots, A_a$,在水平 $A_i(i=1,2,\cdots,a)$ 下,进行了 n_i 次 $(n_i \geqslant 2)$ 独立试验,得试验指标的观察值,如表 9-1 所示.

假定在各水平 $A_i(i=1,2,\cdots,a)$ 下的样本 $X_{i1}, X_{i2}, \cdots, X_{in}$ 来自具有相同方差 σ^2,均值分别为 μ_i 的正态分布 $X_i \sim N(\mu_i, \sigma^2)$,其中,$\mu_i, \sigma^2$ 未知,且假设不同水平 A_i 下的样本之间相互独立.

取单因素试验方差分析的数学模型为

表 9-1

水平 \ 次数	1	2	$\cdots$	n_i
A_1	x_{11}	x_{12}	$\cdots$	x_{1n_i}
A_2	x_{21}	x_{22}	$\cdots$	x_{2n_i}
$\vdots$	$\vdots$	$\vdots$		$\vdots$
A_a	x_{a1}	x_{a2}	$\cdots$	x_{an_i}

$$X_{ij} = \mu_i + \varepsilon_{ij}, \quad i = 1, 2, \cdots, a, j = 1, 2, \cdots, n_i. \left.\right\}$$
$$\varepsilon_{ij} \sim N(0, \sigma^2), \text{各} \varepsilon_{ij} \text{ 相互独立}. \tag{9.1}$$

方差分析的任务是对于数学模型:

(1) 检验 a 个总体 $N(\mu_i, \sigma^2)(i=1, \cdots, a)$ 中的各 μ_i 均值是否相同, 即检验假设

$$H_0 : \mu_1 = \mu_2 = \cdots = \mu_a; H_1 : \mu_1, \mu_2, \cdots, \mu_a \text{ 至少有一对不相等}. \tag{9.2}$$

(2) 做出未知参数 $\mu_1, \mu_2, \cdots, \mu_a, \sigma^2$ 的估计,

令　　　　　　$$\mu = \frac{1}{n} \sum_{i=1}^{a} n_i \mu_i, \tag{9.3}$$

即 μ_i 的加权平均值为总平均值, $n = \sum_{i=1}^{a} n_i.$ $\tag{9.3}$

又令　　　　　　$$\delta_i = \mu_i - \mu \tag{9.4}$$

为第 i 个水平 A_i 的效应, $\sum_{i=1}^{a} n_i \delta_i = 0$, 则数学模型变为

$$X_{ij} = \mu + \delta_i + \varepsilon_{ij}, i = 1, 2, \cdots, a, j = 1, 2, \cdots, n_i, \left.\right\}$$
$$\varepsilon_{ij} \sim N(0, \sigma^2), \text{各} \varepsilon_{ij} \text{ 相互独立}. \tag{9.5}$$

$$\sum_{i=1}^{a} n_i \delta_i = 0.$$

检验假设等价于

$$H_0 : \delta_1 = \delta_2 = \cdots = \delta_a = 0; \left.\right\}$$
$$H_1 : \delta_1, \delta_2, \cdots, \delta_a, \text{不全为零}. \tag{9.6}$$

1. 总平方和的分解

记在 A_i 水平下的样本均值为

$$\bar{x}_{i \cdot} = \frac{1}{n_i} \sum_{j=1}^{n_i} x_{ij}. \tag{9.7}$$

样本数据的总平均值为

$$\bar{x} = \frac{1}{n} \sum_{i=1}^{a} \sum_{j=1}^{n_i} x_{ij}. \tag{9.8}$$

总的离差平方和为

$$S_T = \sum_{i=1}^{a} \sum_{j=1}^{n_i} (x_{ij} - \bar{x})^2. \tag{9.9}$$

表示所有实测数据与总平均值差异的平方和, 将其分解得

$$S_T = \sum_{i=1}^{a} \sum_{j=1}^{n_i} \left[(x_{ij} - \overline{x}_{i.}) + (\overline{x}_{i.} - \overline{x}) \right]^2$$
$$= \sum_{i=1}^{a} \sum_{j=1}^{n_i} (x_{ij} - \overline{x}_{i.})^2 + \sum_{i=1}^{a} \sum_{j=1}^{n_i} (\overline{x}_{i.} - \overline{x})^2 + 2 \sum_{i=1}^{a} \sum_{j=1}^{n_i} (x_{ij} - \overline{x}_{i.})(\overline{x}_{i.} - \overline{x}).$$

易证第三项为零.

记
$$S_A = \sum_{i=1}^{a} \sum_{j=1}^{n_i} (\overline{x}_{i.} - \overline{x})^2 = \sum_{i=1}^{a} n_i (\overline{x}_{i.} - \overline{x})^2$$
$$= \sum_{i=1}^{a} n_i \, \overline{x}_{i.}^2 - n\overline{x}^2 , \tag{9.10}$$

表示在 A_i 水平下的样本均值和总平均值离差平方和,也称组间离差平方和.

又记
$$S_E = \sum_{i=1}^{a} \sum_{j=1}^{n_i} (x_{ij} - \overline{x}_{i.})^2 , \tag{9.11}$$

表示在 A_i 水平下的样本值和样本均值的离差平方和,也称组内离差平方和,它是由随机误差引起的,故也称误差平方和.

由上式则有

$$S_T = S_A + S_E , \tag{9.12}$$

即总的离差平方和可以分解成组间离差平方和与误差平方和之和.

2. 统计分析

(1) 由 $X_{ij} \sim N(\mu_i, \sigma^2)$,总离差平方和 S_T 改为

$$S_T = \sum_{i=1}^{a} \sum_{j=1}^{n_i} (X_{ij} - \overline{X})^2 = (n-1)S^2 ,$$

S^2 是样本方差,

$$S^2 = \frac{1}{n-1} \sum_{i=1}^{a} \sum_{j=1}^{n_i} (X_{ij} - \overline{X})^2 .$$

又
$$\frac{(n-1)S^2}{\sigma^2} \sim \chi^2(n-1) ,$$

故有
$$\frac{S_T}{\sigma^2} \sim \chi^2(n-1), \quad E(S_T) = (n-1)\sigma^2 . \tag{9.13}$$

(2)
$$S_E = \sum_{i=1}^{a} \sum_{j=1}^{n_i} (X_{ij} - \overline{X}_{i.})^2 = \sum_{i=1}^{a} (n_i - 1)S_i^2 ,$$

S_i^2 是在 A_i 水平下的样本方差,即

$$S_i^2 = \frac{1}{n_i - 1} \sum_{j=1}^{n_i} (X_{ij} - \overline{X}_{i.})^2 .$$

由
$$\frac{(n_i - 1)S_i^2}{\sigma^2} \sim \chi^2(n_i - 1) ,$$

又由 χ^2 分布具有可加性

$$\frac{S_E}{\sigma^2} = \sum_{i=1}^{a} \frac{(n_i-1)S_i^2}{\sigma^2} \sim \chi^2 \left(\sum_{i=1}^{a} (n_i-1) \right),$$

即

$$\frac{S_E}{\sigma^2} \sim \chi^2(n-a), \tag{9.14}$$

故有

$$E(S_E) = (n-a)\sigma^2 \ \text{或}\ E\left(\frac{S_E}{n-a}\right) = \sigma^2.$$

上式可作为方差 σ^2 的估计,即

$$\hat{\sigma}^2 = \frac{S_E}{n-a}.$$

(3) 可以证明 S_A 与 S_E 相互独立,当 $H_0: \delta_i = 0 (i=1,2,\cdots,a)$ 成立时,

$$\frac{S_A}{\sigma^2} \sim \chi^2(a-1), \tag{9.15}$$

$$E(S_A) = (a-1)\sigma^2.$$

(4) 在 H_0 成立的条件下,取统计量

$$F = \frac{\frac{S_A}{\sigma^2}/(a-1)}{\frac{S_E}{\sigma^2}/(n-a)} = \frac{S_A/(a-1)}{S_E/(n-a)} \sim F(a-1, n-a). \tag{9.16}$$

对于给定的显著性水平 α,查表求出 $F_\alpha(a-1,n-a)$ 的值,由样本值计算出 S_A, S_E,从而算出 F 值.

若 S_A 偏大,S_E 偏小,说明因素 A 在各水平 A_i 下组间离差平方和偏大,即因素 A 取不同水平对指标影响大,又随机误差平方和 S_E 偏小,F 越大,说明因素 A 的作用越显著,其判断方法如下:若 $F > F_\alpha(a-1,n-a)$,则拒绝 H_0,因素 A 作用显著;若 $F < F_\alpha(a-1,n-a)$,则接受 H_0,因素 A 作用不显著.

3. 单因素方差分析表

(1) 为计算方便,一般采用以下简便计算公式

$$x_{i.} = \sum_{j=1}^{n_i} x_{ij}, i=1,2,\cdots,a,$$

$$x_{..} = \sum_{i=1}^{a} \sum_{j=1}^{n_i} x_{ij},$$

$$\left.\begin{array}{l} S_T = \displaystyle\sum_{i=1}^{a} \sum_{j=1}^{n_i} x_{ij}^2 - \frac{x_{..}^2}{n}, \\[2mm] S_A = \displaystyle\sum_{i=1}^{a} \frac{x_{i.}^2}{n_i} - \frac{x_{..}^2}{n}, \\[2mm] S_E = S_T - S_A. \end{array}\right\} \tag{9.17}$$

则有

（2）记

$$MS_A = \frac{S_A}{a-1},$$

$$MS_E = \frac{S_E}{n-a}$$

为均方差平方和，则

$$F = \frac{MS_A}{MS_E} \sim F(a-1, n-a). \tag{9.18}$$

（3）将以上分析过程和结果，列成一个简洁表格，称为单因素方差分析表，如表 9-2 所示.

表 9-2 单因素方差分析表

方差来源	平方和	自由度	均方	F 比
因素 A	S_A	$a-1$	$MS_A = \dfrac{S_A}{a-1}$	$F = \dfrac{MS_A}{MS_E}$
误差 E	S_E	$n-a$	$MS_E = \dfrac{S_E}{n-a}$	
总和 T	S_T	$n-1$		

例 9.1 设有 3 台机器生产规格相同的铝合金薄板，现从生产出的薄板中取 5 块，测得厚度值，如表 9-3 所示.

表 9-3

机器 i	厚度测量				
1	2.36	2.38	2.48	2.45	2.43
2	2.57	2.53	2.55	2.54	2.61
3	2.58	2.64	2.59	2.67	2.62

各测量值服从同方差正态分布，分析各机器生产的薄板厚度有无显著差异（$\alpha = 0.05$）？不同机器对薄板加工有无显著影响？

解： $H_0: \mu_1 = \mu_2 = \mu_3$；$H_1: \mu_1, \mu_2, \mu_3$ 不全相等.

$$x_1. = \sum_{j=1}^{5} x_{1j} = (2.36 + \cdots + 2.43) = 12.1, x_2. = 12.8, x_3. = 13.1,$$

$$x.. = 2.36 + \cdots + 2.62 = 38,$$

$$S_T = \sum_{i=1}^{3} \sum_{j=1}^{5} x_{ij}^2 - \frac{1}{15} x..^2 = 96.391\,2 - \frac{1}{15} \times 38^2 = 0.124\,5,$$

$$S_A = \frac{1}{5}(12.1^2 + 12.8^2 + 13.1^2) - \frac{1}{15} \times 38^2$$

$$= 96.372 - \frac{1\,444}{15} = 0.105\,3,$$

$$S_E = S_T - S_A = 0.124\,5 - 0.105\,3 = 0.019\,2.$$

方差分析如表 9-4 所示.

表 9 - 4

方差来源	平方和	自由度	均方	F 比
因素 A	$S_A = 0.1053$	2	$MS_A = 0.05265$	$F = 32.85$
误差 E	$S_E = 0.0192$	12	$MS_E = 0.0016$	
总和 T	$S_T = 0.1245$	14		

对显著性水平 $\alpha = 0.05$,查表得 $F_{0.05}(2,12) = 3.89$.

由 $F = 32.85 > F_{0.05}(2,12) = 3.89$,拒绝原假设 H_0,接受 $H_1 : \mu_i = \mu_j$,即不同机器生产规格相同的铝合金薄板厚度有显著差异.

§9.2　双因素试验的方差分析

若影响指标的因素有两个,称为双因素.在双因素试验中,每个因素对指标有单独的影响,同时还存在着两个因素联合对试验指标的影响,这种联合影响称为交叉作用.为简化讨论,首先考虑无交互作用的情况,再考虑有交叉作用的双因素方差分析.若双因素交互作用影响很小,也可按无交互作用分析.

一、无交互作用的方差分析

设影响试验指标的两个因素为 A,B,因素 A 有 a 个水平 $A_1, A_2, \cdots, A_a$,因素 B 有 b 个水平 $B_1, B_2, \cdots, B_b$,对每一种组合水平 $(A_i, B_j)(i = 1,2,\cdots,a, j = 1,2,\cdots,b)$ 做一次不重复试验,得试验指标的观察值,如表 9 - 5 所示.

设 ab 个样本 $X_{ij} \sim N(\mu_{ij}, \sigma^2)$,即均值为 μ_{ij},方差皆为 σ^2 的正态分布,且各 X_{ij} 相互独立,$i = 1,2,\cdots,a, j = 1,2,\cdots,b$.

表 9 - 5

次数 水平	B_1	B_2	$\cdots$	B_j	$\cdots$	B_b	$x_i.$
A_1	x_{11}	x_{12}	$\cdots$	x_{1j}	$\cdots$	x_{1b}	$x_1.$
A_2	x_{21}	x_{22}	$\cdots$	x_{2j}	$\cdots$	x_{2b}	$x_2.$
$\vdots$	$\vdots$	$\vdots$		$\vdots$		$\vdots$	$\vdots$
A_i	x_{i1}	x_{i2}	$\cdots$	x_{ij}	$\cdots$	x_{ib}	$x_i.$
$\vdots$	$\vdots$	$\vdots$		$\vdots$		$\vdots$	$\vdots$
A_a	x_{a1}	x_{a2}	$\cdots$	x_{aj}		x_{ab}	$x_a.$
$x.j$	$x._1$	$x._2$	$\cdots$	$x._j$	$\cdots$	$x._b$	$x..$

由于 $X_{ij} - \mu_{ij} = \varepsilon_{ij}$ 可视为随机误差,故可取双因素方差分析的线性统计模型为

$$\left. \begin{array}{l} X_{ij} = \mu_{ij} + \varepsilon_{ij}, i = 1,2,\cdots,a, j = 1,2,\cdots,b, \\ \varepsilon_{ij} \sim N(0,\sigma^2), 各 \varepsilon_{ij} 相互独立. \end{array} \right\}$$

(9.19)

设
$$\mu_{ij} = \mu + \alpha_i + \beta_j,$$

其中，$\mu = \dfrac{1}{ab} \sum\limits_{i=1}^{a} \sum\limits_{j=1}^{b} \mu_{ij}$ 为总平均值，α_i 为因素 A 的第 i 个水平 A_i 的效应，β_j 为因素 B 的第 j 个水平 B_j 的效应.

又记
$$\mu_{i.} = \frac{1}{b} \sum_{j=1}^{b} \mu_{ij}, \alpha_i = \mu_{i.} - \mu, i = 1, 2, \cdots, a,$$

则
$$\sum_{i=1}^{a} \alpha_i = \sum_{i=1}^{a} \mu_{i.} - a\mu = \frac{1}{b} \sum_{i=1}^{a} \sum_{j=1}^{b} \mu_{ij} - \frac{1}{b} \sum_{i=1}^{a} \sum_{j=1}^{b} \mu_{ij} = 0.$$

记
$$\mu_{.j} = \frac{1}{a} \sum_{i=1}^{a} \mu_{ij}, \beta_j = \mu_{.j} - \mu, j = 1, 2, \cdots, b,$$

同理，有
$$\sum_{j=1}^{b} \beta_j = 0,$$

则式(9.19)可以化为以下线性统计模型

$$\left.\begin{array}{l} X_{ij} = \mu_{ij} + \varepsilon_{ij}, i = 1, 2, \cdots, a, j = 1, 2, \cdots, b, \\ \varepsilon_{ij} \sim N(0, \sigma^2), \text{各 } \varepsilon_{ij} \text{ 相互独立,} \\ \sum\limits_{i=1}^{a} \alpha_i = 0, \sum\limits_{j=1}^{b} \beta_j = 0, \end{array}\right\} \qquad (9.20)$$

其中，$\mu, \alpha_i, \beta_j, \sigma^2$ 都是未知参数.

式(9.20)即为所要研究的双因素试验无交互作用的方差分析的数学模型，对该模型，还需检验以下两个假设.

$$\left.\begin{array}{l} H_{A0}: \alpha_1 = \alpha_2 = \cdots = \alpha_a = 0, \\ H_{A1}: \alpha_1, \alpha_2, \cdots, \alpha_a \text{ 至少有一个不为零;} \\ H_{B0}: \beta_1 = \beta_2 = \cdots = \beta_b = 0, \\ H_{B1}: \beta_1, \beta_2, \cdots, \beta_b \text{ 至少有一个不为零.} \end{array}\right\} \qquad (9.21)$$

1. 总平方和的分解

记因素 A 在水平 A_i 下的样本均值为

$$\bar{x}_{i.} = \frac{1}{b} \sum_{j=1}^{b} x_{ij}. \qquad (9.22)$$

因素 B 在水平 B_j 下的样本均值为

$$\bar{x}_{.j} = \frac{1}{a} \sum_{i=1}^{a} x_{ij}. \qquad (9.23)$$

样本数据的总平均值为

$$\bar{x} = \frac{1}{ab} \sum_{i=1}^{a} \sum_{j=1}^{b} x_{ij}, \ x.. = \sum_{i=1}^{a} \sum_{j=1}^{b} x_{ij}. \qquad (9.24)$$

总离差平方和为

$$S_T = \sum_{i=1}^{a} \sum_{j=1}^{b} (x_{ij} - \overline{x})^2, \tag{9.25}$$

可以证明

$$S_T = S_A + S_B + S_E, \tag{9.26}$$

其中

$$S_A = b \sum_{i=1}^{a} (\overline{x}_{i\cdot} - \overline{x})^2, \tag{9.27}$$

$$S_B = a \sum_{j=1}^{b} (\overline{x}_{\cdot j} - \overline{x})^2, \tag{9.28}$$

$$S_E = \sum_{i=1}^{a} \sum_{j=1}^{b} (x_{ij} - \overline{x}_{i\cdot} - \overline{x}_{\cdot j} + \overline{x})^2. \tag{9.29}$$

S_A 表示因素 A 效应平方和,即因素 A 在不同水平 A_i 下对试验指标的影响,也称 A 因素组间平方和.

S_B 表示因素 B 效应平方和,即因素 B 在不同水平 B_j 下对试验指标的影响,也称 B 因素组间平方和.

S_E 为误差平方和,即组内平方和,是由于样本观察值的随机误差引起的.

2. 离差平方和的统计分析

可以证明在统计检验假设 H_0 都成立的条件下,有

$$\frac{S_T}{\sigma^2} = \frac{1}{\sigma^2} \sum_{i=1}^{a} \sum_{j=1}^{b} (X_{ij} - \overline{X})^2 \sim \chi^2 (ab - 1), \tag{9.30}$$

$$\frac{S_A}{\sigma^2} = \frac{b}{\sigma^2} \sum_{i=1}^{a} (\overline{X}_{i\cdot} - \overline{X})^2 \sim \chi^2 (a - 1), \tag{9.31}$$

$$\frac{S_B}{\sigma^2} = \frac{a}{\sigma^2} \sum_{j=1}^{b} (\overline{X}_{\cdot j} - \overline{X})^2 \sim \chi^2 (b - 1), \tag{9.32}$$

$$\frac{S_E}{\sigma^2} = \frac{1}{\sigma^2} \sum_{i=1}^{a} \sum_{j=1}^{b} (X_{ij} - \overline{X}_{i\cdot} - \overline{X}_{\cdot j} + \overline{X})^2 \sim \chi^2 [(a-1)(b-1)]. \tag{9.33}$$

记

$$\left. \begin{array}{l} MS_A = \dfrac{S_A}{a-1}, \\[2mm] MS_B = \dfrac{S_B}{b-1}, \\[2mm] MS_E = \dfrac{S_E}{(a-1)(b-1)} \end{array} \right\} \tag{9.34}$$

为均方和,则

$$F_A = \frac{\frac{S_A}{\sigma^2}/(a-1)}{\frac{S_E}{\sigma^2}/(a-1)(b-1)}$$

$$= \frac{MS_A}{MS_E} \sim F[(a-1),(a-1)(b-1)], \tag{9.35}$$

$$F_B = \frac{\frac{S_B}{\sigma^2}/(a-1)}{\frac{S_E}{\sigma^2}/(a-1)(b-1)}$$

$$= \frac{MS_B}{MS_E} \sim F[(b-1),(a-1)(b-1)]. \tag{9.36}$$

由样本值可以计算出 F_A, F_B 的值,对显著性水平 α,可查出 $F[(a-1),(a-1)(b-1)]$, $F[(b-1),(a-1)(b-1)]$ 的值.

若 F_A 大,一般 S_A 也偏大,说明 A 因素取不同水平对试验指标影响显著,即 A 因素作用显著,当 $F_A > F_\alpha[(a-1),(a-1)(b-1)]$,拒绝 H_{A0},否则接受 H_{A0}.

同理,F_B 大,B 因素作用显著,若 $F_B > F_\alpha[(b-1),(a-1)(b-1)]$,拒绝 H_{B0},否则接受 H_{B0}.

3. 方差分析表

(1) 实际计算时,一般可采用以下简便计算公式

$$\left. \begin{array}{l} S_T = \sum\limits_{i=1}^{a} \sum\limits_{j=1}^{b} x_{ij}^2 - \dfrac{x_{..}^2}{ab}, \\[2mm] S_A = \sum\limits_{i=1}^{a} \dfrac{1}{b} x_{i\cdot}^2 - \dfrac{x_{..}^2}{ab}, \\[2mm] S_B = \sum\limits_{j=1}^{b} \dfrac{1}{a} x_{\cdot j}^2 - \dfrac{x_{..}^2}{ab}, \\[2mm] S_E = S_T - S_A - S_B. \end{array} \right\} \tag{9.37}$$

(2) 双因素无交叉作用方差分析表如表 9-6 所示.

表 9-6

方差来源	平方和	自由度	均方	F 比
因素 A	S_A	$a-1$	$MS_A = \dfrac{S_A}{a-1}$	$F_A = \dfrac{MS_A}{MS_E}$
因素 B	S_B	$b-1$	$MS_B = \dfrac{S_B}{b-1}$	$F_B = \dfrac{MS_B}{MS_E}$
因素 E	S_E	$(a-1)(b-1)$	$MS_E = \dfrac{S_E}{(a-1)(b-1)}$	
总和 T	S_T	$ab-1$		

例 9.2　设有一熟练工人,用 4 种不同的机器在 6 种不同的运转速度下生产同一种零件,各处记录 1 h 内生产的零件数,如表 9-7 所示(小数点后的数是由最后一个零件完成程度而定,$x_{..}$,$x_{i\cdot}$,$x_{\cdot j}$ 经计算已列入表最后一列及最后一行).设各水平搭配下产量总体服

从同方差正态分布,试分析机器运转速度对产量有无显著影响($\alpha = 0.05$)?

表 9 - 7

机器 ＼ 速度	1	2	3	4	5	6	$x_i.$
1	42.5	39.3	39.6	39.9	42.9	43.6	247.8
2	39.5	40.1	40.5	42.3	42.5	43.1	248.0
3	40.2	40.5	41.3	43.4	44.9	45.1	255.4
4	41.3	42.2	43.5	44.2	45.9	42.3	259.4
$x._j$	163.5	162.1	164.9	169.8	176.2	174.1	$x.. = 1\,010.6$

解　这是一个双因素试验,不考虑交互作用的方差分析,设零件产量为

$$X_{ij} = \mu + \alpha_i + \beta_j + \varepsilon_{ij}, i = 1, 2, \cdots, 4, j = 1, \cdots, 6,$$

$$\varepsilon_{ij} \sim N(0, \sigma^2) \text{ 且相互独立.}$$

原假设　　　　$H_{A0}: \alpha_1 = \alpha_2 = \alpha_3 = \alpha_4 = 0 (A \text{ 表示机器})$;

　　　　　　　$H_{B0}: \beta_1 = \beta_2 = \cdots = \beta_6 = 0 (B \text{ 表示运转速度}).$

备择假设　　　$H_{A1}: \alpha_i \neq 0$, 至少有一个 i;

　　　　　　　$H_{B1}: \beta_j \neq 0$, 至少有一个 j.

样本数 $a = 4, b = 6, ab = 24.$

$$S_T = \sum_{i=1}^{4} \sum_{j=1}^{6} x_{ij}^2 - \frac{x..^2}{24} = 42.5^2 + \cdots + 42.3^2 - \frac{1}{24} \times 1\,021\,312.36$$
$$= 42\,638.02 - 42\,554.68 = 83.34,$$

$$S_A = \sum_{i=1}^{4} \frac{1}{6} x_i.^2 - \frac{x..^2}{12} = 42\,571.06 - 42\,554.68 = 16.38,$$

$$S_B = \sum_{j=1}^{6} \frac{1}{4} x._j^2 - \frac{x..^2}{12} = 42\,597.49 - 42\,554.68 = 42.81,$$

$$S_E = S_T - S_A - S_B = 83.34 - 16.38 - 42.81 = 24.15.$$

其方差分析如表 9 - 8 所示.

表 9 - 8

方差来源	平方和	自由度	均匀	F 比
机器 A	$S_A = 16.38$	3	$MS_A = 5.84$	$F_A = \dfrac{MS_A}{MS_E} = 3.40$
运转速度 B	$S_B = 42.81$	5	$MS_B = 8.562$	$F_B = \dfrac{MS_B}{MS_E} = 5.35$
误差 E	$S_E = 24.15$	15	$MS_E = 1.16$	
总和 T	$S_T = 83.34$	23		

对显著性水平 $\alpha = 0.05$,查出 $F_{0.05}(3, 15) = 3.29$,由 $F_A > F_{0.05}(3, 15) = 3.29$,拒绝 H_{A0},即不同的机器对产量有显著影响.

又查出 $F_{0.05}(5,15)=2.90$,由 $F_B=5.35>F_{0.05}(5,15)=2.90$,拒绝原 H_{B0},即不同的运转速度对产量也有显著影响.

二、有交互作用的方差分析

设影响试验指标的因素有 A,B 两个.因素 A 有 a 个水平:$A_1,A_2,\cdots,A_a$.因素 B 有 b 个水平:$B_1,B_2,\cdots,B_b$.为研究因素 A,B 及交互作用对试验指标的影响,在每一种组合水平 (A_i,B_j) 下重复做 n 次($n\geqslant2$)试验,每个观察值 x_{ijk} 的结果如表 9-9 所示.

设 abn 个样本 $X_{ijk}\sim N(\mu_{ij},\sigma^2)$,$i=1,2,\cdots,a,j=1,2,\cdots,b,k=1,2,\cdots,n$,各 X_{ijk} 相互独立,并设

$$\mu_{ij}=\mu+\alpha_i+\beta_j+\gamma_{ij},$$

其中 $\mu=\dfrac{1}{abn}\sum\limits_{i=1}^{a}\sum\limits_{j=1}^{b}\sum\limits_{k=1}^{n}x_{ijk}$ 为总平均值,α_i 为水平 A_i 的效应,β_j 为水平 B_j 的效应,γ_{ij} 是水平 A_i 和水平 B_j 的交互作用的效应,且有表 9-9.

表 9-9

A_i \ B_j	B_1				B_2				$\cdots$	B_b			
A_1	x_{111}	x_{112}	$\cdots$	x_{11n}	x_{121}	x_{122}	$\cdots$	x_{12n}	$\cdots$	x_{1b1}	x_{1b2}	$\cdots$	x_{1bn}
A_2	x_{211}	x_{212}	$\cdots$	x_{21n}	x_{221}	x_{222}	$\cdots$	x_{22n}	$\cdots$	x_{2b1}	x_{2b2}	$\cdots$	x_{2bn}
$\vdots$	$\vdots$	$\vdots$	$\vdots$	$\vdots$	$\vdots$	$\vdots$	$\vdots$	$\vdots$	$\vdots$	$\vdots$	$\vdots$	$\vdots$	$\vdots$
A_a	x_{a11}	x_{a12}	$\cdots$	a_{a1n}	x_{a21}	x_{a22}	$\cdots$	x_{a2n}	$\cdots$	x_{ab1}	x_{ab2}	$\cdots$	x_{abn}

$$\sum_{i=1}^{a}\alpha_i=0,\ \sum_{j=1}^{b}\beta_j=0,\ \sum_{i=1}^{a}\gamma_{ij}=0,\ \sum_{j=1}^{b}\gamma_{ij}=0.$$

故双因素有交互作用的方差分析的统计模型为

$$\left.\begin{aligned}
&X_{ijk}=\mu+\alpha_i+\beta_j+\gamma_{ij}+\varepsilon_{ijk},\\
&\varepsilon_{ijk}\sim N(0,\sigma^2),\text{且各 }\varepsilon_{ijk}\text{ 相互独立},\\
&i=1,2,\cdots,a,j=1,2,\cdots,b,k=1,2,\cdots,n,\\
&\sum_{i=1}^{a}\alpha_i=0,\sum_{j=1}^{b}\beta_j=0,\sum_{i=1}^{a}\gamma_{ij}=0,\sum_{j=1}^{b}\gamma_{ij}=0,
\end{aligned}\right\}\qquad(9.38)$$

其中,$\mu,\alpha_i,\beta_j,\gamma_{ij}$ 和 σ^2 都是未知参数.

对式(9.37)需检验以下假设:

$$\left.\begin{aligned}
&H_{A0}:\alpha_1=\alpha_2=\cdots=\alpha_a=0,\\
&H_{A1}:\alpha_1,\alpha_2,\cdots,\alpha_a\text{ 至少有一个不为零},\\
&H_{B0}:\beta_1=\beta_2=\cdots=\beta_b=0,\\
&H_{B1}:\beta_1,\beta_2,\cdots,\beta_b\text{ 至少有一个不为零},\\
&H_{A\times B0}:\gamma_{ij}=0,i=1,2,\cdots,a,\quad j=1,2,\cdots,b,\\
&H_{A\times B1}:\gamma_{ij}\text{ 中至少有一个不为零},
\end{aligned}\right\}\qquad(9.39)$$

其中,$H_{A \times B0}$表示因素A和因素B交互作用的原假设,$H_{A \times B1}$表示备择假设.

1. 总平方和的分解

记

$$x_{...} = \sum_{i=1}^{a} \sum_{j=1}^{b} \sum_{k=1}^{n} x_{ijk}, \bar{x} = \frac{1}{abn} x_{...},$$

$$x_{ij.} = \sum_{k=1}^{n} x_{ijk}, \bar{x}_{ij.} = \frac{1}{n} x_{ij.}, i = 1, 2, \cdots, a, j = 1, 2, \cdots, b,$$

$$x_{i..} = \sum_{j=1}^{b} \sum_{k=1}^{n} x_{ijk}, \bar{x}_{i..} = \frac{1}{bn} x_{i..}, i = 1, 2, \cdots, a,$$

$$x_{.j.} = \sum_{i=1}^{a} \sum_{k=1}^{n} x_{ijk}, \bar{x}_{.j.} = \frac{1}{an} x_{.j.}, j = 1, 2, \cdots, b.$$

总离差平方和

$$S_T = \sum_{i=1}^{a} \sum_{j=1}^{b} \sum_{k=1}^{n} (x_{ijk} - \bar{x})^2.$$

将其分解,可证明

$$S_T = S_A + S_B + S_{A \times B} + S_E, \tag{9.40}$$

其中,

$$\left.\begin{aligned}
S_A &= bn \sum_{i=1}^{a} (\bar{x}_{i..} - \bar{x})^2, \\
S_B &= an \sum_{j=1}^{b} (\bar{x}_{.j.} - \bar{x})^2, \\
S_{A \times B} &= n \sum_{i=1}^{a} \sum_{j=1}^{b} (\bar{x}_{ij.} - \bar{x}_{i..} - \bar{x}_{.j.} + \bar{x})^2, \\
S_E &= \sum_{i=1}^{a} \sum_{j=1}^{b} \sum_{k=1}^{n} (x_{ijk} - \bar{x}_{ij.})^2.
\end{aligned}\right\} \tag{9.41}$$

S_E为误差平方和,S_A,S_B分别为因素A,因素B的效应平方和,$S_{A \times B}$称为因素A,B交互效应平方和.

2. 统计分析

可以证明S_T的自由度为$(abn-1)$,S_A的自由度为$(a-1)$,S_B的自由度为$(b-1)$,$S_{A \times B}$的自由度为$(a-1)(b-1)$,S_E的自由度为$ab(n-1)$,都服从χ^2分布.

其均方值分别为

$$\left.\begin{aligned}
MS_A &= \frac{S_A}{a-1}, \\
MS_B &= \frac{S_B}{b-1}, \\
MS_{A \times B} &= \frac{S_{A \times B}}{(a-1)(b-1)}, \\
MS_E &= \frac{S_E}{ab(n-1)}.
\end{aligned}\right\} \tag{9.42}$$

当 H_{A0} 成立时,取统计量

$$F_A = \frac{MS_A}{MS_E} \sim F[a-1, ab(n-1)], \quad (9.43)$$

对显著性水平 α,得 H_{A0} 的拒绝域为 $F_A > F_\alpha[a-1, ab(n-1)]$. $\quad (9.44)$

若 F_A 值在拒绝域内,说明因素 A 对指标有显著影响.

当 H_{B0} 成立时,取统计量

$$F_B = \frac{MS_B}{MS_E} \sim F[b-1, ab(n-1)]. \quad (9.45)$$

对显著性水平 α,得 H_{B0} 的拒绝域为

$$F_B > F_\alpha[b-1, ab(n-1)]. \quad (9.46)$$

若 F_B 值在拒绝域内,说明因素 B 对指标有显著影响.

类似地,$H_{A\times B}$ 的拒绝域为

$$F_{A\times B} > F_\alpha[(a-1)(b-1), ab(n-1)], \quad (9.47)$$

若 $F_{A\times B} = \dfrac{MS_{A\times B}}{MS_E}$ 值在拒绝域内,说明因素 A 和因素 B 的交互作用对指标有显著影响.

3. 方差分析表

(1) 实际计算时,一般采用以下简便计算公式

$$\left.\begin{aligned}
S_T &= \sum_{i=1}^{a} \sum_{j=1}^{b} \sum_{k=1}^{n} x_{ijk}^2 - \frac{1}{abn} x_{\cdots}^2, \\
S_A &= \frac{1}{bn} \sum_{i=1}^{a} x_{i\cdots}^2 - \frac{1}{abn} x_{\cdots}^2, \\
S_B &= \frac{1}{an} \sum_{j=1}^{b} x_{\cdot j\cdot}^2 - \frac{1}{abn} x_{\cdots}^2, \\
S_{A\times B} &= \frac{1}{n} \sum_{i=1}^{a} \sum_{j=1}^{b} x_{ij\cdot}^2 - \frac{x_{\cdots}^2}{abn} - S_A - S_B, \\
S_E &= S_T - S_A - S_B - S_{A\times B}.
\end{aligned}\right\} \quad (9.48)$$

(2) 双因素有交互作用方差分析表如表 9 - 10 所示.

表 9 - 10

方差来源	平方和	自由度	均方	F 比
因素 A	S_A	$a-1$	$MS_A = \dfrac{S_A}{a-1}$	$F = \dfrac{MS_A}{MS_E}$
因素 B	S_B	$b-1$	$MS_B = \dfrac{S_B}{b-1}$	$F_B = \dfrac{MS_B}{MS_E}$
交互作用 $A\times B$	$S_{A\times B}$	$(a-1)(b-1)$	$MS_{A\times B} = \dfrac{S_{A\times B}}{(a-1)(b-1)}$	$F_{A\times B} = \dfrac{MS_{A\times B}}{MS_E}$
误差 E	S_E	$ab(n-1)$	$MS_E = \dfrac{S_E}{ab(n-1)}$	
总和 T	S_T	$abn-1$		

例 9.3 为研究导弹系统、推进器类型以及它们的交互作用对某种燃料的燃烧速度的影响,取 3 种不同的导弹系统,4 种不同类型的推进器,对该种燃料进行燃烧试验,每种组合下重复试验 2 次,测得燃烧速度的数据如表 9 - 11 所示.

表 9 - 11

推进器 导弹系统	B_1	B_2	B_3	B_4	$x_{i.}$
A_1	34.0,32.7	30.1,32.8	29.8,26.7	29.0,28.9	244.0
A_2	32.0,33.2	30.2,29.8	28.7,28.1	27.6,27.8	237.4
A_3	28.4,29.3	27.3,28.9	29.7,27.3	28.8,29.1	228.8
$x_{.j.}$	189.6	179.1	170.3	171.2	$x_{...} = 710.2$

(为了方便起见,表中已给出了 $x_{i..}$,$x_{.j.}$ 及 $x_{...}$ 的值)

设各水平搭配下燃烧速度总体服从同方差的正态分布,分析导弹系统、推进器类型及它们的交互作用对燃烧速度有无显著影响($\alpha=0.05$)?

解 这是一个双因素试验且考虑因素交互作用的方差分析,设燃烧速度模型为

$$X_{ijk} = \mu + \alpha_i + \beta_j + \gamma_{ij} + \varepsilon_{ijk},$$

$\varepsilon_{ijk} \sim N(0,\sigma^2)$,且相互独立,$i=1,2,3,j=1,2,3,4,k=1,2$.

原假设
$$H_{A0}: \alpha_1 = \alpha_2 = \alpha_3 = 0,$$
$$H_{B0}: \beta_1 = \beta_2 = \beta_3 = \beta_4 = 0,$$
$$H_{A\times B0}: \gamma_{ij} = 0, i = 1,2,3, j = 1,2,3,4.$$

备择假设
$$H_{A1}: \alpha_1,\alpha_2,\alpha_3 \text{ 至少有一个不为零},$$
$$H_{B1}: \beta_1,\beta_2,\beta_3,\beta_4 \text{ 至少有一个不为零},$$
$$H_{A\times B1}: \gamma_{ij} \neq 0 \text{ 至少有一对 } i,j.$$

本题
$$a=3, b=4, n=2, abn=24.$$

利用式(9.48)计算

$$\sum_{i=1}^{3} \sum_{j=1}^{4} \sum_{k=1}^{2} x_{ijk}^2 = 21\,107.68, x_{...}^2 = 710.2^2 = 504\,384.04,$$

$$\sum_{i=1}^{3} x_{i..}^2 = 1\,682\,442, \sum_{j=1}^{4} x_{.j.}^2 = 126\,336.5,$$

$$\sum_{i=1}^{3} \sum_{j=1}^{4} x_{ij.}^2 = (34.0+32.7)^2 + \cdots + (28.9+29.1)^2 = 42\,185.54,$$

$$S_T = \sum_{i=1}^{3} \sum_{j=1}^{4} \sum_{k=1}^{2} x_{ijk}^2 - \frac{1}{24}x_{...}^2 = 21\,107.68 - \frac{1}{24} \times 504\,384.04 = 91.678,$$

$$S_A = \frac{1}{8} \sum_{i=1}^{3} x_{i..}^2 - \frac{1}{24}x_{...}^2 = 14.523,$$

$$S_B = \frac{1}{6} \sum_{j=1}^{4} x_{.j.}^2 - \frac{1}{24}x_{...}^2 = 40.082,$$

$$S_{A \times B} = \frac{1}{2} \sum_{i=1}^{3} \sum_{j=1}^{4} x_{ij}^2. - \frac{1}{24} x^2... - S_A - S_B = 22.163,$$

$$S_E = S_T - S_A - S_B - S_{A \times B} = 14.91.$$

某燃料燃烧速度的方差分析表如表 9 - 12 所示.

对已给 $\alpha = 0.05$,查表得

$$F_{0.05}(2,12) = 3.89, F_{0.05}(3,12) = 3.49, F_{0.05}(6,12) = 3.00.$$

表 9 - 12

方差来源	平方和	自由度	均方	F 比
导弹系统 A	$S_A = 14.523$	2	7.261 5	$F_A = 5.844$
推进器 B	$S_B = 40.082$	3	13.360 7	$F_B = 10.753$
交互作用 $A \times B$	$S_{A \times B} = 22.163$	6	3.693 8	$F_{A \times B} = 2.98$
误差 E	$S_E = 14.91$	12	1.242 5	
总和 T	$S_T = 91.678$	23		

因 $F_A = 5.844 > 3.89$,拒绝原假设 H_{A0},即不同的导弹系统对该种燃料燃烧速度有显著影响.

又 $F_B = 10.753 > 3.49$,拒绝原假设 H_{B0},即不同类型的推进器对燃烧速度也有显著影响.

而 $F_{A \times B} = 2.98 < F_{0.05}(6,12) = 3.00$,接受 $H_{A \times B0}$,即因素 A 与因素 B 的交互作用对燃料燃烧速度的影响不显著.

§9.3　一元线性回归

回归分析是描述数据处理方法的应用范围十分广泛的一种分析方法,也是研究变量之间相互关系的一种数理统计方法.回归分析是对从生产实践和科学实验中收集的大量数据进行加工处理,并得出反映事物内部规律性的因素,从而建立变量的统计意义下的关系,进而解决:

(1) 确定 n 个特定变量之间是否存在相互关系,若存在,给出它们合适的数学表达式.

(2) 根据一个或几个变量的值,预测及控制另一个变量的取值,且可达到预先设定的精确度.

(3) 进行因素分析,给出多个变量影响指标的主要因素、次要因素及这些因素之间的关系.

一元线性回归是研究两个变量之间的相关关系,并建立一元线性回归方程的一种分析方法.

设随机变量 Y 与变量 x 之间存在某种相关关系,变量 x 通常是可以控制或可以精确观察的变量.对于 x 的每一个值,Y 都有它自己的分布,若 $E(Y)$ 存在,则它一定是 x 的函数,

记为 $\mu(x)$，$\mu(x)$ 称为 Y 关于 x 的回归. 回归分析的基本内容就是通过样本对 $\mu(x)$ 进行估计，然后利用结果进行对 Y 的预测或对 x 的控制，在不同的问题中，$\mu(x)$ 将会取不同的函数形式，本节讨论 $\mu(x)$ 是线性函数的情况.

　　1. 回归直线的求法

　　一元线性回归的模型是：设有自变量 x 和随机变量 Y，$Y \sim N[\mu(x), \sigma^2]$ 且

$$\mu(x) = a + bx,$$

即　　　　　　　　　　$$Y \sim N(a + bx, \sigma^2),$$

其中，a, b, σ^2 都是未知参数.

　　对 Y 作正态假设，也就是要讨论线性模型

$$Y = a + bx + \varepsilon, \varepsilon \sim N(0, \sigma^2). \tag{9.49}$$

　　根据 n 组样本观缘值 $(x_1, y_1), (x_1, y_1), \cdots, (x_n, y_n)$，

$$y_i = a + bx_i + \varepsilon_i, \varepsilon_i \text{ 相互独立}, \varepsilon_i \sim N(0, \sigma^2), i = 1, 2, \cdots, n. \tag{9.50}$$

对 a, b, σ^2 进行估计. 直线

$$\hat{y} = a + bx \tag{9.51}$$

称为 Y 对 x 的回归方程，其图形为回归直线，b 为回归系数.

　　下面用最小二乘法估计 a, b.

　　对于 x 的任一值 x_i，回归直线上相应的纵坐标为 $\hat{y}_i$，以 ε_i 表示观测值 y_i 与 $\hat{y}_i$ 之差，

$$\varepsilon_i = y_i - \hat{y}_i$$

称为残差，记

$$Q = \sum_{i=1}^{n} \varepsilon_i^2 = \sum_{i=1}^{n} [y_i - (a + bx_i)]^2 \tag{9.52}$$

为残差平方和，最小二乘法就是选取 a, b，使 $Q(a, b)$ 最小，要使 $Q(\hat{a}, \hat{b}) = \min Q(a, b)$，由多元函数求极限原理，分别求 Q 关于 a, b 的偏导数，并令其为 0，有：

$$\begin{cases} \dfrac{\partial Q}{\partial a} = -2 \sum_{i=1}^{n} (y_i - a - bx_i) = 0, \\[2mm] \dfrac{\partial Q}{\partial b} = -2 \sum_{i=1}^{n} (y_i - a - bx_i) x_i = 0. \end{cases} \tag{9.53}$$

得方程组

$$\begin{cases} na + b \sum_{i=1}^{n} x_i = \sum_{i=1}^{n} y_i, \\[2mm] a \sum_{i=1}^{n} x_i + b \sum_{i=1}^{n} x_i^2 = \sum_{i=1}^{n} x_i y_i. \end{cases} \tag{9.54}$$

式(9.54)称为正规方程组.

由 $\overline{x} = \dfrac{1}{n} \sum\limits_{i=1}^{n} x_i$, $\overline{y} = \dfrac{1}{n} \sum\limits_{i=1}^{n} y_i$, 则正规方程组变成

$$\begin{cases} a + b\overline{x} = \overline{y}, \\ na\overline{x} + b \sum\limits_{i=1}^{n} x_i^2 = \sum\limits_{i=1}^{n} x_i y_i. \end{cases} \tag{9.55}$$

因 x_i 不全相同,方程组的系数行列式不为 0,即

$$\begin{vmatrix} 1 & \overline{x} \\ n\overline{x} & \sum\limits_{i=1}^{n} x_i^2 \end{vmatrix} = \sum\limits_{i=1}^{n} x_i^2 - n\overline{x}^2 = \sum\limits_{i=1}^{n} (x_i - \overline{x})^2 \neq 0.$$

所以方程组有唯一的一组解,解出 a, b,得其估计值

$$\begin{cases} \hat{a} = \overline{y} - \hat{b}\,\overline{x}, \\ \hat{b} = \dfrac{\sum\limits_{i=1}^{n} (x_i y_i) - n\,\overline{x}\,\overline{y}}{\sum\limits_{i=1}^{n} x_i^2 - n\,\overline{x}^2}. \end{cases} \tag{9.56}$$

记

$$L_{xy} = \sum\limits_{i=1}^{n} (x_i y_i) - n\,\overline{x}\,\overline{y} = \sum\limits_{i=1}^{n} (x_i - \overline{x})(y_i - \overline{y}),$$

$$L_{xx} = \sum\limits_{i=1}^{n} x_i^2 - n\,\overline{x}^2 = \sum\limits_{i=1}^{n} (x_i - \overline{x})^2,$$

其中,L_{xy} 是 x 和 y 的离差乘积和,L_{xx} 是 x 的离差平方和,则有

$$\begin{cases} \hat{b} = \dfrac{L_{xy}}{L_{xx}}, \\ \hat{a} = \overline{y} - \hat{b}\,\overline{x}. \end{cases} \tag{9.57}$$

所求线性回归方程为

$$\hat{y} = \hat{a} + \hat{b}x. \tag{9.58}$$

又由 $\overline{y} = \hat{a} + \hat{b}\,\overline{x}$ 表明回归直线一定通过样本观测值的几何重心 $(\overline{x}, \overline{y})$.

2. 回归方程具体计算格式与实例

具体求回归方程时,通常可列表,下面通过实例说明这个计算过程.

例 9.4　某种合成纤维的强度与拉伸倍数存在相关关系,表 9-13 是实际测定的 24 个纤维样品的强度 $y(\text{kg/mm}^2)$ 与相应拉伸倍数 $x(\text{mm})$ 的记录,求 y 对 x 的回归方程.

表 9 - 13　纤维的拉伸倍数与强度的实测数据表

编号	拉伸倍数 x/mm	强度 /kg·mm^{-2}	编号	拉伸倍数 x/mm	强度 /kg·mm^{-2}	编号	拉伸倍数 x/mm	强度 /kg·mm^{-2}
1	1.9	1.4	9	4.0	4.0	17	6.5	6.0
2	2.0	1.3	10	4.0	3.5	18	7.1	5.3
3	2.1	1.8	11	4.5	4.2	19	8.0	6.5
4	2.5	2.5	12	4.6	3.5	20	8.0	7.0
5	2.7	2.8	13	5.0	5.5	21	8.9	8.5
6	2.7	2.5	14	5.2	5.0	22	9.0	8.0
7	3.5	3.0	15	6.0	5.5	23	9.5	8.1
8	3.5	2.7	16	6.3	6.4	24	10.0	8.1

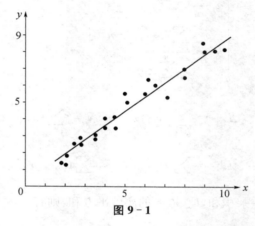

图 9 - 1

解　(1) 先给出 (x_i, y_i)，$i = 1, 2, \cdots, 24$ 的散点图，如图 9 - 1 所示. 由散点图大致可看出 y 与 x 呈线性关系，即应为 $a + bx$ 的形式.

(2) 列表给出回归方程计算表，如表 9 - 14 所示.

表 9 - 14

编号	x_i	y_i	x_i^2	y_i^2	$x_i y_i$
1	1.9	1.4	3.61	1.96	2.66
2	2.0	1.3	4.00	1.69	2.60
3	2.1	1.8	4.41	3.24	3.78
4	2.5	2.5	6.25	6.25	6.25
5	2.7	1.8	7.29	7.84	7.56
6	2.7	2.5	7.29	6.25	6.75
7	3.5	3.0	12.25	9.00	10.50
8	3.5	2.7	12.25	7.29	9.45

（续表）

编号	x_i	y_i	x_i^2	y_i^2	$x_i y_i$
9	4.0	4.0	16.00	16.00	16.00
10	4.0	3.5	16.00	12.25	14.00
11	4.5	4.2	20.25	17.64	18.90
12	4.6	3.5	21.16	12.25	16.10
13	5.0	5.5	25.00	30.25	27.50
14	5.2	5.0	27.04	25.50	26.00
15	6.0	5.5	36.00	30.25	33.00
16	6.3	6.4	39.69	40.96	40.32
17	6.5	6.0	42.25	36.00	39.00
18	7.1	5.3	50.41	28.09	37.63
19	8.0	6.5	64.00	42.25	52.00
20	8.0	7.0	64.00	49.00	56.00
21	8.9	8.5	79.21	72.25	75.65
22	9.0	8.0	81.00	64.00	72.00
23	9.5	8.1	90.25	65.61	76.95
24	10.0	8.1	100.00	65.61	81.00
$\sum$	127.5	113.1	829.61	650.93	731.60

（3）由表中 $\displaystyle\sum_{i=1}^{24} x_i = 127.5, \overline{x} = 5.31, n = 24,$

$$\sum_{i=1}^{24} y_i = 113.1, \overline{y} = 4.71,$$

$$\sum_{i=1}^{24} x_i^2 = 829.61, \sum_{i=1}^{24} y_i^2 = 650.93, \sum_{i=1}^{24} x_i y_i = 731.60,$$

得

$$L_{xx} = \sum_{i=1}^{24} x_i^2 - 24\,\overline{x}^2 = 152.27,$$

$$L_{xy} = \sum_{i=1}^{24} x_i y_i - 24 x_i y_i = 130.76,$$

$$\widehat{b} = \frac{L_{xy}}{L_{xx}} = \frac{130.76}{152.27} = 0.858\,7,$$

$$\widehat{a} = \overline{y} - \widehat{b}\,\overline{x} = 4.71 - 0.858\,7 \times 5.31 = 0.15.$$

所以得回归直线方程为

$$\widehat{y} = 0.15 + 0.858\,7x,$$

或写成另一种形式

$$\hat{y} = 4.71 + 0.858\,7(x - 5.31).$$

其意义是拉伸强度增加 $1\,\text{mm}$，强度增加 $0.858\,7\,\text{kg/mm}^2$，同时表示点 $(\overline{x}, \overline{y})$ 在回归直线上.

3. 未知参数 σ^2 的估计

对于残差平方和 $Q = \sum\limits_{i=1}^{24}(y_i - \hat{y}_i)^2 = \sum\limits_{i=1}^{24}(y_i - \hat{a} - \hat{b}x_i)^2$，可以证明

$$\frac{Q}{\sigma^2} \sim \chi^2(n-2), \tag{9.59}$$

故有

$$E\left(\frac{Q}{\sigma^2}\right) = n - 2 \ \text{或} \ E\left(\frac{Q}{n-2}\right) = \sigma^2. \tag{9.60}$$

由此可得

$$\hat{\sigma}^2 = \frac{Q}{n-2} \tag{9.61}$$

是 σ^2 的无偏估计.

下面给出残差平方和的计算公式.

$$
\begin{aligned}
Q &= \sum_{i=1}^{n}(y_i - \hat{y}_i)^2 = \sum_{i=1}^{n}\left[(y_i - \overline{y}) - (\hat{y}_i - \overline{y})\right]^2 \\
&= \sum_{i=1}^{n}(y_i - \overline{y})^2 - 2\sum_{i=1}^{n}(y_i - \overline{y})(\hat{y}_i - \overline{y}) + \sum_{i=1}^{n}(\hat{y}_i - \overline{y})^2 \\
&= \sum_{i=1}^{n}(y_i - \overline{y})^2 - 2\sum_{i=1}^{n}(y_i - \overline{y})(\hat{a} + \hat{b}x_i - \hat{a} - \hat{b}\overline{x}) + \sum_{i=1}^{n}(\hat{a} + \hat{b}x_i - \hat{a} - \hat{b}\overline{x})^2 \\
&= \sum_{i=1}^{n}(y_i - \overline{y})^2 - 2\hat{b}\sum_{i=1}^{n}(x_i - \overline{x})(y_i - \overline{y}) + \hat{b}^2\sum_{i=1}^{n}(x_i - \overline{x})^2 \\
&= L_{yy} - 2\hat{b}L_{xy} + \hat{b}^2 L_{xx}.
\end{aligned}
$$

由 $\hat{b} = \dfrac{L_{xy}}{L_{xx}}$，得 $L_{xy} = \hat{b}L_{xx}$，则有

$$Q = L_{yy} - \hat{b}^2 L_{xx} = L_{yy} - U, \tag{9.62}$$

其中，

$$L_{yy} = \sum_{i=1}^{n}(y_i - \overline{y})^2 \tag{9.63}$$

为 y 离差平方和，也称总平方和.

$$U = \sum_{i=1}^{n}(\hat{y}_i - \overline{y})^2 = \hat{b}^2 L_{xx} = \hat{b}L_{xy} \tag{9.64}$$

为回归平方和，反映 x 和 y 的线性关系而引起 y 变化的部分.

例 9.5 对例 9.4 求方差 σ^2 的无偏估计量的值.

解 $L_{yy} = \sum\limits_{i=1}^{n}(y_i - \overline{y})^2 = \sum\limits_{i=1}^{n}y_i^2 - n\overline{y}^2 = 650.93 - \dfrac{1}{24} \times 113.1^2 = 117.95,$

$$L_{xy} = 130.76,\ \hat{b} = 0.858\,7.$$

则
$$Q = L_{yy} - \hat{b}^2 L_{xx} = L_{yy} - \hat{b} L_{xy} = 117.95 - 130.76 \times 0.858\,7 = 5.666,$$

$$\hat{\sigma}^2 = \frac{Q}{n-2} = \frac{5.666}{24-2} = 0.257\,5.$$

4. 线性假设的显著性检验——t 检验法

在线性模型 $Y = a + bx + \varepsilon$ 成立的前提下,求出线性回归方程 $\hat{y} = \hat{a} + \hat{b}x$,该回归方程是否有实用价值需经过检验才能确定. 假设检验的实质是:线性系数 b 不应为零,否则 y 不依赖于 x,即

$$\left.\begin{array}{l} H_0 : b = 0; \\ H_1 : b \neq 0. \end{array}\right\} \tag{9.65}$$

由
$$\frac{Q}{\sigma^2} = \frac{(n-2)\hat{\sigma}^2}{\sigma^2} \sim \chi^2(n-2),$$

又可证
$$\frac{\hat{b} - b}{\sigma} \sqrt{L_{xx}} \sim N(0,1). \tag{9.66}$$

$\hat{b}$ 与 Q 相互独立,由 t 分布定义,有

$$T = \frac{\hat{b} - b}{\hat{\sigma}} \sqrt{L_{xx}} \sim t(n-2). \tag{9.67}$$

在 H_0 成立时,统计量

$$T = \frac{\hat{b}}{\hat{\sigma}} \sqrt{L_{xx}} \sim t(n-2),$$

给出显著性水平 α,H_0 的拒绝域为

$$|t| = \frac{|\hat{b}|}{\hat{\sigma}} \sqrt{L_{xx}} > t_{\frac{\alpha}{2}}(n-2). \tag{9.68}$$

若 $|t| > t_{\frac{\alpha}{2}}(n-2)$,则拒绝 H_0,说明回归效果是显著的.

又若 $|t| < t_{\frac{\alpha}{2}}(n-2)$,则接受 H_0,说明回归效果不显著.

在回归方程显著的情况下,一般还应对回归系数 b 做出区间估计. 由

$$\frac{\hat{b} - b}{\hat{\sigma}} \sqrt{L_{xx}} \sim t(n-2),$$

可以推出回归系数 b 的置信度为 $1-\alpha$ 的置信区间为

$$(\underline{b}, \overline{b}) = \left[b - \frac{\hat{\sigma}}{\sqrt{L_{xx}}} t_{\frac{\alpha}{2}}(n-2), b + \frac{\hat{\sigma}}{\sqrt{L_{xx}}} t_{\frac{\alpha}{2}}(n-2) \right]. \tag{9.69}$$

例 9.6 取 $\alpha = 0.05$,检验例 9.4 中的回归效果是否显著? 若显著,求出 b 的置信度为 0.95 的置信区间.

解 由例 9.4 已求出 $\hat{b} = 0.858\,7, L_{xx} = 152.27$.

又由例 9.5 求出

$$\hat{\sigma}^2 = 0.257\,5, \frac{\alpha}{2} = 0.025, n-2 = 22, t_{0.025}(22) = 2.073\,9,$$

$$T = \frac{\hat{b}}{\hat{\sigma}}\sqrt{L_{xx}} = \frac{0.858\,7}{\sqrt{0.257\,5}} \times \sqrt{152.27} = 20.881.$$

由于 $\qquad |t| = 20.881 > t_{\frac{\alpha}{2}}(22) = 2.073\,9,$

拒绝 H_0,说明回归效果是显著的.

又由式(9.69)知 b 的置信度为 0.95 的置信区间为

$$(\underline{b}, \bar{b}) = \left(0.858\,7 - 2.073\,9 \times \sqrt{\frac{0.257\,5}{152.27}}, 0.858\,7 + 2.073\,9 \times \sqrt{\frac{0.257\,5}{152.27}}\right)$$

$$= (0.858\,7 - 0.085\,3, 0.858\,7 + 0.085\,3)$$

$$= (0.773\,4, 0.944\,0).$$

5. 线性回归的方差分析——F 检验法

由总平方和的分解 $\qquad L_{yy} = U + Q,$

其中,$U = \hat{b}L_{xy}$ 为回归平方和,$Q = L_{yy} - U = L_{yy} - \hat{b}L_{xy}$ 为残差平方和.

$$\frac{U}{\sigma^2} \sim \chi^2(1), \frac{Q}{\sigma^2} \sim \chi^2(n-2),$$

则 $\qquad F = \dfrac{\dfrac{U}{\sigma^2}/1}{\dfrac{Q}{\sigma^2}/(n-2)} = \dfrac{U}{Q}(n-2) \sim F(1, n-2), \qquad (9.70)$

并可列出方差分析,如表 9-15 所示.

表 9-15

方差来源	平方和	自由度	均　方	F 比
回归	U	1	$U/1$	$F = \dfrac{U}{Q}(n-2)$
残差	Q	$n-2$	$Q/(n-2)$	
总和	L_{yy}	$n-1$		

对检验水平 α,查表求出 $F_\alpha(1, n-2)$,并计算出 F 值,若 $F > F_\alpha(1, n-2)$,则拒绝 H_0,说明整个线性回归方程显著. 若 $F < F_\alpha(1, n-2)$,则接受 H_0,说明回归方程不显著.

例 9.7 对例 9.4 做出方差分析,对 $\alpha = 0.01$ 检验整个回归方程显著性.

解 $\qquad U = \hat{b}L_{xy} = 0.858\,7 \times 130.76 = 112.284.$

$$Q = 5.666, n = 24, n-2 = 22.$$

$$F = \frac{U}{Q}(n-2) = \frac{112.284}{5.666} \times 22 = 435.98.$$

以上结果列入方差分析,如表 9-16 所示.

表 9 - 16

方差来源	平方和	自由度	均方	F 比	显著性
回归	$U = 112.284$	1	112.284	435.98	* *
残差	$Q = 5.666$	22	0.257 5		
总和	$L_{yy} = 117.95$	23			

对给定的显著性水平 $\alpha = 0.01$,查表得 $F_\alpha(1,22) = 7.95$.

因 $F = 435.98 > F_\alpha(1,22) = 7.95$,整个回归方程非常显著.

6. 预报与控制

(1) 在研究回归分析时,设定 $\hat{y}$ 是随机变量,x 是普通变量,对给定 x 的值,Y 的取值是随机的,回归方程 $\hat{y} = \hat{a} + \hat{b}x$ 是 Y 对 x 依赖关系的一个估计. 给定 x 的值,用回归方程求出 Y 的值称为预报.

一般预报是指点预报和区间预报.

① 点预报:

若设回归方程为 $\hat{y} = \hat{a} + \hat{b}x$,给定 $x = x_0$ 时,可用

$$\hat{y}_0 = \hat{a} + \hat{b}x_0 \tag{9.71}$$

作为 y_0 的预报值或估计值.

② 区间预报:

对给定的 $x = x_0$,y 的取值有一个置信度为 $1-\alpha$ 的置信区间,称为预报区间.

在线性模型 $\qquad Y = a + bx + \varepsilon, \varepsilon \sim N(0, \sigma^2)$

的假设下,可以证明统计量

$$T = \frac{y_0 - \hat{y}_0}{\hat{\sigma} \sqrt{1 + \dfrac{1}{n} + \dfrac{(x_0 - \bar{x})^2}{L_{xx}}}} \sim t(n-2). \tag{9.72}$$

对置信度为 $(1-\alpha)$ 有

$$P\{ |T| < t_{\frac{\alpha}{2}}(n-2) \} = 1-\alpha.$$

由此可得:y_0 的置信度为 $(1-\alpha)$ 的置信区间为

$$(\hat{y}_0 - \delta(x_0), \hat{y}_0 + \delta(x_0)).$$

其中, $\qquad \delta(x_0) = t_{\frac{\alpha}{2}}(n-2)\hat{\sigma} \sqrt{1 + \dfrac{1}{n} + \dfrac{(x_0 - \bar{x})^2}{L_{xx}}}. \tag{9.73}$

例 9.8 求例 9.4 中拉伸倍数 $x = x_0 = 7.5 \text{ mm}$ 时,纤维强度 y_0 的预测值和预测区间 ($\alpha = 0.05$).

解 在 $x_0 = 7.5 \text{ mm}$ 时,预报值 $\hat{y}_0 = 0.15 + 0.858\ 7 \times 7.5 = 6.590\ 3$.

对 $\qquad \alpha = 0.05, t_{0.025}(22) = 2.073\ 9,$

又　　　　　　　　　$n = 24, \overline{x} = 5.31, L_{xx} = 152.27, \hat{\sigma} = 0.507\,4,$

$$\delta(x_0) = 2.073\,9 \times 0.507\,4 \times \sqrt{1 + \frac{1}{24} + \frac{(7.5 - 5.31)^2}{152.27}}$$

$$= 2.073\,9 \times 0.507\,4 \times 1.035\,9 = 1.09.$$

$$\underline{y}_0 = 6.590\,3 - 1.09 = 5.500\,3.$$

$$\overline{y}_0 = 6.590\,3 + 1.09 = 7.680\,3.$$

即 y_0 的置信度为 95% 的置信区间为 $(5.500\,3, 7.680\,3)$.

（2）控制问题是预报的反问题. 其解决的问题是：如果要求观察值 y 在某一范围内取值，求 x 应控制在什么范围内.

具体描述是：要求 y 以置信度 $(1-\alpha)$ 在 (y_1', y_2') 内取值，x 控制在 (x_1', x_2') 内，使其中的 x 所对应的观察值 y 满足

$$P(y_1' < y < y_2') = 1 - \alpha.$$

若 n 很大的时候，$t_{\frac{\alpha}{2}}(n-2) \approx z_{\frac{\alpha}{2}}$，又估计 x 在 $\overline{x}$ 附近，故应有

$$1 + \frac{1}{n} + \frac{(x - \overline{x})^2}{L_{xx}} \approx 1,$$

则近似有

$$\left.\begin{array}{l} y_1' = \hat{a} + \hat{b}x_1' - z_{\frac{\alpha}{2}} \cdot \hat{\sigma}, \\ y_2' = \hat{a} + \hat{b}x_2' + z_{\frac{\alpha}{2}} \cdot \hat{\sigma}. \end{array}\right\} \tag{9.74}$$

可解出

$$\left.\begin{array}{l} x_1' = (y_1' - \hat{a} + z_{\frac{\alpha}{2}} \cdot \hat{\sigma})/\hat{b}, \\ x_2' = (y_2' - \hat{a} - z_{\frac{\alpha}{2}} \cdot \hat{\sigma})/\hat{b}. \end{array}\right\} \tag{9.75}$$

得出 x 应控制的范围是 (x_1', x_2').

§9.4　多元线性回归

在实际问题中常讨论的是随机变量 Y 与多个普通变量 $x_1, x_2, \cdots, x_k(k \geqslant 2)$ 的相关情况，这就是多元线性回归问题.

多元线性回归模型为

$$\left.\begin{array}{l} Y = b_0 + b_1 x_1 + \cdots + b_k x_k + \varepsilon, \\ \varepsilon \sim N(0, \sigma^2). \end{array}\right\} \tag{9.76}$$

其中，$b_0, b_1, \cdots, b_k, \sigma^2$ 都是未知参数.

做 n 次试验得 n 个 $k+1$ 维样本观测值为

$$(x_{11}, x_{21}, \cdots, x_{k1}, y_1), \cdots, (x_{1n}, x_{2n}, \cdots, x_{kn}, y_n),$$

仍用最小二乘法估计参数 $b_0, b_1, \cdots, b_k, \sigma^2$.

作函数

$$Q = \sum_{i=1}^{n} [y_i - (b_0 + b_1 x_{1i} + \cdots + b_k x_{ki})]^2$$

为实测值 y_i 与线性函数 $\hat{y} = b_0 + b_1 x_{1i} + \cdots + b_k x_{ki}$ 的残差平方和, 要使

$$Q(\hat{b}_0, \hat{b}_1, \cdots, \hat{b}_k) = \min Q(b_0, b_1, \cdots, b_k),$$

即要求 Q 关于 $b_0, b_1, b_i, \cdots, b_k$ 偏导数, 令其为 0, 即 $\dfrac{\partial Q}{\partial b_i} = 0, i = 1, 2, \cdots, k.$ 经整理可化为:

$$\left. \begin{array}{l} nb_0 + b_1 \sum\limits_{i=1}^{n} x_{1i} + \cdots + b_k \sum\limits_{i=1}^{n} x_{ki} = \sum\limits_{i=1}^{n} y_i, \\[2mm] b_0 \sum\limits_{i=1}^{n} x_{1i} + b_1 \sum\limits_{i=1}^{n} x_{1i}^2 + \cdots + b_k \sum\limits_{i=1}^{n} x_{1i} x_{ki} = \sum\limits_{i=1}^{n} x_{1i} y_i, \\[2mm] \vdots \\[2mm] b_0 \sum\limits_{i=1}^{n} x_{ki} + b_1 \sum\limits_{i=1}^{n} x_{1i} x_{ki} + \cdots + b_k \sum\limits_{i=1}^{n} x_{ki}^2 = \sum\limits_{i=1}^{n} x_{ki} y_i. \end{array} \right\} \tag{9.77}$$

上式称为多元线性回归的正规方程组.

令　　　$\mathbf{X}_{n \times (k+1)} = \begin{bmatrix} 1 & x_{11} & x_{21} & \cdots & x_{k1} \\ 1 & x_{12} & x_{22} & \cdots & x_{k2} \\ \vdots & \vdots & \vdots & & \vdots \\ 1 & x_{1n} & x_{2n} & \cdots & x_{kn} \end{bmatrix}, \mathbf{Y} = \begin{bmatrix} y_1 \\ y_2 \\ \vdots \\ y_n \end{bmatrix}, \mathbf{B} = \begin{bmatrix} b_0 \\ b_1 \\ \vdots \\ b_k \end{bmatrix}.$

则由矩阵运算规则, 正规方程组的矩阵形式:

$$\mathbf{X}^{\mathrm{T}} \mathbf{X} \mathbf{B} = \mathbf{X}^{\mathrm{T}} \mathbf{Y}. \tag{9.78}$$

假设 $(\mathbf{X}^{\mathrm{T}}\mathbf{X})^{-1}$ 存在, 上式两边左乘 $(\mathbf{X}^{\mathrm{T}}\mathbf{X})^{-1}$ 得

$$\mathbf{B} = (\hat{b}_0, \hat{b}_1, \cdots, \hat{b}_k)^{\mathrm{T}} = (\mathbf{X}^{\mathrm{T}}\mathbf{X})^{-1} \mathbf{X}^{\mathrm{T}} \mathbf{Y}, \tag{9.79}$$

k 元线性回归方程为

$$\hat{y} = \hat{b}_0 + \hat{b}_1 x_1 + \cdots + \hat{b}_k x_k. \tag{9.80}$$

同一元线性回归类似, 可以对方差 σ^2 进行点估计, 对回归方程进行显著性的 F-检验及对因素进行主次判别. 在此不作详细介绍, 有兴趣的读者可参阅相关资料.

例 9.9　某公司的企业管理费用(单位:万元)取决于两种产品的产量(单位:吨):以 y 表企业管理费, x_1, x_2 分别表甲、乙两种产品的产量, 测得 5 个月的数据如表 9-17, 请建立二元线性回归模型.

表 9-17

月份	管理费 y	甲产品产量 x_1	乙产品产量 x_2
1	3	3	5
2	1	1	4
3	8	5	6

（续表）

月份	管理费 y	甲产品产量 x_1	乙产品产量 x_2
4	3	2	4
5	5	4	6

解 设
$$\hat{y} = \hat{b}_0 + \hat{b}_1 x_1 + \hat{b}_2 x_2,$$

则
$$\boldsymbol{Y} = \begin{pmatrix} 3 \\ 1 \\ 8 \\ 3 \\ 5 \end{pmatrix}_{5 \times 1}, \boldsymbol{X} = \begin{pmatrix} 1 & 3 & 5 \\ 1 & 1 & 4 \\ 1 & 5 & 6 \\ 1 & 2 & 4 \\ 1 & 4 & 6 \end{pmatrix}_{5 \times 3},$$

$$\boldsymbol{X}^{\mathrm{T}}\boldsymbol{X} = \begin{pmatrix} 1 & 1 & 1 & 1 & 1 \\ 3 & 1 & 5 & 2 & 4 \\ 5 & 4 & 6 & 4 & 6 \end{pmatrix} \begin{pmatrix} 1 & 3 & 5 \\ 1 & 1 & 4 \\ 1 & 5 & 6 \\ 1 & 2 & 4 \\ 1 & 4 & 6 \end{pmatrix} = \begin{pmatrix} 5 & 15 & 25 \\ 15 & 55 & 81 \\ 25 & 81 & 129 \end{pmatrix},$$

其行列式为
$$|\boldsymbol{X}^{\mathrm{T}}\boldsymbol{X}| = \begin{vmatrix} 5 & 15 & 25 \\ 15 & 55 & 81 \\ 25 & 81 & 129 \end{vmatrix} = 20.$$

其伴随矩阵为
$$(\boldsymbol{X}^{\mathrm{T}}\boldsymbol{X})^* = \begin{pmatrix} 534 & 90 & -160 \\ 90 & 20 & -30 \\ -160 & -30 & 50 \end{pmatrix},$$

则
$$(\boldsymbol{X}^{\mathrm{T}}\boldsymbol{X})^{-1} = \frac{1}{|\boldsymbol{X}^{\mathrm{T}}\boldsymbol{X}|}(\boldsymbol{X}^{\mathrm{T}}\boldsymbol{X})^* = \begin{pmatrix} 26.7 & 4.5 & -8 \\ 4.5 & 1 & -1.5 \\ -8 & -1.5 & 2.5 \end{pmatrix},$$

$$\boldsymbol{X}^{\mathrm{T}}\boldsymbol{Y} = \begin{pmatrix} 1 & 1 & 1 & 1 & 1 \\ 3 & 1 & 5 & 2 & 4 \\ 5 & 4 & 6 & 4 & 6 \end{pmatrix} \begin{pmatrix} 3 \\ 1 \\ 8 \\ 3 \\ 5 \end{pmatrix} = \begin{pmatrix} 20 \\ 76 \\ 109 \end{pmatrix}.$$

故
$$\boldsymbol{B} = \begin{pmatrix} b_0 \\ b_1 \\ b_2 \end{pmatrix} = (\boldsymbol{X}^{\mathrm{T}}\boldsymbol{X})^{-1}\boldsymbol{X}^{\mathrm{T}}\boldsymbol{Y} = \begin{pmatrix} 4 \\ 2.5 \\ -1.5 \end{pmatrix},$$

$$y = 4 + 2.5x_1 - 1.5x_2.$$

验证：
$$y_1 = 3, \hat{y}_1 = 4 + 2.5 \times 3 - 1.5 \times 5 = 4;$$
$$y_4 = 3, \hat{y}_4 = 4 + 2.5 \times 2 - 1.5 \times 4 = 3;$$

$$y_5 = 5, \hat{y}_5 = 4 + 2.5 \times 4 - 1.5 \times 6 = 5.$$

该例说明通过数据的分析建立了因变量和自变量之间的关系, 且拟合程度较高.

§9.5　非线性回归的处理

在实际问题中, 有些随机变量 Y 与一般变量 x 之间并不存在线性相关关系. 这时就必须选择适当的函数类型来拟合它们的关系, 即通过适当的变换, 将它转化为线性回归问题.

一般建立这类回归问题具体步骤为:

(1) 根据样本数据, 在直角坐标系中描点画出散点图;

(2) 根据散点图, 推测 Y 与 x 的函数关系;

(3) 选择适当的变换, 使之成为线性关系;

(4) 将样本数据按变换取值, 用回归分析的方法求线性回归方程;

(5) 返回原来的函数关系, 得到变量之间的非线性回归方程.

一般常见的可化为线性方程的曲线方程为:

1. 双曲线　　$y = a + \dfrac{b}{x}$

令 $x^* = \dfrac{1}{x}$, 则有 $\hat{y} = \hat{a} + \hat{b} x^*$ 为线性回归方程.

2. 幂函数　　$y = a_1 x^b$

取对数得 $\ln y = \ln a_1 + b \ln x$, 令

$$y^* = \ln y, a = \ln a_1, x^* = \ln x,$$

其线性回归方程为　　　　　　　　　　$\hat{y}^* = \hat{a} + \hat{b} x^*,$

返回原方程即为　　　　　　　　　　　$\hat{y} = \hat{a}_1 x^{\hat{b}}.$

3. 指数函数

(1) $y = a_1 \mathrm{e}^{bx}$.

取对数 $\ln y = \ln a_1 + bx$, 令

$$y^* = \ln y, a = \ln a_1,$$

线性回归方程为　　　　　　　　　　　$\hat{y}^* = \hat{a} + \hat{b} x,$

还原后为　　　　　　　　　　　　　　$\hat{y} = \hat{a}_1 \mathrm{e}^{bx}.$

(2) $y = a_1 \mathrm{e}^{\frac{b}{x}}$.

取对数 $\ln y = \ln a_1 + \dfrac{b}{x}$, 令

$$y^* = \ln y, a = \ln a_1, x^* = \dfrac{1}{x},$$

线性回归方程为　　　　　　　　　　　$\hat{y}^* = \hat{a} + \hat{b} x^*,$

还原后为　　　　　　　　　　　　　　$\hat{y} = \hat{a}_1 \mathrm{e}^{\frac{\hat{b}}{x}}.$

4. S 型曲线　$y = \dfrac{1}{a + be^{-x}}$

可化为 $\dfrac{1}{y} = a + be^{-x}$，令

$$y^* = \frac{1}{y},\, x^* = e^{-x},$$

线性回归方程为　　　　　　　　　$\hat{y}^* = \hat{a} + \hat{b}x^*,$

还原后为　　　　　　　　　$\hat{y} = \dfrac{1}{\hat{a} + \hat{b}\, e^{-x}}.$

例 9.10　某家用电器的可靠度 R 随时间 t（单位：年）的延续而降低，测得数据如表 9-18 所示.求可靠度 R 关于 t 的回归方程.

表 9-18

时间 t	1	2	3	4	5	6	7	8	9	10	11	12	13
可靠度 R	0.87	0.787	0.712	0.644	0.582	0.562	0.475	0.429	0.388	0.351	0.317	0.286	0.258

解　画散点图，如图 9-2 所示.

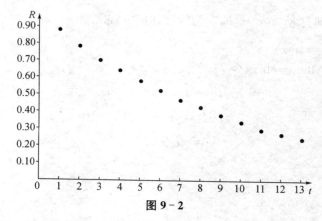

图 9-2

从图上看，R 与 t 大致是指数函数的关系，设

$$R = Ce^{bt}.$$

取对数，上式变为　　　　　　　　　$\ln R = \ln C + bt.$

令 $y = \ln R, a = \ln C, t = x$，则有

$$y = a + bx.$$

求 y 对 x 的回归方程，计算中所需的数值如表 9-19 所示.

$$L_{xx} = \sum_{i=1}^{13} x_i^2 - n\overline{x}^2 = 819 - 13 \times \left(\frac{91}{13}\right)^2 = 182,$$

$$L_{xy} = \sum_{i=1}^{13} x_i y_i - n\overline{x}\,\overline{y} = -86.203 - 13 \times \frac{91}{13} \times \frac{(-9.682)}{13} = -18.429,$$

$$\hat{b} = \frac{L_{xy}}{L_{xx}} = \frac{-18.429}{182} = -0.101,$$

$$\hat{a} = \overline{y} - \hat{b}\,\overline{x} = \frac{-9.682}{13} + 0.101 \times \frac{91}{13} = -0.038,$$

回归直线方程为　　　　　　　　$y = -0.038 - 0.101x,$

转成原方程为　　　　　　　　　$R = 0.963\mathrm{e}^{-0.101t}.$

表 9 - 19

年数	$x_i = t_i$	x_i^2	$R_i/\%$	$y_i = \ln R_i$	y_i^2	$x_i y_i$
1	1	1	87.0	−0.139	0.019	−0.139
2	2	4	78.7	−0.240	0.058	−0.480
3	3	9	71.2	−0.340	0.116	−1.020
4	4	16	64.4	−0.440	0.194	−1.760
5	5	25	58.2	−0.541	0.293	−2.705
6	6	36	52.6	−0.642	0.412	−3.852
7	7	49	47.5	−0.744	0.555	−5.208
8	8	64	42.9	−0.846	0.716	−6.768
9	9	81	38.8	−0.947	0.897	−8.523
10	10	100	35.1	−1.047	1.096	−10.470
11	11	121	31.7	−1.147	1.320	−12.639
12	12	144	28.6	−1.252	1.568	−15.024
13	13	169	25.8	−1.335	1.836	−17.615
Σ	91	819		−9.682	9.080	−86.203

习 题 9

1. 人造纤维的抗拉强度是否受掺入其中的棉花百分比的影响是有疑问的,现确定棉花百分比的 5 个水平:15%,25%,30%,35%,每个水平中测 5 个抗拉强度的值,如表 9 - 20 所示. 用方差分析确定抗拉强度是否受掺入棉花百分比的影响($\alpha = 0.01$)?

表 9 - 20

棉花掺入百分比	抗拉强度观察值					
	1	2	3	4	5	x_i.
15	7	7	15	11	9	49
20	12	17	12	18	18	77

（续表）

棉花掺入百分比	抗拉强度观察值					
	1	2	3	4	5	$x_i.$
25	14	18	18	19	19	88
30	19	25	22	19	23	108
35	7	10	11	15	11	54

2. 有某种型号的电池 3 批，它们分别是 A,B,C 三个工厂所生产的，为评比其质量，各随机抽取 5 只电池为样品，经试验测得其寿命（h），如表 9–21 所示. 在显著性水平 $\alpha = 0.05$ 下检验电池的平均寿命有无显著差异？并分别求 $\mu_A - \mu_B, \mu_A - \mu_C$ 及 $\mu_B - \mu_C$ 置信度为 95% 的置信区间.

表 9–21

工厂 \ 电池号	1	2	3	4	5
A	40	42	48	45	38
B	26	28	34	32	30
C	39	50	40	50	53

3. 使用 4 种燃料、3 种推进器做火箭射程试验，每一种组合情况做一次试验，测得火箭射程如表 9–22 所示. 分析各种燃料 A_i 与各种推进器 B_j 对火箭射程有无显著影响 $(\alpha = 0.05)$？

表 9–22

A_i \ B_j	B_1	B_2	B_3	$x_i.$
A_1	582	562	653	1 797
A_2	491	541	516	1 548
A_3	601	709	329	1 702
A_4	758	582	487	1 827
$x._j$	2 432	2 394	2 048	$x.. = 6\ 874$

4. 若用 4 种燃料 A_i 与 3 种推进器 B_j，同时考虑其交互作用 $(A_i \times B_j)$ 对火箭射程的影响，对每种组合 (A_i, B_j) 做两次试验，得火箭射程如表 9–23 所示. 分析燃料、推进器及它们的交互作用对火箭射程有无显著影响 $(\alpha = 0.05)$？

表 9–23

A_i \ B_j	B_1		B_2		B_3		$x_i..$
A_1	582	526	562	412	653	608	3 343

（续表）

B_j \\ A_i	B_1		B_2		B_3		$x_i..$
A_2	491	428	541	505	516	484	2 965
A_3	601	583	709	732	392	407	3 424
A_4	758	715	582	510	487	414	3 466
$x.._j.$	4 684		4 553		3 961		$x... = 13\ 198$

5. 为研究某一化学反应过程中温度 x 对产品得率 Y 的影响,测得数据如表 9 - 24 所示.

表 9 - 24

温度 $x/℃$	100	110	120	130	140	150	160	170	180	190
得率 $Y/\%$	45	51	54	61	66	70	74	78	85	89

求:(1) Y 关于 x 的回归方程;

(2) σ^2 的估计;

(3) 用 t 检验法检验线性假设($\alpha = 0.05$)并用 F 检验法检验回归方程($\alpha = 0.01$);

(4) $x_0 = 145$,点估计 $\hat{y}_0$ 及置信度为 95% 的置信区间.

6. 合成纤维抽丝式段第一导丝盘的速度是影响丝的质量的主要参数,今发现其和电流的周波有密切关系,生产中测量数据如表 9 - 25 所示.

表 9 - 25

电流周波 x	49.2	50.0	49.3	49.0	49.0	49.5	49.8	49.9	50.2	50.2
导丝盘速度 y	16.7	17.0	16.8	16.6	16.7	16.8	16.9	17.0	17.0	17.1

设对 x ,速度 Y 是正态变量,方差与 x 无关.求速度 Y 关于周波的一元回归方程,并对回归方程进行显著性检验,求出 $x_0 = 50.5$ 处的 y 的预报值 $\hat{y}_0$ 和预报区间($\alpha = 0.05$).

7. 炼钢厂出钢时所用的盛钢水的钢包,在使用过程中由于钢液及炉渣对包衬耐火材料的侵蚀,使其容积不断增大,经试验钢包的容积 y (由于容积不易测量,故以钢包盛满钢水的重量作为近似量)与相应的使用次数 x (也称包龄)的数据如表 9 - 26 所示.求 y 和 x 的非线性回归关系.

表 9 - 26

使用次数 x	2	3	4	5	7	8	10
容积 y	106.42	108.20	109.56	109.50	110.00	109.93	110.49
使用次数 x	11	14	15	16	18	19	
容积 y	110.59	110.60	110.90	110.76	111.00	111.20	

附录 A
SAS/STAT 程序库使用简介

SAS 系统是一个有数据保存、加工和分析功能的工业、农业以及商业数据处理系统. SAS/STAT 是在 SAS 系统下运行的,包含常用统计模型和分析方法的一个统计程序库,可用于处理分析常见的统计问题. 它是在科学计算中应用最广泛的软件包之一. 以下对其操作和使用做一个简单介绍,详细说明可参阅北京大学概率统计系高惠璇等于 1995 年编的 SAS 系统使用手册.

一、SAS 操作系统

1. 进入 SAS

在 SAS 目录区的文件"SAS. EXE"是打开并运行 SAS 的可执行文件. 可在 Windows 下直接用鼠标双击该文件,或在 DOS 提示符下输入 SAS<return>并回车以打开 SAS.

2. SAS 的基本接口

SAS 的基本接口由 3 个窗口组成(在每一个窗口上方有一个命令行:"Command⇒",在命令行的箭头后面可以输入各种命令(Commands)):

① OUTPUT 窗口,OUTPUT 窗口输出程序运行结果(当 proc print 程序运行时);

② LOG 窗口,LOG 窗口输出被编译执行的程序及错误信息、执行时间等;

③ PROGRAM,EDITOR 窗口,简记 PGM,PGM 窗口在命令行下面有带标号的程序行,用来输入程序语句(Statements)及数据.

以上 3 个窗口在整个 SAS 运行期间不能被关闭.

3. 其他窗口

除去以上 3 个基本窗口外,SAS 还允许打开或关闭其他各种窗口.

① HELP 窗口:提供 help 信息(SAS 系统不区分字母大小写),对任一窗口上方的"Command⇒"行中输入 Help<return>,即打开了 HELP 窗口.

② KEYS 窗口:提供并允许修改,自定义各种快捷键.

③ 窗口的放大:"Command⇒"行中输入 Zoom<return>.

④ 窗口的缩小:"Command⇒"行中输入 Zoom off <return>.

⑤ 窗口的退出:"Command⇒"行中输入 End <return>.

4. 退出 SAS

在任一窗口上方的"Command⇒"行中输入 Endsas <return>或 Bye <return>,则退出 SAS.

5. 快捷键

SAS 允许用各种定义好的快捷键来执行系统操作命令,如 Help,Keys 等.

当打开 KEYS 窗口时,可以看见上面列出各种快捷键的功能,修改其功能时,只需将原来的功能定义删除,输入新的定义,然后在"Command⇒"行中输入 Save <return>即可.

二、SAS 数据集与数据步

1. 数据集

该数据集对于 SAS 系统是能够识别与加工的,它有一个文件名,字长不超过 8 个字母.

SAS 数据集由两部分组成:

① 描述信息:向 SAS 系统描述数据集的内容.

② 数据:长方形矩阵结构,每一列称为一个"变量"(Variable),有一个变量名,每一行称为一个"观测"(Observation).

非 SAS 数据集的数据集,即外部数据集,只有在转化为 SAS 数据集以后才能被 SAS 系统识别并加工.

2. 数据步

数据步是建立并加工数据集的基本方法,在 PGM 窗口上的程序行上输入,举例说明如下:

① "data person",建立一个名为 person 的 SAS 数据集,第 1 条程序语句必须是"data 文件名",这个由 data 语句建立起来的数据集在 SAS 运行期间一直存在并可以反复引用,直到退出 SAS 系统.

② 第 2 程序语句为"input dept $ studnum stufnum",输入 3 个变量,名字分别为 dept,studnum 和 stufnum,其中 dept 后面的"$"符表示这是一个文字变量,而不带"$"符的变量为数字变量.

③ 第 3 程序语句为"cards",表示直接在程序中输入数据.

④ 第 4 程序语句为"Math 256 108,Physics 321 87,Chem. 182 79",且每一观测占 1 行,最后单独一行的分号";"表示数据输入结束.

⑤ 第 5 程序语句为"proc print",即将所建立的 SAS 数据集打印到 OUTPUT 窗口.

⑥ 第 6 程序语句为"run",表示运行上述数据步程序.

⑦ 在"Command⇒"行中输入 Submit <return>,或敲击相应的快捷键,可将上述程序递交编译并运行;且在上面每一行程序语句末尾必须以分号";"结尾,以表示一条程序结束.

3. 从外部文件输入数据

如果要输入的数据事先已存在一个外部文件中,要将这些数据输入一个新建的 SAS 数据集,则需先使用 infile 语句,即外部文件路径,然后在"Command⇒"行中输入 Submit <return>或点击相应的快捷键,就能得到相同的 SAS 数据集.

除去在 PGM 窗口直接输入数据步程序外,还有一种输入数据步程序的方法,可将数据步程序存在一个外部文件中,然后在 PGM 窗口的程序行上输入"% include'外部文件路径'";并将指定的外部文件中的程序调入系统,然后在 SAS 的 PGM 窗口中输入相应的程序语句,最后再执行 proc print 程序.

4. 永久保存 SAS 数据集

一般通过数据步建立起来的 SAS 数据集只在 SAS 运行期间存在,当 SAS 系统退出后就不再被保存,要永久保存 SAS 数据集,应首先建立一个 SAS 库,然后建立一个数据文件,最后用数据步建立 SAS 数据集. 这样在下一次 SAS 运行中,一个子目录被赋予库名,就可调用此数据文件.

5. 查看数据集

要查看在 SAS 库中所保留的数据集,可在任一窗口的"Command⇒"行中输入 DIR 命令或点击相应的快捷键,打开 DIR 窗口并按一定方法就可了解某个数据文件的内容.

6. 数据的类型与格式

SAS 对不同的数据允许有不同的输入方式,数据之间用空格分开是最方便的一种.

SAS 数据分为两大类：文字数据和数值数据，其表达方式及输入输出方式可参考 SAS 系统使用手册.

三、在数据步中对数据进行加工

1. 常用运算

在数据步中可以对输入数据或 SAS 数据集中的数据进行运算并产生新变量，常用的运算有加法（＋），减法（一），乘法（＊），除法（/），乘方（＊＊）.

2. SAS 函数

在 SAS 数据步的运算中可使用其内部函数，其基本形式为 f（变量 1，变量 2，…）. 常用的初等函数有：

①ABS(x)表示 x 的绝对值；

②SIGN(x)表示 x 的正负号；

③SQRT(x)表示 x 的平方根；

④EXP(x)表示 e^x；

⑤LOG(x)表示 $\ln x$；

⑥SIN(x)表示正弦函数；

⑦COS(x)表示余弦函数；

⑧TAN(x)表示正切函数；

⑨ARSIN(x)表示反正弦函数；

⑩ARCOS(x)表示反余弦函数；

⑪ATAN(x)表示反正切函数；

⑫GAMMA(x)表示伽玛函数，$\Gamma(x) = \int_0^{+\infty} u^{x-1} e^{-u} du$.

3. 概率统计函数

SAS 系统的一大特点是有许多常用的概率和统计函数，利用这些函数可以较方便地进行一些简单的概率统计计算.

① 标准正态分布函数：

$$\text{ERF}(x) \qquad \frac{1}{\sqrt{2\pi}} \int_{-\infty}^{x} e^{-\frac{1}{2}t^2} dt$$

② Poisson 分布函数：

$$\text{POISSON}(m,n) \qquad \sum_{k=0}^{n} \frac{m^k}{k!} e^{-m}$$

③ 二项分布函数：

$$\text{PROBBNML}(p,n,m) \qquad \sum_{k=0}^{m} C_n^k p^k (1-p)^{n-k}$$

④ $\chi^2(n)$ 分布函数：

$$\text{PROBCHI}(x,n) \qquad \text{pr}(\chi^2(n) < x)$$

⑤ F(n,m)分布函数：

$$\text{PROBF}(x,n,m) \qquad \text{pr}(F(n,m) < x)$$

⑥ Gamma 分布函数：

$$\text{PROBGAM}(x,n) \qquad \frac{1}{\Gamma(n)} \int_0^x u^{n-1} e^{-u} du$$

⑦ 样本均值：

$$\text{MEAN}(\text{of } X_1 - X_n) \qquad \frac{1}{n} \sum_{i=1}^{n} x_i$$

⑧ 样本方差：

$$\mathrm{VAR}(\mathrm{of}\quad X_1 - X_n) \qquad\qquad \frac{1}{n-1}\sum_{i=1}^{n}(x_i - \overline{x})^2$$

⑨ 样本标准差：

$$\mathrm{STD}(\mathrm{of}\quad X_1 - X_n) \qquad\qquad \mathrm{VAR}\ 的平方根$$

⑩ 样本均值的标准误差：

$$\mathrm{STDERR}(\mathrm{of}\quad X_1 - X_n) \qquad\qquad \mathrm{VAR}/n\ 的平方根$$

⑪ 极值：

$$\mathrm{MAX}(\mathrm{of}\quad ar\{*\}) \qquad\qquad ar\{*\}的最大值$$
$$\mathrm{MIN}(\mathrm{of}\quad ar\{*\}) \qquad\qquad ar\{*\}的最小值$$

⑫ 样本值域：

$$\mathrm{RANGE}[\mathrm{of}\quad ar\{*\} - \mathrm{MAX}(\mathrm{of}\quad ar\{*\}) - \mathrm{MIN}(\mathrm{of}\quad ar\{*\})]$$

四、SAS 统计程序库——SAS/STAT

SAS 系统中有一个功能强大、涵盖面广的统计软件库 SAS/STAT，包括了 26 个统计程序，可对常用的统计模型进行分析、推断、预测. 在 SAS/STAT 中所有的程序都以一个前缀 PROC 开头（PROC 表示 procedure的前 4 个字母）.

1. 可作回归分析的程序

① PROC　REG——可作线性回归分析、数据诊断、模型选择以及作散点图.

② PROC　GLM——可作一般线性回归、多项式回归及加权最小二乘.

③ PROC　NLIN——可作非线性回归.

④ PROC　AUTOREG——可作时间序列的自回归模型分析.

⑤ PROC　LIFEREG——可作带截尾的寿命数据的参数回归模型分析.

2. 可作方差分析的程序

① PROC　ANOVA——可作一元和多元的方差分析、多重比较.

② PROG　GLIM——可作一元和多元的方差分析、回归分析、协方差分析.

③ PROC　NESTED——可对嵌套模型作方差和协方差分析.

④ PROC　PLAN——构造交叉分类和嵌套模型的试验，并随机化.

3. 可作寿命数据回归分析的程序：PROC　LIFEREG

4. 可作分类数据模型分析的程序：PROC　CATMOD

即可作对数线性模型 Logit 模型和 Logistic 模型的分析.

除以上程序外，SAS/STAT 还有许多程序，可作多元统计分析，如判别分析，因子分析等. 有兴趣的读者可查阅相应的参考书.

5. PROC　REG 程序介绍

该程序有很多功能，是统计学中广泛应用的一个程序，其主要功能是作线性回归、散点图、模型选择、数据诊断.

下面给一个例子说明 SAS 输入和输出.

例　对一组儿童的体重（weight）和身高（height）数据建立简单的线性模型. y 表体重，x 表身高.

SAS程序

```
data    class；
input        $  height      weight；
cards；
```

1	69.0	112.5
2	56.5	84.0
3	65.3	98.0
4	62.8	102.5
5	63.5	102.5
6	57.3	83.0
7	59.8	84.5
8	62.5	112.5
9	62.5	84.0
10	59.0	99.5
11	51.3	50.5
12	64.3	90.0
13	56.3	77.0
14	66.5	112.0
15	72.0	150.0
16	64.8	128.0
17	67.0	133.0
18	57.5	85.0
19	66.5	112.0

```
;
proc  reg ;
model weight＝height;
plot   weight＊height;
run;
```

由 PROC   REG 所得的分析结果及图示做以下说明:

① 在程序最后一句"plot   weight＊height;"要求输出以 height 为横坐标,weight 为纵坐标的散点图,在此给予省略.

② 输出"Analysis of Variance"方差分析表:

SAS Analysis of Variance					
Source	DF	Sum of Squares	Mean Squares	F Value	Probe＞F
Model	1	7 193.249 12	7 193.249 12	57.076	0.000 1
Error	17	2 142.487 72	126.028 69		
C Total	18	9 335.736 84			

其中,"Source"表示方差来源;"Model"表示模型或回归平方和 U;"Error"表示误差平方和 Q;"C Total"表示总的平方和 S_T,$S_T = U + Q$;"DF"表示自由度,$n = 19$,S_T 的自由度为 $n - 1 = 18$,U 的自由度为 1,Q 的自由度为 17,即

$$总自由度 = 回归自由度 + 误差自由度 = 观测总数 - 1;$$

"Mean Square"指"均方",即"平方和/自由度";"F Value"指"F 统计量的值",即"回归均方和/误差均方和";"Prob＞F"指 $F > F_\alpha(1, n-2)$,P 值小于 α,回归系数 b 不为零.

③ 输出参数估计.

Parameter Estimates

Variable	DF	Parameter Estimates	Standard Error	T for HO Parameter=0	Prob>|T|
INTERCEP	1	−143.026 918	32.274 591 30	−4.432	0.000 4
HEIGHT	1	3.899 030	0.516 093 95	7.555	0.000 1

其中,"Variable"表示变量;"INTERCEP"表示截距,即回归模型中常数项 a;"HEIGHT"表示高度斜率,即回归模型中自变量 h 的斜率 b;"DF"表示自由度为 1;"Parameter Estimates"表示参数估计值;"Standard Error"表示标准误差,即参数估计的理论标准差的估计值;"T for HO: Parameter=0"表示检验假设 H_0(相应参数=0 时)t 的统计量,其值为:T="参数估计值/标准误差值";"Prob>\|T\|"表示服从相应 t 分布的随机变量的绝对值大于 $|T|$ 的概率,通常称为"P 值",对给定的检验水平 α(通常 $\alpha=0.05$ 或 0.01),当 P 值小于 α 时就认为相应参数不为零,否则就认为相应的参数为零,此时说明自变量对因变量无影响.

④ 方差分析结果 $P=0.000\,1<\alpha=0.01$,回归模型有效.

两个参数估计检验 P 值分别为 0.000 4 和 0.000 1,非常小,参数不为零.

回归方程为　　　　　　　　　　$W=-143.0+3.9h.$

附录 B
常用统计表

附表 1　标准正态分布表

$$\Phi(z) = \int_{-\infty}^{z} \frac{1}{\sqrt{2\pi}} e^{-u^2/2} du = P(Z \leqslant z)$$

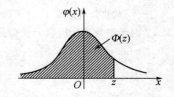

z	0	1	2	3	4	5	6	7	8	9
−3.0	0.001 3	0.001 0	0.000 7	0.000 5	0.000 3	0.000 2	0.000 2	0.000 1	0.000 1	0.000 0
−2.9	0.001 9	0.001 8	0.001 8	0.001 7	0.001 6	0.001 6	0.001 5	0.001 5	0.001 4	0.001 4
−2.8	0.002 6	0.002 5	0.002 4	0.002 3	0.002 3	0.002 2	0.002 1	0.002 1	0.002 0	0.001 9
−2.7	0.003 5	0.003 4	0.003 3	0.003 2	0.003 1	0.003 0	0.002 9	0.002 8	0.002 7	0.002 6
−2.6	0.004 7	0.004 5	0.004 4	0.004 3	0.004 1	0.004 0	0.003 9	0.003 8	0.003 7	0.003 6
−2.5	0.006 2	0.006 0	0.005 9	0.005 7	0.005 5	0.005 4	0.005 2	0.005 1	0.004 9	0.004 8
−2.4	0.008 2	0.008 0	0.007 8	0.007 5	0.007 3	0.007 1	0.006 9	0.006 8	0.006 6	0.006 4
−2.3	0.010 7	0.010 4	0.010 2	0.009 9	0.009 6	0.009 4	0.009 1	0.008 9	0.008 7	0.008 4
−2.2	0.013 9	0.013 6	0.013 2	0.012 9	0.012 6	0.012 2	0.011 9	0.011 6	0.011 3	0.011 0
−2.1	0.017 9	0.017 4	0.017 0	0.016 6	0.016 2	0.015 8	0.015 4	0.015 0	0.014 6	0.014 3
−2.0	0.022 8	0.022 2	0.021 7	0.021 2	0.020 7	0.020 2	0.019 7	0.019 2	0.018 8	0.018 3
−1.9	0.028 7	0.028 1	0.027 4	0.026 8	0.026 2	0.025 6	0.025 0	0.024 4	0.023 8	0.023 3
−1.8	0.035 9	0.035 2	0.034 4	0.033 6	0.032 9	0.032 2	0.031 4	0.030 7	0.030 0	0.029 4
−1.7	0.044 6	0.043 6	0.042 7	0.041 8	0.040 9	0.040 1	0.039 2	0.038 4	0.037 5	0.036 7
−1.6	0.054 8	0.053 7	0.052 6	0.051 6	0.050 5	0.049 5	0.048 5	0.047 5	0.046 5	0.045 5
−1.5	0.066 8	0.065 5	0.064 3	0.063 0	0.061 8	0.060 6	0.059 4	0.058 2	0.057 0	0.055 9
−1.4	0.080 8	0.079 3	0.077 8	0.076 4	0.074 9	0.073 5	0.072 2	0.070 8	0.069 4	0.068 1

（续表）

z	0	1	2	3	4	5	6	7	8	9
−1.3	0.096 8	0.095 1	0.093 4	0.091 8	0.090 1	0.088 5	0.086 9	0.085 3	0.083 8	0.082 3
−1.2	0.115 1	0.113 1	0.111 2	0.109 3	0.107 5	0.105 6	0.103 8	0.102 0	0.100 3	0.098 5
−1.1	0.135 7	0.133 5	0.131 4	0.129 2	0.127 1	0.125 1	0.123 0	0.121 0	0.119 0	0.117 0
−1.0	0.158 7	0.156 2	0.153 9	0.151 5	0.149 2	0.146 9	0.144 6	0.142 3	0.140 1	0.137 9
−0.9	0.184 1	0.181 4	0.178 8	0.176 2	0.173 6	0.171 1	0.168 5	0.166 0	0.163 5	0.161 1
−0.8	0.211 9	0.209 0	0.206 1	0.203 3	0.200 5	0.197 7	0.194 9	0.192 2	0.189 4	0.186 7
−0.7	0.242 0	0.238 9	0.235 8	0.232 7	0.229 7	0.226 6	0.223 6	0.220 6	0.217 7	0.214 8
−0.6	0.274 3	0.270 9	0.267 6	0.264 3	0.261 1	0.257 8	0.254 6	0.251 4	0.248 3	0.245 1
−0.5	0.308 5	0.305 0	0.301 5	0.298 1	0.294 6	0.291 2	0.287 7	0.284 3	0.281 0	0.277 6
−0.4	0.344 6	0.340 9	0.337 2	0.333 6	0.330 0	0.326 4	0.322 8	0.319 2	0.315 6	0.312 1
−0.3	0.382 1	0.378 3	0.374 5	0.370 7	0.366 9	0.363 2	0.359 4	0.355 7	0.352 0	0.348 3
−0.2	0.420 7	0.416 8	0.412 9	0.409 0	0.405 2	0.401 3	0.397 4	0.393 6	0.389 7	0.385 9
−0.1	0.460 2	0.456 2	0.452 2	0.448 3	0.444 3	0.440 4	0.436 4	0.432 5	0.428 6	0.424 7
−0.0	0.500 0	0.496 0	0.492 0	0.488 0	0.484 0	0.480 1	0.476 1	0.472 1	0.468 1	0.464 1
0.0	0.500 0	0.504 0	0.508 0	0.512 0	0.516 0	0.519 9	0.523 9	0.527 9	0.531 9	0.535 9
0.1	0.539 8	0.543 8	0.547 8	0.551 7	0.555 7	0.559 6	0.563 6	0.567 5	0.571 4	0.575 3
0.2	0.579 3	0.583 2	0.587 1	0.591 0	0.594 8	0.598 7	0.602 6	0.606 4	0.610 3	0.614 1
0.3	0.617 9	0.621 7	0.625 5	0.629 3	0.633 1	0.636 8	0.640 6	0.644 3	0.648 0	0.651 7
0.4	0.655 4	0.659 1	0.662 8	0.666 4	0.670 0	0.673 6	0.677 2	0.680 8	0.684 4	0.687 9
0.5	0.691 5	0.695 0	0.698 5	0.701 9	0.705 4	0.708 8	0.712 3	0.715 7	0.719 0	0.722 4
0.6	0.725 7	0.729 1	0.732 4	0.735 7	0.738 9	0.742 2	0.745 4	0.748 6	0.751 7	0.754 9
0.7	0.758 0	0.761 1	0.764 2	0.767 3	0.770 3	0.773 4	0.776 4	0.779 4	0.782 3	0.785 2
0.8	0.788 1	0.791 0	0.793 9	0.796 7	0.799 5	0.802 3	0.805 1	0.807 8	0.810 6	0.813 3
0.9	0.815 9	0.818 6	0.821 2	0.823 8	0.826 4	0.828 9	0.831 5	0.834 0	0.836 5	0.838 9
1.0	0.841 3	0.843 8	0.846 1	0.848 5	0.850 8	0.853 1	0.855 4	0.857 7	0.859 9	0.862 1
1.1	0.864 3	0.866 5	0.868 6	0.870 8	0.872 9	0.874 9	0.877 0	0.879 0	0.881 0	0.883 0
1.2	0.884 9	0.886 9	0.888 8	0.890 7	0.892 5	0.894 4	0.896 2	0.898 0	0.899 7	0.901 5
1.3	0.903 2	0.904 9	0.906 6	0.908 2	0.909 9	0.911 5	0.913 1	0.914 7	0.916 2	0.917 7
1.4	0.919 2	0.920 7	0.922 2	0.923 6	0.925 1	0.926 5	0.927 8	0.929 2	0.930 6	0.931 9
1.5	0.933 2	0.934 5	0.935 7	0.937 0	0.938 2	0.939 4	0.940 6	0.941 8	0.943 0	0.944 1
1.6	0.945 2	0.946 3	0.947 4	0.948 4	0.949 5	0.950 5	0.951 5	0.952 5	0.953 5	0.954 5

（续表）

z	0	1	2	3	4	5	6	7	8	9
1.7	0.955 4	0.956 4	0.957 3	0.958 2	0.959 1	0.959 9	0.960 8	0.961 6	0.962 5	0.963 3
1.8	0.964 1	0.964 8	0.965 6	0.966 4	0.967 1	0.967 8	0.968 6	0.969 3	0.970 0	0.970 6
1.9	0.971 3	0.971 9	0.972 6	0.973 2	0.973 8	0.974 4	0.975 0	0.975 6	0.976 2	0.976 7
2.0	0.977 2	0.977 8	0.978 3	0.978 8	0.978 3	0.979 8	0.980 3	0.980 8	0.981 2	0.981 7
2.1	0.982 1	0.982 6	0.983 0	0.983 4	0.983 8	0.984 2	0.984 6	0.985 0	0.985 4	0.985 7
2.2	0.986 1	0.986 4	0.986 8	0.987 1	0.987 4	0.987 8	0.988 1	0.988 4	0.988 7	0.989 0
2.3	0.989 3	0.989 6	0.989 8	0.990 1	0.990 4	0.990 6	0.990 9	0.991 1	0.991 3	0.991 6
2.4	0.991 8	0.992 0	0.992 2	0.992 5	0.992 7	0.992 9	0.993 1	0.993 2	0.993 4	0.993 6
2.5	0.993 8	0.994 0	0.994 1	0.994 3	0.994 5	0.994 6	0.994 8	0.994 9	0.995 1	0.995 2
2.6	0.995 3	0.995 5	0.995 6	0.995 7	0.995 9	0.996 0	0.996 1	0.996 2	0.996 3	0.996 4
2.7	0.996 5	0.996 6	0.996 7	0.996 8	0.996 9	0.997 0	0.997 1	0.997 2	0.997 3	0.997 4
2.8	0.997 4	0.997 5	0.997 6	0.997 7	0.997 7	0.997 8	0.997 9	0.997 9	0.998 0	0.998 1
2.9	0.998 1	0.998 2	0.998 2	0.998 3	0.998 4	0.998 4	0.998 5	0.998 5	0.998 6	0.998 6
3.0	0.998 7	0.999 0	0.999 3	0.999 5	0.999 7	0.999 8	0.999 8	0.999 9	0.999 9	1.000 0

附表 2　泊松分布表

$$1-F(x-1) = \sum_{r=x}^{\infty} \frac{e^{-\lambda}\lambda^r}{r!}$$

x	$\lambda = 0.2$	$\lambda = 0.3$	$\lambda = 0.4$	$\lambda = 0.5$	$\lambda = 0.6$
0	1.000 000 0	1.000 000 0	1.000 000 0	1.000 000 0	1.000 000 0
1	0.181 269 2	0.259 181 8	0.329 680 0	0.393 469	0.451 188
2	0.017 523 1	0.036 936 3	0.061 551 9	0.090 204	0.121 901
3	0.001 148 5	0.003 599 5	0.007 926 3	0.014 388	0.023 115
4	0.000 056 8	0.000 265 8	0.000 776 3	0.001 752	0.003 358
5	0.000 002 3	0.000 015 8	0.000 061 2	0.000 172	0.000 394
6	0.000 000 1	0.000 000 8	0.000 004 0	0.000 014	0.000 039
7			0.000 000 2	0.000 000 1	0.000 003

x	$\lambda = 0.7$	$\lambda = 0.8$	$\lambda = 0.9$	$\lambda = 1.0$	$\lambda = 1.2$
0	1.000 000 0	1.000 000 0	1.000 000 0	1.000 000 0	1.000 000 0
1	0.503 415	0.550 671	0.593 430	0.632 121	0.698 806

（续表）

x	$\lambda=0.7$	$\lambda=0.8$	$\lambda=0.9$	$\lambda=1.0$	$\lambda=1.2$
2	0. 155 805	0. 191 208	0. 227 518	0. 264 241	0. 337 373
3	0. 034 142	0. 047 423	0. 062 857	0. 080 301	0. 120 513
4	0. 005 753	0. 009 080	0. 013 459	0. 018 988	0. 033 769
5	0. 000 786	0. 001 411	0. 002 344	0. 003 660	0. 007 746
6	0. 000 090	0. 000 184	0. 000 343	0. 000 594	0. 001 500
7	0. 000 009	0. 000 021	0. 000 043	0. 000 083	0. 000 251
8	0. 000 001	0. 000 002	0. 000 005	0. 000 010	0. 000 037
9				0. 000 001	0. 000 005
10					0. 000 001

x	$\lambda=1.4$	$\lambda=1.6$	$\lambda=1.8$
0	1. 000 000	1. 000 000	1. 000 000
1	0. 753 403	0. 798 103	0. 834 701
2	0. 408 167	0. 475 069	0. 537 163
3	0. 166 502	0. 216 642	0. 269 379
4	0. 053 725	0. 078 813	0. 108 708
5	0. 014 253	0. 023 682	0. 036 407
6	0. 003 201	0. 006 040	0. 010 378
7	0. 000 622	0. 001 336	0. 002 569
8	0. 000 107	0. 000 260	0. 000 562
9	0. 000 016	0. 000 045	0. 000 110
10	0. 000 002	0. 000 007	0. 000 019
11		0. 000 001	0. 000 003

x	$\lambda=2.5$	$\lambda=3.0$	$\lambda=3.5$	$\lambda=4.0$	$\lambda=4.5$	$\lambda=5.0$
0	1. 000 000	1. 000 000	1. 000 000	1. 000 000	1. 000 000	1. 000 000
1	0. 917 915	0. 950 213	0. 969 803	0. 981 684	0. 988 891	0. 993 262
2	0. 712 703	0. 800 852	0. 864 112	0. 908 122	0. 938 901	0. 959 572
3	0. 456 187	0. 576 810	0. 679 153	0. 761 897	0. 826 422	0. 875 348
4	0. 242 424	0. 352 768	0. 463 367	0. 566 530	0. 657 704	0. 734 974
5	0. 108 822	0. 184 737	0. 274 555	0. 371 163	0. 467 896	0. 559 507
6	0. 042 021	0. 083 918	0. 142 386	0. 214 870	0. 297 070	0. 384 039
7	0. 014 187	0. 033 509	0. 065 288	0. 110 674	0. 168 949	0. 237 817

（续表）

x	$\lambda=2.5$	$\lambda=3.0$	$\lambda=3.5$	$\lambda=4.0$	$\lambda=4.5$	$\lambda=5.0$
8	0.004 247	0.011 905	0.026 739	0.051 134	0.086 586	0.133 372
9	0.001 140	0.003 803	0.009 874	0.021 363	0.040 257	0.068 094
10	0.000 277	0.001 102	0.003 315	0.008 132	0.017 093	0.031 828
11	0.000 062	0.000 292	0.001 019	0.002 840	0.006 669	0.013 695
12	0.000 013	0.000 071	0.000 289	0.000 915	0.002 404	0.005 453
13	0.000 002	0.000 016	0.000 076	0.000 274	0.000 805	0.002 019
14		0.000 003	0.000 019	0.000 076	0.000 252	0.000 698
15		0.000 001	0.000 004	0.000 020	0.000 074	0.000 226
16			0.000 001	0.000 005	0.000 020	0.000 069
17				0.000 001	0.000 005	0.000 020
18					0.000 001	0.000 005
19						0.000 001

附表 3　χ^2 分布表

$$P(\chi^2(n) > \chi^2_\alpha(n)) = \alpha$$

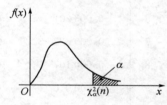

n	$\alpha=0.995$	0.99	0.975	0.95	0.90	0.75
1	—	—	0.001	0.004	0.016	0.102
2	0.010	0.020	0.051	0.103	0.211	0.575
3	0.072	0.115	0.216	0.352	0.584	1.213
4	0.207	0.297	0.484	0.711	1.064	1.923
5	0.412	0.554	0.831	1.145	1.610	2.675
6	0.676	0.872	1.237	1.635	2.204	3.455
7	0.989	1.239	1.690	2.167	2.833	4.255
8	1.344	1.646	2.180	2.733	3.490	5.071
9	1.735	2.088	2.700	3.325	4.168	5.899

（续表）

n	α＝0.995	0.99	0.975	0.95	0.90	0.75
10	2.156	2.558	3.247	3.940	4.865	6.737
11	2.603	3.053	3.816	4.575	5.578	7.584
12	3.074	3.571	4.404	5.226	6.304	8.438
13	3.565	4.107	5.009	5.892	7.042	9.299
14	4.075	4.660	5.629	6.571	7.790	10.165
15	4.601	5.229	6.262	7.261	8.547	11.037
16	5.142	5.812	6.908	7.962	9.312	11.912
17	5.697	6.408	7.564	8.672	10.085	12.792
18	6.265	7.015	8.213	9.390	10.865	13.675
19	6.844	7.633	8.907	10.117	11.651	14.562
20	7.434	8.260	9.591	10.851	12.443	15.452
21	8.034	8.897	10.283	11.591	13.240	16.344
22	8.643	9.542	10.982	12.338	14.042	17.240
23	9.260	10.196	11.689	13.091	14.848	18.137
24	9.886	10.856	12.401	13.848	15.659	19.037
25	10.520	11.524	13.120	14.611	16.473	19.939
26	11.160	12.198	13.844	15.379	17.292	20.843
27	11.808	12.879	14.573	16.151	18.114	21.749
28	12.461	13.565	15.308	16.928	18.939	22.657
29	13.121	14.257	16.047	17.708	19.768	23.567
30	13.787	14.954	16.791	18.493	20.599	24.478
31	14.458	15.655	17.539	19.281	21.434	25.390
32	15.134	16.362	18.291	20.072	22.271	26.304
33	15.815	17.074	19.047	20.867	23.110	27.219
34	16.501	17.789	19.806	21.664	23.952	28.136
35	17.192	18.509	20.569	22.465	24.797	29.054
36	17.887	19.233	21.336	23.269	25.643	29.973
37	18.586	19.960	22.106	24.075	26.492	30.893

n	$\alpha=0.995$	0.99	0.975	0.95	0.90	0.75
38	19.289	20.691	22.878	24.884	27.343	31.815
39	19.996	21.426	23.654	25.695	28.196	32.737
40	20.707	22.164	24.433	26.509	29.051	33.660
41	21.421	22.906	25.215	27.326	29.907	34.585
42	22.138	23.650	25.999	28.144	30.765	35.510
43	22.859	24.398	26.785	28.965	31.625	36.436
44	23.584	25.148	27.575	29.787	32.487	37.363
45	24.311	25.901	28.366	30.612	33.350	38.291
n	$\alpha=0.25$	0.10	0.05	0.025	0.01	0.005
1	1.323	2.706	3.841	5.024	6.635	7.879
2	2.773	4.605	5.991	7.378	9.210	10.597
3	4.108	6.251	7.815	9.348	11.345	12.838
4	5.385	7.779	9.488	11.143	13.277	14.860
5	6.626	9.236	11.071	12.833	15.086	16.750
6	7.841	10.645	12.592	14.449	16.812	18.548
7	9.037	12.017	14.067	16.013	18.475	20.278
8	10.219	13.362	15.507	17.535	20.090	21.955
9	11.389	14.684	16.919	19.023	21.666	23.589
10	12.549	15.987	18.307	20.483	23.209	25.188
11	13.701	17.275	19.675	21.920	24.725	26.757
12	14.845	18.549	21.026	23.337	26.217	28.299
13	15.984	19.812	22.362	24.736	27.688	29.819
14	17.117	21.064	23.685	26.119	29.141	31.319
15	18.245	22.307	24.996	27.488	30.578	32.801
16	19.369	23.542	26.296	28.845	32.000	34.267
17	20.489	24.769	27.587	30.191	33.409	35.718
18	21.605	25.989	28.869	31.526	34.805	37.156
19	22.718	27.204	30.144	32.852	36.191	38.582
20	23.828	28.412	31.410	34.170	37.566	39.997

（续表）

n	$\alpha=0.25$	0.10	0.05	0.025	0.01	0.005
21	24.935	29.615	32.671	35.479	38.932	41.401
22	26.039	30.813	33.924	36.781	40.289	42.796
23	27.141	32.007	35.172	38.076	41.638	44.181
24	28.241	33.196	36.415	39.364	42.980	45.559
25	29.339	34.382	37.652	40.646	44.314	46.928
26	30.435	35.563	38.885	41.923	45.642	48.290
27	31.528	36.741	40.113	43.194	46.963	49.645
28	32.620	37.916	41.337	44.461	48.278	50.993
29	33.711	39.087	42.557	45.722	49.588	52.336
30	34.800	40.256	43.773	46.979	50.892	53.672
31	35.887	41.422	44.985	48.232	52.191	55.003
32	36.973	42.585	46.194	49.480	53.486	56.328
33	38.058	43.745	47.400	50.725	54.776	57.648
34	39.141	44.903	48.602	51.966	56.061	58.964
35	40.223	46.059	49.802	53.203	57.342	60.275
36	41.304	47.212	50.998	54.437	58.619	61.581
37	42.383	48.363	52.192	55.668	59.892	62.883
38	43.462	49.513	53.384	56.896	61.162	64.181
39	44.539	50.660	54.572	58.120	62.428	65.476
40	45.616	51.805	55.758	59.342	63.691	66.766
41	46.692	52.949	56.942	60.561	64.950	68.053
42	47.766	54.090	58.124	61.777	66.206	69.336
43	48.840	55.230	59.304	62.990	67.459	70.616
44	49.913	56.369	60.481	64.201	68.710	71.893
45	50.985	57.505	61.656	65.410	69.957	73.166

附表 4　t 分布表

$$P(t(n) > t_\alpha(n)) = \alpha$$

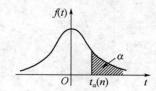

n	α=0.25	0.10	0.05	0.025	0.01	0.005
1	1.000 0	3.077 7	6.313 8	12.706 2	31.820 7	63.657 4
2	0.816 5	1.885 6	2.920 0	4.302 7	6.964 6	9.924 8
3	0.764 9	1.637 7	2.353 4	3.182 4	4.540 7	5.840 9
4	0.740 7	1.533 2	2.131 8	2.776 4	3.746 9	4.604 1
5	0.726 7	1.475 9	2.015 0	2.570 6	3.364 9	4.032 2
6	0.717 6	1.439 8	1.943 2	2.446 9	3.142 7	3.707 4
7	0.711 1	1.414 9	1.894 6	2.364 6	2.998 0	3.499 5
8	0.706 4	1.396 8	1.859 5	2.306 0	2.896 5	3.355 4
9	0.702 7	1.383 0	1.833 1	2.262 2	2.821 4	3.249 8
10	0.699 8	1.372 2	1.812 5	2.228 1	2.763 8	3.169 3
11	0.697 4	1.363 4	1.795 9	2.201 0	2.718 1	3.105 8
12	0.695 5	1.356 2	1.782 3	2.178 8	2.681 0	3.054 5
13	0.693 8	1.350 2	1.770 9	2.160 4	2.650 3	3.012 3
14	0.692 4	1.345 0	1.761 3	2.144 8	2.624 5	2.976 8
15	0.691 2	1.340 6	1.753 1	2.131 5	2.602 5	2.946 7
16	0.690 1	1.336 8	1.745 9	2.119 9	2.583 5	2.920 8
17	0.689 2	1.333 4	1.739 6	2.109 8	2.566 9	2.898 2
18	0.688 4	1.330 4	1.734 1	2.100 9	2.552 4	2.878 4
19	0.687 6	1.327 7	1.729 1	2.093 0	2.539 5	2.860 9
20	0.687 0	1.325 3	1.724 7	2.086 0	2.528 0	2.845 3
21	0.686 4	1.323 2	1.720 7	2.079 6	2.517 7	2.831 4
22	0.685 8	1.321 2	1.717 1	2.073 9	2.508 3	2.818 8
23	0.685 3	1.319 5	1.713 9	2.068 7	2.499 9	2.807 3

（续表）

n	$\alpha=0.25$	0.10	0.05	0.025	0.01	0.005
24	0.684 8	1.317 8	1.710 9	2.063 9	2.492 2	2.796 9
25	0.684 4	1.316 3	1.708 1	2.059 5	2.485 1	2.787 4
26	0.684 0	1.315 0	1.705 6	2.055 5	2.478 6	2.778 7
27	0.683 7	1.313 7	1.703 3	2.051 8	2.472 7	2.770 7
28	0.683 4	1.312 5	1.701 1	2.048 4	2.467 1	2.763 3
29	0.683 0	1.311 4	1.699 1	2.045 2	2.462 0	2.756 4
30	0.682 8	1.310 4	1.697 3	2.042 3	2.457 3	2.750 0
31	0.682 5	1.309 5	1.695 5	2.039 5	2.452 8	2.744 0
32	0.682 2	1.308 6	1.693 9	2.036 9	2.448 7	2.738 5
33	0.682 0	1.307 7	1.692 4	2.034 5	2.444 8	2.733 3
34	0.681 8	1.307 0	1.690 9	2.032 2	2.441 1	2.728 4
35	0.681 6	1.306 2	1.689 6	2.030 1	2.437 7	2.723 8
36	0.681 4	1.305 5	1.688 3	2.028 1	2.434 5	2.719 5
37	0.681 2	1.304 9	1.687 1	2.026 2	2.431 4	2.715 4
38	0.681 0	1.304 2	1.686 0	2.024 4	2.428 6	2.711 6
39	0.680 8	1.303 6	1.684 9	2.022 7	2.425 8	2.707 9
40	0.680 7	1.303 1	1.683 9	2.021 1	2.423 3	2.704 5
41	0.680 5	1.302 5	1.682 9	2.019 5	2.420 8	2.701 2
42	0.680 4	1.302 0	1.682 0	2.018 1	2.418 5	2.698 1
43	0.680 2	1.301 6	1.681 1	2.016 7	2.416 3	2.695 1
44	0.680 1	1.301 1	1.680 2	2.015 4	2.414 1	2.692 3
45	0.680 0	1.300 6	1.679 4	2.014 1	2.412 1	2.689 6

附表 5 F 分布表

$$P(F(n_1,n_2) > F_\alpha(n_1,n_2)) = \alpha$$

$$\alpha = 0.10$$

n_2 \ n_1	1	2	3	4	5	6	7	8	9	10	12	15	20	24	30	40	60	120	∞
1	39.86	49.50	53.59	55.83	57.24	58.20	58.91	59.44	59.86	60.19	60.71	61.22	61.74	62.00	62.26	62.53	62.79	63.06	63.33
2	8.53	9.00	9.16	9.24	9.29	9.33	9.35	9.37	9.38	9.39	9.41	9.42	9.44	9.45	9.46	9.47	9.47	9.48	9.49
3	5.54	5.46	5.39	5.34	5.31	5.28	5.27	5.25	5.24	5.23	5.22	5.20	5.18	5.18	5.17	5.16	5.15	5.14	5.13
4	4.54	4.32	4.19	4.11	4.05	4.01	3.98	3.95	3.94	3.92	3.90	3.87	3.84	3.83	3.82	3.80	3.79	3.78	3.76
5	4.06	3.78	3.62	3.52	3.45	3.40	3.37	3.34	3.32	3.30	3.27	3.24	3.21	3.19	3.17	3.16	3.14	3.12	3.10
6	3.78	3.46	3.29	3.18	3.11	3.05	3.01	2.98	2.96	2.94	2.90	2.87	2.84	2.82	2.80	2.78	2.76	2.74	2.72
7	3.59	3.26	3.07	2.96	2.88	2.83	2.78	2.75	2.72	2.70	2.67	2.63	2.59	2.58	2.56	2.54	2.51	2.49	2.47
8	3.46	3.11	2.92	2.81	2.73	2.67	2.62	2.59	2.56	2.54	2.50	2.46	2.42	2.40	2.38	2.36	2.34	2.32	2.29
9	3.36	3.01	2.81	2.69	2.61	2.55	2.51	2.47	2.44	2.42	2.38	2.34	2.30	2.28	2.25	2.23	2.21	2.18	2.16
10	3.29	2.92	2.73	2.61	2.52	2.46	2.41	2.38	2.35	2.32	2.28	2.24	2.20	2.18	2.16	2.13	2.11	2.08	2.06
11	3.23	2.86	2.66	2.54	2.45	2.39	2.34	2.30	2.27	2.25	2.21	2.17	2.12	2.10	2.08	2.05	2.03	2.00	1.97
12	3.18	2.81	2.61	2.48	2.39	2.33	2.28	2.24	2.21	2.19	2.15	2.10	2.06	2.04	2.01	1.99	1.96	1.93	1.90
13	3.14	2.76	2.56	2.43	2.35	2.28	2.23	2.20	2.16	2.14	2.10	2.05	2.01	1.98	1.96	1.93	1.90	1.88	1.85

（续表）

$\alpha = 0.10$

n_1 / n_2	1	2	3	4	5	6	7	8	9	10	12	15	20	24	30	40	60	120	∞
14	3.10	2.73	2.52	2.39	2.31	2.24	2.19	2.15	2.12	2.10	2.05	2.01	1.96	1.94	1.91	1.89	1.86	1.83	1.80
15	3.07	2.70	2.49	2.36	2.27	2.21	2.16	2.12	2.09	2.06	2.02	1.97	1.92	1.90	1.87	1.85	1.82	1.79	1.76
16	3.05	2.67	2.46	2.33	2.24	2.18	2.13	2.09	2.06	2.03	1.99	1.94	1.89	1.87	1.84	1.81	1.78	1.75	1.72
17	3.03	2.64	2.44	2.31	2.22	2.15	2.10	2.06	2.03	2.00	1.96	1.91	1.86	1.84	1.81	1.78	1.75	1.72	1.69
18	3.01	2.62	2.42	2.29	2.20	2.13	2.08	2.04	2.00	1.98	1.93	1.89	1.84	1.81	1.78	1.75	1.72	1.69	1.66
19	2.99	2.61	2.40	2.27	2.18	2.11	2.06	2.02	1.98	1.96	1.91	1.86	1.81	1.79	1.76	1.73	1.70	1.67	1.63
20	2.97	2.59	2.38	2.25	2.16	2.09	2.04	2.00	1.96	1.94	1.89	1.84	1.79	1.77	1.74	1.71	1.68	1.64	1.61
21	2.96	2.57	2.36	2.23	2.14	2.08	2.02	1.98	1.95	1.92	1.87	1.83	1.78	1.75	1.72	1.69	1.66	1.62	1.59
22	2.95	2.56	2.35	2.22	2.13	2.06	2.01	1.97	1.93	1.90	1.86	1.81	1.76	1.73	1.70	1.67	1.64	1.60	1.57
23	2.94	2.55	2.34	2.21	2.11	2.05	1.99	1.95	1.92	1.89	1.84	1.80	1.74	1.72	1.69	1.66	1.62	1.59	1.55
24	2.93	2.54	2.33	2.19	2.10	2.04	1.98	1.94	1.91	1.88	1.83	1.78	1.73	1.70	1.67	1.64	1.61	1.57	1.53
25	2.92	2.53	2.32	2.18	2.09	2.02	1.97	1.93	1.89	1.87	1.82	1.77	1.72	1.69	1.66	1.63	1.59	1.56	1.52
26	2.91	2.52	2.31	2.17	2.08	2.01	1.96	1.92	1.88	1.86	1.81	1.76	1.71	1.68	1.65	1.61	1.58	1.54	1.50
27	2.90	2.51	2.30	2.17	2.07	2.00	1.95	1.91	1.87	1.85	1.80	1.75	1.70	1.67	1.64	1.60	1.57	1.53	1.49
28	2.89	2.50	2.29	2.16	2.06	2.00	1.94	1.90	1.87	1.84	1.79	1.74	1.69	1.66	1.63	1.59	1.56	1.52	1.48
29	2.89	2.50	2.28	2.15	2.06	1.99	1.93	1.89	1.86	1.83	1.78	1.73	1.68	1.65	1.62	1.58	1.55	1.51	1.47
30	2.88	2.49	2.28	2.14	2.05	1.98	1.93	1.88	1.85	1.82	1.77	1.72	1.67	1.64	1.61	1.57	1.54	1.50	1.46
40	2.84	2.44	2.23	2.09	2.00	1.93	1.87	1.83	1.79	1.76	1.71	1.66	1.61	1.57	1.54	1.51	1.47	1.42	1.38
60	2.79	2.39	2.18	2.04	1.95	1.87	1.82	1.77	1.74	1.71	1.66	1.60	1.54	1.51	1.48	1.44	1.40	1.35	1.29
120	2.75	2.35	2.13	1.99	1.90	1.82	1.77	1.72	1.68	1.65	1.60	1.55	1.48	1.45	1.41	1.37	1.32	1.26	1.19
∞	2.71	2.30	2.08	1.94	1.85	1.77	1.72	1.67	1.63	1.60	1.55	1.49	1.42	1.38	1.34	1.30	1.24	1.17	1.00

$\alpha = 0.05$

n_2 \\ n_1	1	2	3	4	5	6	7	8	9	10	12	15	20	24	30	40	60	120	∞
1	161.4	199.5	215.7	224.6	230.2	234.0	236.8	238.9	240.5	241.9	243.9	245.9	248.0	249.1	250.1	251.1	252.2	253.3	254.3
2	18.51	19.00	19.16	19.25	19.30	19.33	19.35	19.37	19.38	19.40	19.41	19.43	19.45	19.45	19.46	19.47	19.48	19.49	19.50
3	10.13	9.55	9.28	9.12	9.01	8.94	8.89	8.85	8.81	8.79	8.74	8.70	8.66	8.64	8.62	8.59	8.57	8.55	8.53
4	7.71	6.94	6.59	6.39	6.26	6.16	6.09	6.04	6.00	5.96	5.91	5.86	5.80	5.77	5.75	5.72	5.69	5.66	5.63
5	6.61	5.79	5.41	5.19	5.05	4.95	4.88	4.82	4.77	4.74	4.68	4.62	4.56	4.53	4.50	4.46	4.43	4.40	4.36
6	5.99	5.14	4.76	4.53	4.39	4.28	4.21	4.15	4.10	4.06	4.00	3.94	3.87	3.84	3.81	3.77	3.74	3.70	3.67
7	5.59	4.74	4.35	4.12	3.97	3.87	3.79	3.73	3.68	3.64	3.57	3.51	3.44	3.41	3.38	3.34	3.30	3.27	3.23
8	5.32	4.46	4.07	3.84	3.69	3.58	3.50	3.44	3.39	3.35	3.28	3.22	3.15	3.12	3.08	3.04	3.01	2.97	2.93
9	5.12	4.26	3.86	3.63	3.48	3.37	3.29	3.23	3.18	3.14	3.07	3.01	2.94	2.90	2.86	2.83	2.79	2.75	2.71
10	4.96	4.10	3.71	3.48	3.33	3.22	3.14	3.07	3.02	2.98	2.91	2.85	2.77	2.74	2.70	2.66	2.62	2.58	2.54
11	4.84	3.98	3.59	3.36	3.20	3.09	3.01	2.95	2.90	2.85	2.79	2.72	2.65	2.61	2.57	2.53	2.49	2.45	2.40
12	4.75	3.89	3.49	3.26	3.11	3.00	2.91	2.85	2.80	2.75	2.69	2.62	2.54	2.51	2.47	2.43	2.38	2.34	2.30
13	4.67	3.81	3.41	3.18	3.03	2.92	2.83	2.77	2.71	2.67	2.60	2.53	2.46	2.42	2.38	2.34	2.30	2.25	2.21
14	4.60	3.74	3.34	3.11	2.96	2.85	2.76	2.70	2.65	2.60	2.53	2.46	2.39	2.35	2.31	2.27	2.22	2.18	2.13
15	4.54	3.68	3.29	3.06	2.90	2.79	2.71	2.64	2.59	2.54	2.48	2.40	2.33	2.29	2.25	2.20	2.16	2.11	2.07
16	4.49	3.63	3.24	3.01	2.85	2.74	2.66	2.59	2.54	2.49	2.42	2.35	2.28	2.24	2.19	2.15	2.11	2.06	2.01
17	4.45	3.59	3.20	2.96	2.81	2.70	2.61	2.55	2.49	2.45	2.38	2.31	2.23	2.19	2.15	2.10	2.06	2.01	1.96
18	4.41	3.55	3.16	2.93	2.77	2.66	2.58	2.51	2.46	2.41	2.34	2.27	2.19	2.15	2.11	2.06	2.02	1.97	1.92
19	4.38	3.52	3.13	2.90	2.74	2.63	2.54	2.48	2.42	2.38	2.31	2.23	2.16	2.11	2.07	2.03	1.98	1.93	1.88
20	4.35	3.49	3.10	2.87	2.71	2.60	2.51	2.45	2.39	2.35	2.28	2.20	2.12	2.08	2.04	1.99	1.95	1.90	1.84
21	4.32	3.47	3.07	2.84	2.68	2.57	2.49	2.42	2.37	2.32	2.25	2.18	2.10	2.05	2.01	1.96	1.92	1.87	1.81
22	4.30	3.44	3.05	2.82	2.66	2.55	2.46	2.40	2.34	2.30	2.23	2.15	2.07	2.03	1.98	1.94	1.89	1.84	1.78

（续表）

$\alpha = 0.05$

n_2 \ n_1	1	2	3	4	5	6	7	8	9	10	12	15	20	24	30	40	60	120	∞
23	4.28	3.42	3.03	2.80	2.64	2.53	2.44	2.37	2.32	2.27	2.20	2.13	2.05	2.01	1.96	1.91	1.86	1.81	1.76
24	4.26	3.40	3.01	2.78	2.62	2.51	2.42	2.36	2.30	2.25	2.18	2.11	2.03	1.98	1.94	1.89	1.84	1.79	1.73
25	4.24	3.39	2.99	2.76	2.60	2.49	2.40	2.34	2.28	2.24	2.16	2.09	2.01	1.96	1.92	1.87	1.82	1.77	1.71
26	4.23	3.37	2.98	2.74	2.59	2.47	2.39	2.32	2.27	2.22	2.15	2.07	1.99	1.95	1.90	1.85	1.80	1.75	1.69
27	4.21	3.35	2.96	2.73	2.57	2.46	2.37	2.31	2.25	2.20	2.13	2.06	1.97	1.93	1.88	1.84	1.79	1.73	1.67
28	4.20	3.34	2.95	2.71	2.56	2.45	2.36	2.29	2.24	2.19	2.12	2.04	1.96	1.91	1.87	1.82	1.77	1.71	1.65
29	4.18	3.33	2.93	2.70	2.55	2.43	2.35	2.28	2.22	2.18	2.10	2.03	1.94	1.90	1.85	1.81	1.75	1.70	1.64
30	4.17	3.32	2.92	2.69	2.53	2.42	2.33	2.27	2.21	2.16	2.09	2.01	1.93	1.89	1.84	1.79	1.74	1.68	1.62
40	4.08	3.23	2.84	2.61	2.45	2.34	2.25	2.18	2.12	2.08	2.00	1.92	1.84	1.79	1.74	1.69	1.64	1.58	1.51
60	4.00	3.15	2.76	2.53	2.37	2.25	2.17	2.10	2.04	1.99	1.92	1.84	1.75	1.70	1.65	1.59	1.53	1.47	1.39
120	3.92	3.07	2.68	2.45	2.29	2.17	2.09	2.02	1.96	1.91	1.83	1.75	1.66	1.61	1.55	1.50	1.43	1.35	1.25
∞	3.84	3.00	2.60	2.37	2.21	2.10	2.01	1.94	1.88	1.83	1.75	1.67	1.57	1.52	1.46	1.39	1.32	1.22	1.00

$\alpha = 0.025$

n_2 \ n_1	1	2	3	4	5	6	7	8	9	10	12	15	20	24	30	40	60	120	∞
1	647.8	799.5	864.2	899.6	921.8	937.1	948.2	956.7	963.3	968.6	976.7	984.9	993.1	997.2	1001	1006	1010	1014	1018
2	38.51	39.00	39.17	39.25	39.30	39.33	39.36	39.37	39.39	39.40	39.41	39.43	39.45	39.46	39.46	39.47	39.48	39.49	39.50
3	17.44	16.04	15.44	15.10	14.88	14.73	14.62	14.54	14.47	14.42	14.34	14.25	14.17	14.12	14.08	14.04	13.99	13.95	13.90
4	12.22	10.65	9.98	9.60	9.36	9.20	9.07	8.98	8.90	8.84	8.75	8.66	8.56	8.51	8.46	8.41	8.36	8.31	8.26
5	10.01	8.43	7.76	7.39	7.15	6.98	6.85	6.76	6.68	6.62	6.52	6.43	6.33	6.28	6.23	6.18	6.12	6.07	6.02
6	8.81	7.26	6.60	6.23	5.99	5.82	5.70	5.60	5.52	5.46	5.37	5.27	5.17	5.12	5.07	5.01	4.96	4.90	4.85
7	8.07	6.54	5.89	5.52	5.29	5.12	4.99	4.90	4.82	4.76	4.67	4.57	4.47	4.42	4.36	4.31	4.25	4.20	4.14

（续表）

$\alpha = 0.025$

n_1 / n_2	1	2	3	4	5	6	7	8	9	10	12	15	20	24	30	40	60	120	∞
8	7.57	6.06	5.42	5.05	4.82	4.65	4.53	4.43	4.36	4.30	4.20	4.10	4.00	3.95	3.89	3.84	3.78	3.73	3.67
9	7.21	5.71	5.08	4.72	4.48	4.32	4.20	4.10	4.03	3.96	3.87	3.77	3.67	3.61	3.56	3.51	3.45	3.39	3.33
10	6.94	5.46	4.83	4.47	4.24	4.07	3.95	3.85	3.78	3.72	3.62	3.52	3.42	3.37	3.31	3.26	3.20	3.14	3.08
11	6.72	5.26	4.63	4.28	4.04	3.88	3.76	3.66	3.59	3.53	3.43	3.33	3.23	3.17	3.12	3.06	3.00	2.94	2.88
12	6.55	5.10	4.47	4.12	3.89	3.73	3.61	3.51	3.44	3.37	3.28	3.18	3.07	3.02	2.96	2.91	2.85	2.79	2.72
13	6.41	4.97	4.35	4.00	3.77	3.60	3.48	3.39	3.31	3.25	3.15	3.05	2.95	2.89	2.84	2.78	2.72	2.66	2.60
14	6.30	4.86	4.24	3.89	3.66	3.50	3.38	3.29	3.21	3.15	3.05	2.95	2.84	2.79	2.73	2.67	2.61	2.55	2.49
15	6.20	4.77	4.15	3.80	3.58	3.41	3.29	3.20	3.12	3.06	2.96	2.86	2.76	2.70	2.64	2.59	2.52	2.46	2.40
16	6.12	4.69	4.08	3.73	3.50	3.34	3.22	3.12	3.05	2.99	2.89	2.79	2.68	2.63	2.57	2.51	2.45	2.38	2.32
17	6.04	4.62	4.01	3.66	3.44	3.28	3.16	3.06	2.98	2.92	2.82	2.72	2.62	2.56	2.50	2.44	2.38	2.32	2.25
18	5.98	4.56	3.95	3.61	3.38	3.22	3.10	3.01	2.93	2.87	2.77	2.67	2.56	2.50	2.44	2.38	2.32	2.26	2.19
19	5.92	4.51	3.90	3.56	3.33	3.17	3.05	2.96	2.88	2.82	2.72	2.62	2.51	2.45	2.39	2.33	2.27	2.20	2.13
20	5.87	4.46	3.86	3.51	3.29	3.13	3.01	2.91	2.84	2.77	2.68	2.57	2.46	2.41	2.35	2.29	2.22	2.16	2.09
21	5.83	4.42	3.82	3.48	3.25	3.09	2.97	2.87	2.80	2.73	2.64	2.53	2.42	2.37	2.31	2.25	2.18	2.11	2.04
22	5.79	4.38	3.78	3.44	3.22	3.05	2.93	2.84	2.76	2.70	2.60	2.50	2.39	2.33	2.27	2.21	2.14	2.08	2.00
23	5.75	4.35	3.75	3.41	3.18	3.02	2.90	2.81	2.73	2.67	2.57	2.47	2.36	2.30	2.24	2.18	2.11	2.04	1.97
24	5.72	4.32	3.72	3.38	3.15	2.99	2.87	2.78	2.70	2.64	2.54	2.44	2.33	2.27	2.21	2.15	2.08	2.01	1.94
25	5.69	4.29	3.69	3.35	3.13	2.97	2.85	2.75	2.68	2.61	2.51	2.41	2.30	2.24	2.18	2.12	2.05	1.98	1.91
26	5.66	4.27	3.67	3.33	3.10	2.94	2.82	2.73	2.65	2.59	2.49	2.39	2.28	2.22	2.16	2.09	2.03	1.95	1.88
27	5.63	4.24	3.65	3.31	3.08	2.92	2.80	2.71	2.63	2.57	2.47	2.36	2.25	2.19	2.13	2.07	2.00	1.93	1.85
28	5.61	4.22	3.63	3.29	3.06	2.90	2.78	2.69	2.61	2.55	2.45	2.34	2.23	2.17	2.11	2.05	1.98	1.91	1.83
29	5.59	4.20	3.61	3.27	3.04	2.88	2.76	2.67	2.59	2.53	2.43	2.32	2.21	2.15	2.09	2.03	1.96	1.89	1.81

（续表）

$\alpha = 0.025$

n_2 \ n_1	1	2	3	4	5	6	7	8	9	10	12	15	20	24	30	40	60	120	∞
30	5.57	4.18	3.59	3.25	3.03	2.87	2.75	2.65	2.57	2.51	2.41	2.31	2.20	2.14	2.07	2.01	1.94	1.87	1.79
40	5.42	4.05	3.46	3.13	2.90	2.74	2.62	2.53	2.45	2.39	2.29	2.18	2.07	2.01	1.94	1.88	1.80	1.72	1.64
60	5.29	3.93	3.34	3.01	2.79	2.63	2.51	2.41	2.33	2.27	2.17	2.06	1.94	1.88	1.82	1.74	1.67	1.58	1.48
120	5.15	3.80	3.23	2.89	2.67	2.52	2.39	2.30	2.22	2.16	2.05	1.94	1.82	1.76	1.69	1.61	1.53	1.43	1.31
∞	5.02	3.69	3.12	2.79	2.57	2.41	2.29	2.19	2.11	2.05	1.94	1.83	1.71	1.64	1.57	1.48	1.39	1.27	1.00

$\alpha = 0.01$

n_2 \ n_1	1	2	3	4	5	6	7	8	9	10	12	15	20	24	30	40	60	120	∞
1	4 052	4 999.5	5 403	5 625	5 764	5 859	5 928	5 982	6 022	6 056	6 106	6 157	6 209	6 235	6 261	6 287	6 313	6 339	6 366
2	98.50	99.00	99.17	99.25	99.30	99.33	99.36	99.37	99.39	99.40	99.42	99.43	99.45	99.46	99.47	99.47	99.48	99.49	99.50
3	34.12	30.82	29.46	28.71	28.24	27.91	27.67	27.49	27.35	27.23	27.05	26.87	26.69	26.60	26.50	26.41	26.32	26.22	26.13
4	21.20	18.00	16.69	15.98	15.52	15.21	14.98	14.80	14.66	14.55	14.37	14.20	14.02	13.93	13.84	13.75	13.65	13.56	13.46
5	16.26	13.27	12.06	11.39	10.97	10.67	10.46	10.29	10.16	10.05	9.89	9.72	9.55	9.47	9.38	9.29	9.20	9.11	9.02
6	13.75	10.92	9.78	9.15	8.75	8.47	8.26	8.10	7.98	7.87	7.72	7.56	7.40	7.31	7.23	7.14	7.06	6.97	6.88
7	12.25	9.55	8.45	7.85	7.46	7.19	6.99	6.84	6.72	6.62	6.47	6.31	6.16	6.07	5.99	5.91	5.82	5.74	5.65
8	11.26	8.65	7.59	7.01	6.63	6.37	6.18	6.03	5.91	5.81	5.67	5.52	5.36	5.28	5.20	5.12	5.03	4.95	4.86
9	10.56	8.02	6.99	6.42	6.06	5.80	5.61	5.47	5.35	5.26	5.11	4.96	4.81	4.73	4.65	4.57	4.48	4.40	4.31
10	10.04	7.56	6.55	5.99	5.64	5.39	5.20	5.06	4.94	4.85	4.71	4.56	4.41	4.33	4.25	4.17	4.08	4.00	3.91
11	9.65	7.21	6.22	5.67	5.32	5.07	4.89	4.74	4.63	4.54	4.40	4.25	4.10	4.02	3.94	3.86	3.78	3.69	3.60
12	9.33	6.93	5.95	5.41	5.06	4.82	4.64	4.50	4.39	4.30	4.16	4.01	3.86	3.78	3.70	3.62	3.54	3.45	3.36
13	9.07	6.70	5.74	5.21	4.86	4.62	4.44	4.30	4.19	4.10	3.96	3.82	3.66	3.59	3.51	3.43	3.34	3.25	3.17

（续表）

$\alpha = 0.01$

n_1 / n_2	1	2	3	4	5	6	7	8	9	10	12	15	20	24	30	40	60	120	∞
14	8.86	6.51	5.56	5.04	4.69	4.46	4.28	4.14	4.03	3.94	3.80	3.66	3.51	3.43	3.35	3.27	3.18	3.09	3.00
15	8.68	6.36	5.42	4.89	4.56	4.32	4.14	4.00	3.89	3.80	3.67	3.52	3.37	3.29	3.21	3.13	3.05	2.96	2.87
16	8.53	6.23	5.29	4.77	4.44	4.20	4.03	3.89	3.78	3.69	3.55	3.41	3.26	3.18	3.10	3.02	2.93	2.84	2.75
17	8.40	6.11	5.18	4.67	4.34	4.10	3.93	3.79	3.68	3.59	3.46	3.31	3.16	3.08	3.00	2.92	2.83	2.75	2.65
18	8.29	6.01	5.09	4.58	4.25	4.01	3.84	3.71	3.60	3.51	3.37	3.23	3.08	3.00	2.92	2.84	2.75	2.66	2.57
19	8.18	5.93	5.01	4.50	4.17	3.94	3.77	3.63	3.52	3.43	3.30	3.15	3.00	2.92	2.84	2.76	2.67	2.58	2.49
20	8.10	5.85	4.94	4.43	4.10	3.87	3.70	3.56	3.46	3.37	3.23	3.09	2.94	2.86	2.78	2.69	2.61	2.52	2.42
21	8.02	5.78	4.87	4.37	4.04	3.81	3.64	3.51	3.40	3.31	3.17	3.03	2.88	2.80	2.72	2.64	2.55	2.46	2.36
22	7.95	5.72	4.82	4.31	3.99	3.76	3.59	3.45	3.35	3.26	3.12	2.98	2.83	2.75	2.67	2.58	2.50	2.40	2.31
23	7.88	5.66	4.76	4.26	3.94	3.71	3.54	3.41	3.30	3.21	3.07	2.93	2.78	2.70	2.62	2.54	2.45	2.35	2.26
24	7.82	5.61	4.72	4.22	3.90	3.67	3.50	3.36	3.26	3.17	3.03	2.89	2.74	2.66	2.58	2.49	2.40	2.31	2.21
25	7.77	5.57	4.68	4.18	3.85	3.63	3.46	3.32	3.22	3.13	2.99	2.85	2.70	2.62	2.54	2.45	2.36	2.27	2.17
26	7.72	5.53	4.64	4.14	3.82	3.59	3.42	3.29	3.18	3.09	2.96	2.81	2.66	2.58	2.50	2.42	2.33	2.23	2.13
27	7.68	5.49	4.60	4.11	3.78	3.56	3.39	3.26	3.15	3.06	2.93	2.78	2.63	2.55	2.47	2.38	2.29	2.20	2.10
28	7.64	5.45	4.57	4.07	3.75	3.53	3.36	3.23	3.12	3.03	2.90	2.75	2.60	2.52	2.44	2.35	2.26	2.17	2.06
29	7.60	5.42	4.54	4.04	3.73	3.50	3.33	3.20	3.09	3.00	2.87	2.73	2.57	2.49	2.41	2.33	2.23	2.14	2.03
30	7.56	5.39	4.51	4.02	3.70	3.47	3.30	3.17	3.07	2.98	2.84	2.70	2.55	2.47	2.39	2.30	2.21	2.11	2.01
40	7.31	5.18	4.31	3.83	3.51	3.29	3.12	2.99	2.89	2.80	2.66	2.52	2.37	2.29	2.20	2.11	2.02	1.92	1.80
60	7.08	4.98	4.13	3.65	3.34	3.12	2.95	2.82	2.72	2.63	2.50	2.35	2.20	2.12	2.03	1.94	1.84	1.73	1.60
120	6.85	4.79	3.95	3.48	3.17	2.96	2.79	2.66	2.56	2.47	2.34	2.19	2.03	1.95	1.86	1.76	1.66	1.53	1.38
∞	6.63	4.61	3.78	3.32	3.02	2.80	2.64	2.51	2.41	2.32	2.18	2.04	1.88	1.79	1.70	1.59	1.47	1.32	1.00

$\alpha = 0.005$

n_1 \ n_2	1	2	3	4	5	6	7	8	9	10	12	15	20	24	30	40	60	120	∞
1	16 211	20 000	21 615	22 500	23 056	23 437	23 715	23 925	24 091	24 224	24 426	24 630	24 836	24 940	25 044	25 148	25 253	25 359	25 465
2	198.5	199.0	199.2	199.2	199.3	199.3	199.4	199.4	199.4	199.4	199.4	199.4	199.4	199.5	199.5	199.5	199.5	199.5	199.5
3	55.55	49.80	47.47	46.19	45.39	44.84	44.43	44.13	43.88	43.69	43.39	43.08	42.78	42.62	42.47	42.31	42.15	41.99	41.83
4	31.33	26.28	24.26	23.15	22.46	21.97	21.62	21.35	21.14	20.97	20.70	20.44	20.17	20.03	19.89	19.75	19.61	19.47	19.32
5	22.78	18.31	16.53	15.56	14.94	14.51	14.20	13.96	13.77	13.62	13.38	13.15	12.90	12.78	12.66	12.53	12.40	12.27	12.14
6	18.63	14.54	12.92	12.03	11.46	11.07	10.79	10.57	10.39	10.25	10.03	9.81	9.59	9.47	9.36	9.24	9.12	9.00	8.88
7	16.24	12.40	10.88	10.05	9.52	9.16	8.89	8.68	8.51	8.38	8.18	7.97	7.75	7.65	7.53	7.42	7.31	7.19	7.08
8	14.69	11.04	9.60	8.81	8.30	7.95	7.69	7.50	7.34	7.21	7.01	6.81	6.61	6.50	6.40	6.29	6.18	6.06	5.95
9	13.61	10.11	8.72	7.96	7.47	7.13	6.88	6.69	6.54	6.42	6.23	6.03	5.83	5.73	5.62	5.52	5.41	5.30	5.19
10	12.83	9.43	8.08	7.34	6.87	6.54	6.30	6.12	5.97	5.85	5.66	5.47	5.27	5.17	5.07	4.97	4.86	4.75	4.64
11	12.23	8.91	7.60	6.88	6.42	6.10	5.86	5.68	5.54	5.42	5.24	5.05	4.86	4.76	4.65	4.55	4.44	4.34	4.23
12	11.75	8.51	7.23	6.52	6.07	5.76	5.52	5.35	5.20	5.09	4.91	4.72	4.53	4.43	4.33	4.23	4.12	4.01	3.90
13	11.37	8.19	6.93	6.23	5.79	5.48	5.25	5.08	4.94	4.82	4.64	4.46	4.27	4.17	4.07	3.97	3.87	3.76	3.65
14	11.06	7.92	6.68	6.00	5.56	5.26	5.03	4.86	4.72	4.60	4.43	4.25	4.06	3.96	3.86	3.76	3.66	3.55	3.44
15	10.80	7.70	6.48	5.80	5.37	5.07	4.85	4.67	4.54	4.42	4.25	4.07	3.88	3.79	3.69	3.58	3.48	3.37	3.26
16	10.58	7.51	6.30	5.64	5.21	4.91	4.69	4.52	4.38	4.27	4.10	3.92	3.73	3.64	3.54	3.44	3.33	3.22	3.11
17	10.38	7.35	6.16	5.50	5.07	4.78	4.56	4.39	4.25	4.14	3.97	3.79	3.61	3.51	3.41	3.31	3.21	3.10	2.98
18	10.22	7.21	6.03	5.37	4.96	4.66	4.44	4.28	4.14	4.03	3.86	3.68	3.50	3.40	3.30	3.20	3.10	2.99	2.87
19	10.07	7.09	5.92	5.27	4.85	4.56	4.34	4.18	4.04	3.93	3.76	3.59	3.40	3.31	3.21	3.11	3.00	2.89	2.78
20	9.94	6.99	5.82	5.17	4.76	4.47	4.26	4.09	3.96	3.85	3.68	3.50	3.32	3.22	3.12	3.02	2.92	2.81	2.69
21	9.83	6.89	5.73	5.09	4.68	4.39	4.18	4.01	3.88	3.77	3.60	3.43	3.24	3.15	3.05	2.95	2.84	2.73	2.61

（续表）

$\alpha = 0.005$

n_1 \ n_2	1	2	3	4	5	6	7	8	9	10	12	15	20	24	30	40	60	120	∞
22	9.73	6.81	5.65	5.02	4.61	4.32	4.11	3.94	3.81	3.70	3.54	3.36	3.18	3.08	2.98	2.88	2.77	2.66	2.55
23	9.63	6.73	5.58	4.95	4.54	4.26	4.05	3.88	3.75	3.64	3.47	3.30	3.12	3.02	2.92	2.82	2.71	2.60	2.48
24	9.55	6.66	5.52	4.89	4.49	4.20	3.99	3.83	3.69	3.59	3.42	3.25	3.06	2.97	2.87	2.77	2.66	2.55	2.43
25	9.48	6.60	5.46	4.84	4.43	4.15	3.94	3.78	3.64	3.54	3.37	3.20	3.01	2.92	2.82	2.72	2.61	2.50	2.38
26	9.41	6.54	5.41	4.79	4.38	4.10	3.89	3.73	3.60	3.49	3.33	3.15	2.97	2.87	2.77	2.67	2.56	2.45	2.33
27	9.34	6.49	5.36	4.74	4.34	4.06	3.85	3.69	3.56	3.45	3.28	3.11	2.93	2.83	2.73	2.63	2.52	2.41	2.29
28	9.28	6.44	5.32	4.70	4.30	4.02	3.81	3.65	3.52	3.41	3.25	3.07	2.89	2.79	2.69	2.59	2.48	2.37	2.25
29	9.23	6.40	5.28	4.66	4.26	3.98	3.77	3.61	3.48	3.38	3.21	3.04	2.86	2.76	2.66	2.56	2.45	2.33	2.21
30	9.18	6.35	5.24	4.62	4.23	3.95	3.74	3.58	3.45	3.34	3.18	3.01	2.82	2.73	2.63	2.52	2.42	2.30	2.18
40	8.83	6.07	4.98	4.37	3.99	3.71	3.51	3.35	3.22	3.12	2.95	2.78	2.60	2.50	2.40	2.30	2.18	2.06	1.93
60	8.49	5.79	4.73	4.14	3.76	3.49	3.29	3.13	3.01	2.90	2.74	2.57	2.39	2.29	2.19	2.08	1.96	1.83	1.69
120	8.18	5.54	4.50	3.92	3.55	3.28	3.09	2.93	2.81	2.71	2.54	2.37	2.19	2.09	1.98	1.87	1.75	1.61	1.43
∞	7.88	5.30	4.28	3.72	3.35	3.09	2.90	2.74	2.62	2.52	2.36	2.19	2.00	1.90	1.79	1.67	1.53	1.36	1.00

$\alpha = 0.001$

n_1 \ n_2	1	2	3	4	5	6	7	8	9	10	12	15	20	24	30	40	60	120	∞
1	405 300	500 000	540 400	562 500	576 400	585 900	592 900	598 100	602 300	605 600	610 700	615 800	620 900	623 500	626 100	628 700	631 300	634 000	636 600
2	998.5	999.0	999.2	999.2	999.3	999.3	999.4	999.4	999.4	999.4	999.4	999.4	999.4	999.5	999.5	999.5	999.5	999.5	999.5
3	167.0	148.5	141.1	137.1	134.6	132.8	131.6	130.6	129.9	129.2	128.3	127.4	126.4	125.9	125.4	125.0	124.5	124.0	123.5
4	74.14	61.25	56.18	53.44	51.71	50.53	49.66	49.00	48.47	48.05	47.41	46.76	46.10	45.77	45.43	45.09	44.75	44.40	44.05
5	47.18	37.12	33.20	31.09	29.75	28.84	28.16	27.64	27.24	26.92	26.42	25.91	25.39	25.14	24.87	24.60	24.33	24.06	23.79

α = 0.001

（续表）

n_1 / n_2	1	2	3	4	5	6	7	8	9	10	12	15	20	24	30	40	60	120	∞
6	35.51	27.00	23.70	21.92	20.81	20.03	19.46	19.03	18.69	18.41	17.99	17.56	17.12	16.89	16.67	16.44	16.21	15.99	15.75
7	29.25	21.69	18.77	17.19	16.21	15.52	15.02	14.63	14.33	14.08	13.71	13.32	12.93	12.73	12.53	12.33	12.12	11.91	11.70
8	25.42	18.49	15.83	14.39	13.49	12.86	12.40	12.04	11.77	11.54	11.19	10.84	10.48	10.30	10.11	9.92	9.73	9.53	9.33
9	22.86	16.39	13.90	12.56	11.71	11.13	10.70	10.37	10.11	9.89	9.57	9.24	8.90	8.72	8.55	8.37	8.19	8.00	7.81
10	21.04	14.91	12.55	11.28	10.48	9.92	9.52	9.20	8.96	8.75	8.45	8.13	7.80	7.64	7.47	7.30	7.12	6.94	6.76
11	19.69	13.81	11.56	10.35	9.58	9.05	8.66	8.35	8.12	7.92	7.63	7.32	7.01	6.85	6.68	6.52	6.35	6.17	6.00
12	18.64	12.97	10.80	9.63	8.89	8.38	8.00	7.71	7.48	7.29	7.00	6.71	6.40	6.25	6.09	5.93	5.76	5.59	5.42
13	17.81	12.31	10.21	9.07	8.35	7.86	7.49	7.21	6.98	6.80	6.52	6.23	5.93	5.78	5.63	5.47	5.30	5.14	4.97
14	17.14	11.78	9.73	8.62	7.92	7.43	7.08	6.80	6.58	6.40	6.13	5.85	5.56	5.41	5.25	5.10	4.94	4.77	4.60
15	16.59	11.34	9.34	8.25	7.57	7.09	6.74	6.47	6.26	6.08	5.81	5.54	5.25	5.10	4.95	4.80	4.64	4.47	4.31
16	16.12	10.97	9.00	7.94	7.27	6.81	6.46	6.19	5.98	5.81	5.55	5.27	4.99	4.85	4.70	4.54	4.39	4.23	4.06
17	15.72	10.66	8.73	7.68	7.02	6.56	6.22	5.96	5.75	5.58	5.32	5.05	4.78	4.63	4.48	4.33	4.18	4.02	3.85
18	15.38	10.39	8.49	7.46	6.81	6.35	6.02	5.76	5.56	5.39	5.13	4.87	4.59	4.45	4.30	4.15	4.00	3.84	3.67
19	15.08	10.16	8.28	7.26	6.62	6.18	5.85	5.59	5.39	5.22	4.97	4.70	4.43	4.29	4.14	3.99	3.84	3.68	3.51
20	14.82	9.95	8.10	7.10	6.46	6.02	5.69	5.44	5.24	5.08	4.82	4.56	4.29	4.15	4.00	3.86	3.70	3.54	3.38
21	14.59	9.77	7.94	6.95	6.32	5.88	5.56	5.31	5.11	4.95	4.70	4.44	4.17	4.03	3.88	3.74	3.58	3.42	3.26
22	14.38	9.61	7.80	6.81	6.19	5.76	5.44	5.19	4.99	4.83	4.58	4.33	4.06	3.92	3.78	3.63	3.48	3.32	3.15
23	14.19	9.47	7.67	6.69	6.08	5.65	5.33	5.09	4.89	4.73	4.48	4.23	3.96	3.82	3.68	3.53	3.38	3.22	3.05
24	14.03	9.34	7.55	6.59	5.98	5.55	5.23	4.99	4.80	4.64	4.39	4.14	3.87	3.74	3.59	3.45	3.29	3.14	2.97
25	13.88	9.22	7.45	6.49	5.88	5.46	5.15	4.91	4.71	4.56	4.31	4.06	3.79	3.66	3.52	3.37	3.22	3.06	2.89
26	13.74	9.12	7.36	6.41	5.80	5.38	5.07	4.83	4.64	4.48	4.24	3.99	3.72	3.59	3.44	3.30	3.15	2.99	2.82

（续表）

$\alpha = 0.001$

n_2＼n_1	1	2	3	4	5	6	7	8	9	10	12	15	20	24	30	40	60	120	∞
27	13.61	9.02	7.27	6.33	5.73	5.31	5.00	4.76	4.57	4.41	4.17	3.92	3.66	3.52	3.38	3.23	3.08	2.92	2.75
28	13.50	8.93	7.19	6.25	5.66	5.24	4.93	4.69	4.50	4.35	4.11	3.86	3.60	3.46	3.32	3.18	3.02	2.86	2.69
29	13.39	8.85	7.12	6.19	5.59	5.18	4.87	4.64	4.45	4.29	4.05	3.80	3.54	3.41	3.27	3.12	2.97	2.81	2.64
30	13.29	8.77	7.05	6.12	5.53	5.12	4.82	4.58	4.39	4.24	4.00	3.75	3.49	3.36	3.22	3.07	2.92	2.76	2.59
40	12.61	8.25	6.60	5.70	5.13	4.73	4.44	4.21	4.02	3.87	3.64	3.40	3.15	3.01	2.87	2.73	2.57	2.41	2.23
60	11.97	7.76	6.17	5.31	4.76	4.37	4.09	3.87	3.69	3.54	3.31	3.08	2.83	2.69	2.55	2.41	2.25	2.08	1.89
120	11.38	7.32	5.79	4.95	4.42	4.04	3.77	3.55	3.38	3.24	3.02	2.78	2.53	2.40	2.26	2.11	1.95	1.76	1.54
∞	10.83	6.91	5.42	4.62	4.10	3.74	3.47	3.27	3.10	2.96	2.74	2.51	2.27	2.13	1.99	1.84	1.66	1.45	1.00

附表 6　几种常用的概率分布

分　布	参　数	分布律或概率密度	数学期望	方　差
0—1 分布	$0<p<1$	$P(X=k)=p^k(1-p)^{1-k},$ $k=0,1$	p	$p(1-p)$
二项 分布	$0<p<1$ $n\geqslant 1$	$P(X=k)=C_n^k p^k(1-p)^{n-k},$ $k=0,1,\cdots,n$	np	$np(1-p)$
分二项 分布	$0<p<1$ $r\geqslant 1$	$P(X=k)=C_{k-1}^{r-1}p^r(1-p)^{n-k},$ $k=r,r+1,\cdots$	$\dfrac{r}{p}$	$\dfrac{r(1-p)}{p^2}$
几何 分布	$0<p<1$	$P(X=k)=p(1-p)^{k-1},$ $k=1,2,\cdots$	$\dfrac{1}{p}$	$\dfrac{1-p}{p^2}$
超几何 分布	N,M,n $(n\leqslant M)$	$P(X=k)=\dfrac{C_M^k C_{N-M}^{n-k}}{C_N^n},$ $k=0,1,\cdots,n$	$\dfrac{nM}{N}$	$\dfrac{nM}{N}\left(1-\dfrac{M}{N}\right)\left(\dfrac{N-n}{N-1}\right)$
泊松 分布	$\lambda>0$	$P(X=k)=\dfrac{\lambda^k \mathrm{e}^{-\lambda}}{k!},$ $k=0,1,\cdots$	λ	λ
均匀 分布	$a<b$	$f(x)=\begin{cases}\dfrac{1}{b-a} & a<x<b \\ 0 & \text{其他}\end{cases}$	$\dfrac{a+b}{2}$	$\dfrac{(b-a)^2}{12}$
正态分布	$\mu>0$ $\sigma>0$	$f(x)=\dfrac{1}{\sqrt{2\pi}\sigma}\mathrm{e}^{\frac{(x-\mu)^2}{2\sigma^2}}$	μ	σ^2
Γ 分布	$\alpha>0$ $\beta>0$	$f(x)=\begin{cases}\dfrac{1}{\beta^\alpha\,\Gamma(\alpha)}x^{\alpha-1}\mathrm{e}^{-\frac{x}{\beta}} & x>0 \\ 0 & \text{其他}\end{cases}$	$\alpha\beta$	$\alpha\beta^2$
指数分布	$\theta>0$	$f(x)=\begin{cases}\dfrac{1}{\theta}\mathrm{e}^{-\frac{x}{\theta}} & x>0 \\ 0 & \text{其他}\end{cases}$	θ	θ^2
χ^2 分布	$n\geqslant 1$	$f(x)=\begin{cases}\dfrac{1}{2^{\frac{n}{2}}\Gamma\left(\frac{n}{2}\right)}x^{\frac{n}{2}-1}\mathrm{e}^{-\frac{x}{2}} & x>0 \\ 0 & \text{其他}\end{cases}$	n	$2n$
威布尔 分布	$\eta>0$ $\beta>0$	$f(x)=\begin{cases}\dfrac{\beta}{\eta}\left(\dfrac{x}{\eta}\right)^{\beta-1}\mathrm{e}^{-\left(\frac{x}{\eta}\right)^\beta} & x>0 \\ 0 & \text{其他}\end{cases}$	$\eta\Gamma\left(\dfrac{1}{\beta}+1\right)$	$\eta^2\left\{\Gamma\left(\dfrac{2}{\beta}+1\right)-\left[\Gamma\left(\dfrac{1}{\beta}+1\right)\right]^2\right\}$

分　布	参　数	分布律或概率密度	数学期望	方　差
瑞利分布	$\sigma>0$	$f(x)=\begin{cases}\dfrac{x}{\sigma^2}\mathrm{e}^{-\frac{x^2}{2\sigma^2}} & x>0 \\ 0 & 其他\end{cases}$	$\sqrt{\dfrac{\pi}{2}}\sigma$	$\dfrac{4-\pi}{2}\sigma^2$
β分布	$\alpha>0$ $\beta>0$	$f(x)=\begin{cases}\dfrac{\Gamma(\alpha+\beta)}{\Gamma(\alpha)\Gamma(\beta)}x^{\alpha-1}(1-x)^{\beta-1} & 0<x<1 \\ 0 & 其他\end{cases}$	$\dfrac{\alpha}{\alpha+\beta}$	$\dfrac{\alpha\beta}{(\alpha+\beta)^2(\alpha+\beta+1)}$
对数正态分布	$\mu>0$ $\sigma>0$	$f(x)=\begin{cases}\dfrac{1}{\sqrt{2\pi}\sigma x}\mathrm{e}^{\frac{(\ln\sigma-\mu)^2}{2\sigma^2}} & x>0 \\ 0 & 其他\end{cases}$	$\mathrm{e}^{\mu+\frac{\sigma^2}{2}}$	$\mathrm{e}^{2\mu+\sigma^2}(\mathrm{e}^{\sigma^2}-1)$
柯西分布	$\alpha>0$ $\lambda>0$	$f(x)=\dfrac{1}{\pi}\times\dfrac{1}{\lambda^2+(x-\alpha)^2}$	不存在	不存在
t分布	$n\geqslant1$	$f(x)=\dfrac{\Gamma\left(\dfrac{n+1}{2}\right)}{\sqrt{n\pi}\Gamma\left(\dfrac{n}{2}\right)}\left(1+\dfrac{x^2}{n}\right)^{-\frac{n+1}{2}}$	0	$\dfrac{n}{n-2}(n>2)$
F分布	n_1,n_2	$f(x)=\begin{cases}\dfrac{\Gamma\left(\dfrac{n_1+n_2}{2}\right)}{\Gamma\left(\dfrac{n_1}{2}\right)\Gamma\left(\dfrac{n_2}{2}\right)}\left(\dfrac{n_1}{n_2}\right)\cdot \\ \left(\dfrac{n_1}{n_2}x\right)^{\frac{n_1+n_2}{2}}\left(1+\dfrac{n_1}{n_2}x\right)^{-\frac{n_1+n_2}{2}} & x>0 \\ 0 & 其他\end{cases}$	$\dfrac{n_2}{n_2-2}$ $(n_2>2)$	$\dfrac{2n_2^2(n_1+n_2-2)}{n_1(n_2-2)^2(n_2-4)}$ $(n_2>4)$

附录 C

参考答案

习题 1

1. (1) $S=\{3,4,\cdots,18\}$;　　　(2) $S=\{15,16,\cdots\}$;　　　(3) $S=\{2,3,\cdots,10\}$.

2. (1) $\overline{A}B\overline{C}$;　　　(2) $AB\overline{C}$;

   (3) $A\cup B\cup C$;　　　(4) $\overline{A}\cup\overline{B}\cup\overline{C}$;

   (5) ABC;　　　(6) $\overline{A}\,\overline{B}\,\overline{C}$;

   (7) $A\overline{B}\,\overline{C}\cup\overline{A}B\overline{C}\cup\overline{A}\,\overline{B}C$;　　　(8) $AB\cup AC\cup BC$.

3. $0.4,0.3$.

4. (1) $B\subset A,P(AB)=0.6$;　　　(2) $P(A\cup B)=1,P(AB)=0.3$.

5. $\dfrac{11}{130}$.

6. 放回抽样:$0.0025,0.0975$;不放回抽样:$0.0020,0.09798$.

7. $\dfrac{252}{2431}$.

8. X 为最大个数　　$P(X=1)=\dfrac{6}{16},P(X=2)=\dfrac{9}{16},P(X=3)=\dfrac{1}{16}$.

9. $\dfrac{1}{3}$.

10. 0.18.

11. (1) $0,\dfrac{1}{4}$;　　　(2) $\dfrac{1}{2},1$.

12. $\dfrac{1}{2}$.

13. $\dfrac{3}{5}$.

14. $\dfrac{20}{21}$.

15. 0.97.

16. (1) 3.45%;　　　(2) $\dfrac{25}{69},\dfrac{28}{69},\dfrac{16}{69}$.

17. 第一种情况:$p+2p^2-2p^3-p^4+p^5$;

提示　第二种情况下:设事件 A 表示桥式系统正常工作,B 表示元件 3 正常工作,$\overline{B}$表示元件 3 处于故障状态,用全概率公式计算得 $P(A) = p(2p - p^2)^2 + (1-p)(2p^2 - p^4) = 2p^2 + 2p^3 - 5p^4 + 2p^5$.

18. (1) 0.458;　　　　　　　　(2) 0.157 2.

综合练习 1

1. $\dfrac{3}{5}$.

2. $\dfrac{1}{5}$.

3. $\dfrac{1}{4}$.

4. $\dfrac{2}{3}$.

5. (1) $\dfrac{29}{90}$;　　　　　　　　(2) $\dfrac{20}{61}$.

7. $\dfrac{1}{4}$.

8. 0.756.

提示　A_i 表示第 i 次交换后黑球出现甲袋中,$\overline{A_i}$ 表示出现乙袋中.

$$P(A_1) = \dfrac{9}{10} \times 1 = \dfrac{9}{10},$$

$$P(A_2) = \dfrac{9}{10} \times \dfrac{9}{10} + \dfrac{1}{10} \times \dfrac{1}{10} = 0.82,$$

$$P(A_3) = \dfrac{82}{100} \times \dfrac{9}{10} + \dfrac{18}{100} \times \dfrac{1}{10} = 0.756.$$

9. 0.16,0.281 25.

10. (1) $P(A) = 0.2, P(B) = 0.25, P(C) = 0.5$;

(2) $P(A \cup B \cup C) = 1 - P(\overline{ABC}) = 1 - P(\overline{A})P(\overline{B})P(\overline{C}) = 0.7$.

11. (1) $P(A) = 0.2$;

(2) $P(Z \geqslant 2) = C_3^2 \, 0.2^2 \, 0.8^1 + C_3^3 \, 0.2^3 \, 0.8^0 = 0.096 + 0.008 = 0.104$.

习题 2

1. X 的分布律为

X	0	1	2	3
p_k	$\dfrac{1}{6}$	$\dfrac{1}{2}$	$\dfrac{3}{10}$	$\dfrac{1}{30}$

分布函数 $F(x) = \begin{cases} 0, & x < 0; \\[2mm] \dfrac{1}{6}, & 0 \leqslant x < 1; \\[2mm] \dfrac{2}{3}, & 1 \leqslant x < 2; \\[2mm] \dfrac{29}{30}, & 2 \leqslant x < 3; \\[2mm] 1, & x \geqslant 3. \end{cases}$

2. $P(X = k) = \left(\dfrac{3}{4}\right)^{k-1} \cdot \dfrac{1}{4}$, $k = 1, 2, \cdots$. $P(X = 偶数) = \dfrac{3}{7}$.

3. (1) $\dfrac{2}{n(n+1)}$;   (2) $\dfrac{1}{2}$.

4. 分布函数 $F(x) = \begin{cases} 0, & x < 1; \\ \dfrac{1}{4}, & 1 \leqslant x < 2; \\ \dfrac{3}{4}, & 2 \leqslant x < 3; \\ 1, & x \geqslant 3. \end{cases}$

     $P\left(X \leqslant \dfrac{3}{2}\right) = \dfrac{1}{4}$, $P\left(1 < X \leqslant \dfrac{5}{2}\right) = \dfrac{1}{2}$, $P\left(1 \leqslant X \leqslant \dfrac{5}{2}\right) = \dfrac{3}{4}$.

5. 0.998.

6. (1) $\dfrac{1}{3}$;   (2) $\dfrac{4}{9}, \dfrac{2}{9}$.

7. (1) 0.163;   (2) 0.352.

8. (1) 0.204 8;   (2) 0.942 1;   (3) 0.262 7.

9. 11 台.

10. $P(X \geqslant 2) = 0.004\ 7$.

11. (1) ① $k = 10$;   ② $F(x) = \begin{cases} 0, & x < 10, \\ 1 - \dfrac{10}{x}, & x \geqslant 10. \end{cases}$

(2) ① $k = 2$;   ② $F(x) = \begin{cases} 0, & x < 1, \\ 2\left(x + \dfrac{1}{x} - 2\right), & 1 \leqslant x < 2, \\ 1, & x \geqslant 2. \end{cases}$

(3) ① $k = 2$;   ② $F(x) = \begin{cases} 0, & x < 0, \\ \dfrac{1}{2}x^2, & 0 \leqslant x < 1, \\ -1 + 2x - \dfrac{1}{2}x^2, & 1 \leqslant x < 2, \\ 1, & x \geqslant 2. \end{cases}$

12. (1) $k = 1$;   (2) 0.4;

(3) $f(x) = \begin{cases} 2x, & 0 \leqslant x < 1, \\ 0, & 其他. \end{cases}$

13. $\dfrac{1}{3}$.

14. (1) 0.318 1;   (2) $\mathrm{e}^{-2} \approx 0.135\ 3$.

15. (1) $f_T(t) = \begin{cases} \dfrac{1}{241}\mathrm{e}^{-\frac{1}{241}t}, & t > 0; \\ 0, & t \leqslant 0. \end{cases}$

(2) $F_T(t) = \begin{cases} 0, & t \leqslant 0; \\ 1 - \mathrm{e}^{-\frac{1}{241}t}, & t > 0. \end{cases}$

(3) $P(50 < T < 100) = \mathrm{e}^{-\frac{50}{241}} - \mathrm{e}^{-\frac{100}{241}} = 0.812\ 6 - 0.660\ 4 = 0.152\ 2$.

16. $\dfrac{232}{243}$.

17. (1) $P(Y = k) = C_5^k (e^{-2})^k (1 - e^{-2})^{5-k}, k = 0, 1, \cdots, 5;$

(2) $P(Y \geqslant 1) = 1 - P(Y = 0) = 0.5167.$

18. (1) 0.309 4, 0.257 8, 0.375 3;

(2) $c = 0.14.$

19. 0.045 6.

20. $\sigma \leqslant 31.2, P(X > 210) \leqslant 0.055.$

21. 0.87.

22. (1)

Y	0	1	4
p_k	0.3	0.4	0.3

(2)

Z	1	2	3
p_k	0.3	0.4	0.3

(3)

V	−5	−3	−1	1	3
p_k	0.15	0.2	0.3	0.2	0.15

23. (1) $g(y) = \begin{cases} \dfrac{1}{3}\lambda y^{-\frac{2}{3}} e^{-\lambda y^{\frac{1}{3}}}, & y > 0; \\ 0, & y \leqslant 0. \end{cases}$

24. (1) $g(y) = \begin{cases} \dfrac{1}{y}, & 1 < y < e; \\ 0, & \text{其他}. \end{cases}$

(2) $g(y) = \begin{cases} \dfrac{1}{2} e^{-\frac{y}{2}}, & y > 0; \\ 0, & y \leqslant 0. \end{cases}$

(3) $g(y) = \begin{cases} \dfrac{1}{y^2}, & y > 1; \\ 0, & y \leqslant 1. \end{cases}$

25. (1) $f(y) = \begin{cases} \dfrac{1}{y\sqrt{2\pi}} e^{-\frac{(\ln y)^2}{2}}, & y > 0; \\ 0, & y \leqslant 0. \end{cases}$

(2) $f(y) = \begin{cases} \dfrac{1}{2\sqrt{\pi(y-1)}} e^{-\frac{y-1}{4}}, & y > 1; \\ 0, & y \leqslant 1. \end{cases}$

(3) $f(y) = \begin{cases} \dfrac{2}{\sqrt{2\pi}} e^{-\frac{y^2}{2}}, & y > 0; \\ 0, & y \leqslant 0. \end{cases}$

综合练习 2

1.

X	-1	1	3
p_k	0.4	0.4	0.2

2. $1, \dfrac{1}{2}$.

3. $\dfrac{2}{3}$.

4. (1) $\alpha = 0.94^n$;　　　　(2) $\beta = C_n^2 (0.94)^{n-2} 0.06^2$.

(3) $\theta = 1 - n(0.94)^{n-1}(0.06) - 0.94^n$.

5. $\dfrac{20}{27}$.

6. $\alpha = 1 - e^{-1}$.

7. 0.682.

9. $\Phi(u_\alpha) = 1 - \alpha$, 又 $\Phi(x) = \dfrac{1}{2} + \dfrac{1}{2}\alpha = 1 - \dfrac{1-\alpha}{2}, \Phi\left(u_{\frac{1-\alpha}{2}}\right) = 1 - \dfrac{1-\alpha}{2}, x = u_{\frac{1-\alpha}{2}}$.

10. (1) $p = 0.2$;

(2) X 的分布列为

X	0	1	2
p	$\dfrac{316}{495}$	$\dfrac{160}{495}$	$\dfrac{19}{495}$

11. $P(0 < X < 1) = \Phi\left(\dfrac{1-1}{\sigma}\right) - \Phi\left(\dfrac{0-1}{\sigma}\right) = \Phi(0) - \Phi\left(-\dfrac{1}{\sigma}\right)$,

即　$0.4 = 0.5 - \Phi\left(-\dfrac{1}{\sigma}\right), \Phi\left(-\dfrac{1}{\sigma}\right) = 0.1$,

所以　$P(0 < X < 2) = \Phi\left(\dfrac{2-1}{\sigma}\right) - \Phi\left(\dfrac{0-1}{\sigma}\right) = \Phi\left(\dfrac{1}{\sigma}\right) - \Phi\left(-\dfrac{1}{\sigma}\right) = 1 - 2\Phi\left(-\dfrac{1}{\sigma}\right) = 0.8$.

或用图解法密度函数的图像关于直线 $x = 1$ 对称,可得 $P(0 < X < 2) = 0.8$.

12. (1) 利润 $y = \begin{cases} 10n - 85, & n < 17; \\ 85, & n \geqslant 17. \end{cases}$　$n \in \mathbb{N}$.

$n \geqslant 17$ 时,天数为 $16 + 15 + 13 + 10 = 54$,利润为 85×54.

$n = 16$ 时,利润为 16×75.

$n = 15$ 时,利润为 20×65.

$n = 14$ 时,利润为 10×55.

100 天平均利润为: $\dfrac{1}{100}(54 \times 85 + 16 \times 75 + 20 \times 65 + 10 \times 55) = \dfrac{1}{100} \times 7\,640 = 76.4$.

(2) 利润不少于 75 元要求日需求量 $n \geqslant 16$,

$P(Y \geqslant 75) = \dfrac{1}{100}(16 + 16 + 15 + 13 + 10) = 0.7$.

习题 3

1.

放回抽样联合分布		
Y〜X	0	1
0	$\frac{1}{25}$	$\frac{4}{25}$
1	$\frac{4}{25}$	$\frac{16}{25}$

边缘分布		
X	0	1
p_k	$\frac{1}{5}$	$\frac{4}{5}$

边缘分布		
Y	0	1
p_k	$\frac{1}{5}$	$\frac{4}{5}$

不放回抽样联合分布		
Y〜X	0	1
0	$\frac{1}{45}$	$\frac{8}{45}$
1	$\frac{8}{45}$	$\frac{28}{45}$

边缘分布		
X	0	1
p_k	$\frac{1}{5}$	$\frac{4}{5}$

边缘分布		
Y	0	1
p_k	$\frac{1}{5}$	$\frac{4}{5}$

2.

联合分布律				
Y〜X	1	2	3	4
1	$\frac{1}{4}$	0	0	0
2	$\frac{1}{8}$	$\frac{1}{8}$	0	0
3	$\frac{1}{12}$	$\frac{1}{12}$	$\frac{1}{12}$	0
4	$\frac{1}{16}$	$\frac{1}{16}$	$\frac{1}{16}$	$\frac{1}{16}$

边缘分布				
X	1	2	3	4
p_k	$\frac{1}{4}$	$\frac{1}{4}$	$\frac{1}{4}$	$\frac{1}{4}$

Y	1	2	3	4
p_k	$\frac{25}{48}$	$\frac{13}{48}$	$\frac{7}{48}$	$\frac{1}{16}$

3. (1) $A=2$.　　　　(2) $(1-e^{-1})(1-e^{-2}) \approx 0.544\,6$.

(3) $f_X(x) = \begin{cases} e^{-x}, & x > 0; \\ 0, & x \leqslant 0. \end{cases}$　　$f_Y(y) = \begin{cases} 2e^{-2y}, & y > 0; \\ 0, & y \leqslant 0. \end{cases}$

4. (1) $A = \frac{1}{8}$;　　　　(2) $\frac{3}{8}$;

(3) $\frac{27}{32}$;　　　　(4) $\frac{2}{3}$;

5. (1) $A = \frac{21}{4}$.

(2) $f_X(x) = \begin{cases} \frac{21}{8} x^2 (1-x^4), & -1 \leqslant x \leqslant 1; \\ 0, & \text{其他}. \end{cases}$

$f_Y(y) = \begin{cases} \frac{7}{2} y^{\frac{5}{2}}, & 0 \leqslant y \leqslant 1; \\ 0, & \text{其他}. \end{cases}$

6. 第 1 题放回抽样相互独立, 不放回抽样不独立. 第 2 题不独立.

7. 第 3 题相互独立. 第 4 题不独立.

8. (1) $f_X(x) = \begin{cases} 3(1-x)^2, & 0 \leqslant x \leqslant 1; \\ 0, & \text{其他.} \end{cases}$

$f_Y(y) = \begin{cases} 3(1-y)^2, & 0 \leqslant y \leqslant 1; \\ 0, & \text{其他.} \end{cases}$

(2) $P\left(0 \leqslant X \leqslant \dfrac{1}{2}\right) = \dfrac{7}{8}$.　(3) 不独立.

9. (1) $F_X(x) = \begin{cases} 1-\mathrm{e}^{-0.5x}, & x > 0; \\ 0, & x \leqslant 0. \end{cases}$

$F_Y(y) = \begin{cases} 1-\mathrm{e}^{-0.5y}, & y > 0; \\ 0, & y \leqslant 0. \end{cases}$

(2) $f(x,y) = \begin{cases} 0.25\mathrm{e}^{-0.5(x+y)}, x > 0, & y > 0; \\ 0, & \text{其他.} \end{cases}$

$f_X(x) = \begin{cases} 0.5\mathrm{e}^{-0.5x}, & x > 0; \\ 0, & x \leqslant 0. \end{cases}$

$f_Y(y) = \begin{cases} 0.5\mathrm{e}^{-0.5y}, & y > 0; \\ 0, & y \leqslant 0. \end{cases}$

(3) X, Y 相互独立.

(4) $P(X > 0.1, Y > 0.1) = \mathrm{e}^{-0.1} \approx 0.9048$.

10. (1) $f_X(x) = \begin{cases} 1, 0 \leqslant x \leqslant 1; \\ 0, \text{其他.} \end{cases}$ $f_Y(y) = \begin{cases} \mathrm{e}^{-y}, & y > 0; \\ 0, & y \leqslant 0. \end{cases}$

由 $f(x,y) = f_X(x) \cdot f_Y(y)$ 可得 X, Y 相互独立.

(2) 利用卷积公式 $f_Z(z) = \begin{cases} 0, & z < 0; \\ 1-\mathrm{e}^{-z}, & 0 \leqslant z < 1; \\ (\mathrm{e}-1)\mathrm{e}^{-z}, & z \geqslant 1. \end{cases}$

综合练习 3

1. $X \sim b(2, 0.2)$, $Y \sim b(2, 0.5)$, 联合分布律为

X＼Y	0	1	2
0	0.16	0.32	0.16
1	0.08	0.16	0.08
2	0.01	0.02	0.01

2. 由 $P(X_1 X_2 = 0) = 1$, 有 $P(X_1 = -1, X_2 = 1) = P(X_1 = 1, X_2 = 1) = 0$. 联合分布律为

X₂＼X₁	−1	0	1
0	$\dfrac{1}{4}$	0	$\dfrac{1}{4}$
1	0	$\dfrac{1}{2}$	0

3.

X \ Y	y_1	y_2	y_3	$P\{X=x_i\}$
x_1	$\dfrac{1}{24}$	$\dfrac{1}{8}$	$\dfrac{1}{12}$	$\dfrac{1}{4}$
x_2	$\dfrac{1}{8}$	$\dfrac{3}{8}$	$\dfrac{1}{4}$	$\dfrac{3}{4}$
$P\{Y=y_j\}$	$\dfrac{1}{6}$	$\dfrac{1}{2}$	$\dfrac{1}{3}$	1

4. D 的面积 $A=2$，$f(x,y)=\begin{cases}\dfrac{1}{2}, & (x,y)\in D;\\ 0, & \text{其他}.\end{cases}$

$f_X(x)=\begin{cases}\dfrac{1}{2x}, & 1\leqslant x\leqslant \mathrm{e}^2;\\ 0, & \text{其他}.\end{cases}$ $f_X(2)=\dfrac{1}{4}$.

5. $P(X+Y\leqslant 1)=\iint\limits_{\substack{x+y\leqslant 1\\ 0\leqslant x,y\leqslant 1}} 6x\mathrm{d}x\mathrm{d}y=\int_0^{\frac{1}{2}}6x\mathrm{d}x\int_x^{1-x}\mathrm{d}y=\dfrac{1}{4}$.

6. (1) $f_X(x)=\begin{cases}0, & x\leqslant 0;\\ \mathrm{e}^{-x}, & x>0.\end{cases}$

(2) $P\{X+Y\leqslant 1\}=\int_0^{\frac{1}{2}}\mathrm{d}x\int_x^{1-x}\mathrm{e}^{-y}\mathrm{d}y=1+\mathrm{e}^{-1}-2\mathrm{e}^{-\frac{1}{2}}$.

7. (X,Y)联合分布概率密度为 $f(x,y)=\begin{cases}\dfrac{1}{2}, & (x,y)\in D;\\ 0, & \text{其他}.\end{cases}$

当 $0<s<2$ 时，
$$F(s)=P(S\leqslant s)=P(XY\leqslant s)=\int_0^s\mathrm{d}x\int_0^1\dfrac{1}{2}\mathrm{d}y+\int_s^2\mathrm{d}x\int_0^{\frac{s}{x}}\dfrac{1}{2}\mathrm{d}y=\dfrac{s}{2}(1+\ln2-\ln s).$$

当 $s\leqslant 0$ 时，$F(s)=0$.
当 $s\geqslant 2$ 时，$F(s)=1$.

$$f(s)=F'(s)=\begin{cases}\dfrac{1}{2}(\ln2-\ln s), & 0<s<2;\\ 0, & \text{其他}.\end{cases}$$

8. $P(Y=2)=P(X=1,Y=2)+P(X=2,Y=2)+P(X=3,Y=2)+P(X=4,Y=2)$
$=\dfrac{1}{4}\cdot 0+\dfrac{1}{4}\cdot\dfrac{1}{2}+\dfrac{1}{4}\cdot\dfrac{1}{3}+\dfrac{1}{4}\cdot\dfrac{1}{4}=\dfrac{13}{48}$.

9. $0.4+a+b+0.1=1$，则 $a+b=0.5$.
又 $a=P(X=0,X+Y=1)=P(X=0)P(X+Y=1)=(0.4+a)(a+b)$，
则有 $a=0.4, b=0.1$.

10. (1) $f_X(x)=\displaystyle\int_{-\infty}^{+\infty}f(x,y)\mathrm{d}y=\begin{cases}2x, & 0<x<1;\\ 0, & \text{其他}.\end{cases}$

$f_Y(y)=\displaystyle\int_{-\infty}^{+\infty}f(x,y)\mathrm{d}x=\begin{cases}1-\dfrac{1}{2}y, & 0<y<2;\\ 0, & \text{其他}.\end{cases}$

(2) 当 $z\leqslant 0$ 时，Z 的分布函数 $F_Z(z)=0$；当 $z\geqslant 2$ 时，$F_Z(z)=1$；当 $0<z<2$ 时，

$$F_Z(z)=P(2X-Y\leqslant z)=\iint\limits_{2x-y\leqslant z}f(x,y)\mathrm{d}x\mathrm{d}y=\int_0^{\frac{z}{2}}\mathrm{d}x\int_0^{2x}1\cdot\mathrm{d}y+\int_{\frac{z}{2}}^1\mathrm{d}x\int_{2x-z}^{2x}1\cdot\mathrm{d}y$$

$$= \frac{z^2}{4} + z\left(1 - \frac{z}{2}\right) = z - \frac{1}{4}z^2.$$

$$f_Z(z) = F_Z'(z) = \begin{cases} 1 - \frac{1}{2}z, & 0 < z < 2; \\ 0, & \text{其他.} \end{cases}$$

(3) $P\left(Y \leqslant \frac{1}{2} \,\middle|\, X \leqslant \frac{1}{2}\right) = \dfrac{P\left(X \leqslant \frac{1}{2}, Y \leqslant \frac{1}{2}\right)}{P\left(X \leqslant \frac{1}{2}\right)}$

$$= \frac{\int_0^{\frac{1}{4}} \mathrm{d}x \int_0^{2x} \mathrm{d}y + \int_{\frac{1}{4}}^{\frac{1}{2}} \mathrm{d}x \int_0^{\frac{1}{2}} \mathrm{d}y}{\int_0^{\frac{1}{2}} 2x \, \mathrm{d}x} = \frac{\frac{3}{16}}{\frac{1}{4}} = \frac{3}{4}.$$

11. (1) $f(x,y) = f_X(x) f_{Y \mid X}(y \mid x) = \begin{cases} 3x^2 \cdot \dfrac{3y^2}{x^3}, & 0 < x < 1, 0 < y < x; \\ 0, & \text{其他} \end{cases}$

$$= \begin{cases} \dfrac{9y^2}{x}, & 0 < x < 1, 0 < y < x; \\ 0, & \text{其他.} \end{cases}$$

(2) $f_Y(y) = \int_{-\infty}^{+\infty} f(x,y) \, \mathrm{d}x.$

当 $0 < y < 1$ 时，$f_Y(y) = \int_y^1 \dfrac{9y^2}{x} \, \mathrm{d}x = -9y^2 \cdot \ln y.$

所以 y 的边缘概率密度为 $f_Y(y) = \begin{cases} -9y^2 \cdot \ln y, & 0 < y < 1; \\ 0, & \text{其他.} \end{cases}$

(3) $P(X > 2Y) = \iint\limits_{x > 2y} f(x,y) \, \mathrm{d}x \mathrm{d}y = \int_0^1 \mathrm{d}x \int_0^{\frac{x}{2}} \dfrac{9y^2}{x} \, \mathrm{d}y = \dfrac{1}{8}.$

12. (1) 由已知条件有 Y 的取值范围是 $1 \leqslant Y \leqslant 2$，则 $P(1 \leqslant Y \leqslant 2) = 1$.

设 Y 的分布函数为 $F_Y(y)$，有：

当 $y < 1$ 时，$F_Y(y) = 0$，当 $y \geqslant 2$ 时，$F_Y(y) = 1$.

当 $1 \leqslant y < 2$ 时，$F_Y(y) = P(Y \leqslant y) = P(Y = 1) + P(1 < Y \leqslant y) = \int_2^3 \dfrac{1}{9}x^2 \, \mathrm{d}x + \int_1^y \dfrac{1}{9}x^2 \, \mathrm{d}x = \dfrac{y^3 + 18}{27}.$

(2) $P(X \leqslant Y) = P(X < 2) = \int_0^2 \dfrac{1}{9}x^2 \, \mathrm{d}x = \dfrac{8}{27}$

或 $P(X \leqslant Y) = P(X \leqslant 2, X \leqslant 1) + P(X \leqslant X, 1 < X < 2) + P(X \leqslant 1, X \geqslant 2)$

$$= P(X \leqslant 1) + P(1 < X < 2) + 0$$

$$= \int_0^1 \dfrac{1}{9}x^2 \, \mathrm{d}x + \int_1^2 \dfrac{1}{9}x^2 \, \mathrm{d}x = \int_0^2 \dfrac{1}{9}x^2 \, \mathrm{d}x = \dfrac{8}{27}.$$

习题 4

1. (1) $-\dfrac{1}{2}, \dfrac{11}{4}, \dfrac{5}{2}$；　(2) $\dfrac{5}{2}, 10$.

2. (1) $E(X) = 0, E(Y) = 2$；　(2) $0.6, 7.2$.

3. $E(X) = \dfrac{3}{2}, D(X) = \dfrac{3}{20}, A = \dfrac{3}{8}$.

4. (1) $A = 4, E(X) = 0$.　　(2) $D(X) = \dfrac{1}{8}$.

$$(3)\ F(x) = \begin{cases} 0, & x \leqslant -\dfrac{1}{2}; \\ \dfrac{1}{2} - 2x^2, & -\dfrac{1}{2} < x \leqslant 0; \\ \dfrac{1}{2} + 2x^2, & 0 < x \leqslant \dfrac{1}{2}; \\ 1, & x > \dfrac{1}{2}. \end{cases}$$

5. $E(X) = 1\,500$.

6. (1) $E(2X) = 2$;　　　　(2) $E(\mathrm{e}^{-2X}) = \dfrac{1}{3}$.

7. (1) $E(X_1) = \dfrac{2}{3}$;　　(2) $E(X_2) = 6$;　　　　(3) $E(X_1 X_2) = 4$.

8. $E(X) = 1, E(X^2) = \dfrac{7}{6}, D(X) = \dfrac{1}{6}$.

9. $E(X) = 0, D(X) = \dfrac{\pi^2 - 6}{12}$.

10. $E(X^2) = 10 \times 0.2 \times 0.8 + 10^2 \times 0.2^2 = 5.6$,

$E(Y^2) = 3^2 + 3 = 12, E(X^2 + 2Y^2) = 29.6$.

11. (1) $E(2XY) = 2E(X)E(Y) = 2 \times 2 \times 5 \times 0.2 = 4$;

(2) $D(X - 2Y) = D(X) + 4D(Y)$

$$= 9 + 4 \times 5 \times 0.2 \times 0.8 = 12.2.$$

12. $E(X) = 0, D(X) = 2$.

13. (1) $E(X_1 + X_2) = \dfrac{3}{4}, E(2X_1 - 3X_2^2) = \dfrac{5}{8}$;

(2) $E(X_1 X_2) = \dfrac{1}{2} \times \dfrac{1}{4} = \dfrac{1}{8}$.

15. (1) $\dfrac{2}{3}a + \dfrac{3}{4}b$;　　　(2) $\dfrac{1}{18}a^2 + \dfrac{3}{80}b^2$;　　　(3) $\dfrac{1}{2}$.

16. $A = 2, E(XY) = \dfrac{1}{4}$.

17. $300\mathrm{e}^{-\frac{1}{4}} - 200 = 33.64$.

18. 2.

19. $P(600 < X < 800) = P(-100 < X - 700 < 100) = P(|X - 700| < 100) \geqslant 1 - \dfrac{2\,500}{100^2} = 0.75$.

21. $E(X) = \dfrac{11}{9}, E(Y) = \dfrac{5}{9}, E(X^2) = \dfrac{16}{9}, D(X) = \dfrac{23}{81}$,

$E(Y^2) = \dfrac{7}{18}, D(Y) = \dfrac{13}{162}, \mathrm{Cov}(X, Y) = -\dfrac{1}{81}$,

$\rho_{XY} = -\sqrt{\dfrac{2}{299}}$.

22. $D(X + Y) = 85, D(X - Y) = 37$.

23. $E(X + Y + Z) = 1, D(X + Y + Z) = 3$.

综合练习 4

1. $Y \sim b\left(4, \dfrac{1}{2}\right), E(Y) = 2, D(Y) = 1, E(Y^2) = 5.$

2. (1) $E(X) = 0.6, E(Y) = 0.2, E(XY) = 0.12, \rho_{XY} = 0;$

XY	-1	0	1
p_k	0.08	0.72	0.2

X^2	0	1
p_k	0.4	0.6

Y^2	0	1
p_k	0.5	0.5

(2) $E(X^2) = 0.6, E(Y^2) = 0.5, E(X^2 Y^2) = 0.28,$

$X^2 Y^2$	0	1
p_k	0.72	0.28

$\text{Cov}(X^2, Y^2) = 0.28 - 0.6 \times 0.5 = -0.02.$

3. (1) 如 $P(X = -1, Y = -1) = P(U \leqslant -1, U \leqslant 1) = P(U \leqslant -1)$

$$= \int_{-2}^{-1} \frac{1}{4} \mathrm{d}u = \frac{1}{4},$$

联合分布律为

X \ Y	-1	1
-1	$\dfrac{1}{4}$	0
1	$\dfrac{1}{2}$	$\dfrac{1}{4}$

$X+Y$	-2	0	2
p_k	$\dfrac{1}{4}$	$\dfrac{1}{2}$	$\dfrac{1}{4}$

$(X+Y)^2$	0	4
p_k	$\dfrac{1}{2}$	$\dfrac{1}{2}$

(2) $E(X+Y) = 0, D(X+Y) = E(X+Y)^2 = 2.$

4. (1) 设 $X_i = \begin{cases} 1, \text{从甲箱取出第 } i \text{ 件产品是次品;} \\ 0, \text{从甲箱取出第 } i \text{ 件产品是合格品.} \end{cases} \quad i = 1, 2, 3.$

X_i	0	1
p_k	$\dfrac{1}{2}$	$\dfrac{1}{2}$

$X = X_1 + X_2 + X_3, E(X) = \dfrac{3}{2}.$

(2) $P(A) = \displaystyle\sum_{k=0}^{3} P(X = k) P(A \mid X = k)$

$$= \sum_{k=0}^{3} P\{X = k\} \cdot \frac{k}{6} = \frac{1}{6} E(X) = \frac{1}{4}.$$

5. $X \sim E(\lambda), E(X) = \dfrac{1}{\lambda} = 5, \lambda = \dfrac{1}{5}, F(x) = \begin{cases} 1 - e^{-\frac{1}{5}x}, & x > 0, \\ 0, & x \leqslant 0. \end{cases}$

$Y = \min(X, 2), F(y) = \begin{cases} 0, & y < 0, \\ 1 - e^{-\frac{1}{5}y}, & 0 \leqslant y < 2, \\ 1, & y \geqslant 2. \end{cases}$

6. 三角形域 $D: 0 \leqslant x \leqslant 1, 0 \leqslant y \leqslant 1, x + y \geqslant 1, A = \dfrac{1}{2}$.

$f(x, y) = \begin{cases} 2, & (x, y) \in D, \\ 0, & \text{其他.} \end{cases}$

$E(X) = \displaystyle\int_0^1 x \left[\int_{1-x}^1 2 \mathrm{d}y \right] \mathrm{d}x = \dfrac{2}{3},$

$E(X^2) = \displaystyle\int_0^1 x^2 \left[\int_{1-x}^1 2 \mathrm{d}y \right] \mathrm{d}x = \dfrac{1}{2},$

$D(X) = \dfrac{1}{18}, D(Y) = \dfrac{1}{18}, E(XY) = \dfrac{5}{12},$

$\mathrm{Cov}(X, Y) = -\dfrac{1}{36}, D(X+Y) = \dfrac{1}{18}.$

7. $X - Y \sim N(0, 1)$,

$E(Z) = E(|X - Y|) = \displaystyle\int_{-\infty}^{+\infty} \dfrac{|t|}{\sqrt{2\pi}} e^{-\frac{1}{2}t^2} \mathrm{d}t = \sqrt{\dfrac{2}{\pi}},$

$E[(X - Y)^2] = D(X - Y) + [E(X - Y)]^2 = 1,$

$D(|X - Y|) = E(|X - Y|^2) - [E(|X - Y|)]^2 = 1 - \dfrac{2}{\pi}.$

8. 设 y 为进货量, 利润

$Y = L(X) = \begin{cases} 500y + (X - y) \cdot 300, & y < X \leqslant 30; \\ 500X - (y - X) \cdot 100, & 10 \leqslant X \leqslant y. \end{cases}$

$E(Y) = \dfrac{1}{20} \displaystyle\int_{10}^y (600x - 100y) \mathrm{d}x + \dfrac{1}{20} \int_y^{30} (300x + 200y) \mathrm{d}x$

$\qquad = -\dfrac{15}{2} y^2 + 350y + 5\,250 \geqslant 9\,280 \left(\dfrac{62}{3} \leqslant y \leqslant 26 \text{ 时} \right).$

最少进货量 21 个单位.

9. (1) 若以 A_i 表示抽到 i 等品, $i = 1, 2, 3, X_i (i = 1, 2)$ 的分布律为

X_1 \ X_2	0	1
0	0.1	0.1
1	0.8	0.0

$P(X_1 = 0, X_2 = 0) = P(A_3) = 0.1,$

$P(X_1 = 1, X_2 = 0) = P(A_1) = 0.8,$

$P(X_1 = 0, X_2 = 1) = P(A_2) = 0.1;$

(2) $E(X_1) = 0.8, E(X_2) = 0.1, D(X_1) = 0.16, D(X_2) = 0.09,$

$\quad E(X_1 X_2) = 0, \mathrm{Cov}(X_1, X_2) = -0.08, \rho = -\dfrac{2}{3}.$

10. $X \sim E(\lambda), D(X) = \dfrac{1}{\lambda^2}, P(X > \sqrt{D(X)}) = P\left(X > \dfrac{1}{\lambda}\right) = 1 - F_X\left(\dfrac{1}{\lambda}\right) = e^{-1}.$

11. (1) $\mathrm{Cov}(X_1, \overline{X}) = \mathrm{Cov}\left(X_1, \dfrac{1}{n}\sum_{i=1}^{n}X_i\right) = \dfrac{1}{n}\left[\mathrm{Cov}(X_1, X_1) + \mathrm{Cov}(X_1, X_2) + \cdots + \mathrm{Cov}(X_1, X_n)\right]$

$= \dfrac{1}{n}D(X_1) = \dfrac{\sigma^2}{n}$;

(2) $D(X_1 + \overline{X}) = \dfrac{n+3}{n}\sigma^2$.

12. (1) (X,Y) 的联合分布律为

Y＼X	0	1
0	$\dfrac{2}{3}$	$\dfrac{1}{12}$
1	$\dfrac{1}{6}$	$\dfrac{1}{12}$

(2) X,Y 的边缘分布律分别为

X	0	1
p_i	$\dfrac{3}{4}$	$\dfrac{1}{4}$

Y	0	1
p_j	$\dfrac{5}{6}$	$\dfrac{1}{6}$

XY 的分布律为

XY	0	1
p_k	$\dfrac{11}{12}$	$\dfrac{1}{12}$

$E(X) = \dfrac{1}{4}, D(X) = \dfrac{3}{16}, E(Y) = \dfrac{1}{6}, D(Y) = \dfrac{5}{36}, E(XY) = \dfrac{1}{12}, \mathrm{Cov}(X,Y) = \dfrac{1}{24}, \rho_{XY} = \dfrac{\sqrt{15}}{15}$.

(3)

Z	0	1	2
p_k	$\dfrac{2}{3}$	$\dfrac{1}{4}$	$\dfrac{1}{12}$

13. (1) 由 $a+b+c = 0.4, E(X) = -0.2$, 得 $-a+c = -0.1$.

又由 $P(Y \leqslant 0 \mid X \leqslant 0) = \dfrac{a+b+0.1}{a+b+0.5} = 0.5$, 得 $a+b = 0.3$.

$a = 0.2, b = 0.1, c = 0.1$.

(2)

Z	−2	−1	0	1	2
P	0.2	0.1	0.3	0.3	0.1

(3) $P(X = Z) = P(Y = 0) = 0.2$.

14. (1) Y 的分布函数

$$F_Y(y) = P(X^2 \leqslant y) = \begin{cases} 0, & y \leqslant 0; \\ \displaystyle\int_{-\sqrt{y}}^{0} \dfrac{1}{2}\mathrm{d}x + \int_{0}^{\sqrt{y}} \dfrac{1}{4}\mathrm{d}x = \dfrac{3}{4}\sqrt{y}, & 0 < y < 1; \\ \displaystyle\int_{-1}^{0} \dfrac{1}{2}\mathrm{d}x + \int_{0}^{\sqrt{y}} \dfrac{1}{4}\mathrm{d}x = \dfrac{1}{2} + \dfrac{1}{4}\sqrt{y}, & 1 \leqslant y < 4; \\ 1, & y \geqslant 4. \end{cases}$$

$$f_Y(y) = F'_Y(y) = \begin{cases} \dfrac{3}{8\sqrt{y}}, & 0 < y < 1; \\[2mm] \dfrac{1}{8\sqrt{y}}, & 1 \leqslant y < 4; \\[2mm] 0, & \text{其他.} \end{cases}$$

(2) $E(X) = \dfrac{1}{4}, E(Y) = E(X^2) = \dfrac{5}{6}, E(XY) = E(X^3) = \dfrac{7}{8}$,

　　$\mathrm{Cov}(X,Y) = E(X^3) - E(X) \cdot E(X^2) = \dfrac{2}{3}$.

(3) $F\left(-\dfrac{1}{2}, 4\right) = P\left(X \leqslant -\dfrac{1}{2}, X^2 \leqslant 4\right) = P\left(-2 \leqslant X \leqslant -\dfrac{1}{2}\right)$

　　　　　　$= P\left(-1 < X \leqslant -\dfrac{1}{2}\right) = \dfrac{1}{4}$.

15. (1) $p = 0.001$; (2) $a \geqslant 15$.

16. (1) $p = 0.9$;

(2) $P(B) = P(A_4) + P(\overline{A_4})P(A_1)P(A_3) + P(\overline{A_4})P(\overline{A_1})P(A_2)P(A_3) = 0.989\,1$

或 $P(A_1 \bigcup A_2) = P(A_1) + P(A_2) - P(A_1 A_2) = 0.9 + 0.9 - 0.9^2 = 0.99$,

$P[(A_1 \bigcup A_2)A_3] = 0.99 \times 0.9 = 0.891$,

$P(B) = P[(A_1 \bigcup A_2)A_3 \bigcup A_4] = 0.891 + 0.9 - 0.891 \times 0.9 = 0.989\,1$;

(3) $E(X) = 4 \times 0.9 = 3.6$.

17. (1) $T = \begin{cases} 800X - 39\,000, & 100 \leqslant X < 130, \\ 65\,000, & 130 \leqslant X \leqslant 150; \end{cases}$ (2) 0.7; (3)

T	45 000	53 000	61 000	65 000
P	0.1	0.2	0.3	0.4

$E(T) = 59\,400$.

18. (1) $P(X = 2Y) = P(X = 0, Y = 0) + P(X = 2, Y = 1) = \dfrac{1}{4}$;

(2) $E(X) = \dfrac{2}{3}, E(Y) = 1, E(Y^2) = \dfrac{5}{3}, D(Y) = \dfrac{2}{3}, E(XY) = \dfrac{2}{3}, \mathrm{Cov}(X,Y) = E(XY) - E(X) \cdot E(Y)$

$= 0$, $\mathrm{Cov}(X-Y, Y) = \mathrm{Cov}(X,Y) - D(Y) = -\dfrac{2}{3}$.

19. (1) X 与 Y 的分布函数为 $F(x) = \begin{cases} 1 - e^{-x}, & x \geqslant 0, \\ 0, & x < 0, \end{cases}$

$V = \min(X,Y)$ 的分布函数为 $F_V(v) = \begin{cases} 1 - e^{-2v}, & v \geqslant 0, \\ 0, & v < 0, \end{cases}$

V 的概率密度为 $f_V(v) = \begin{cases} 2e^{-2v}, & v \geqslant 0, \\ 0, & v < 0, \end{cases}$

(2) $U + V = \min(X,Y) + \max(X,Y) = X + Y, E(U+V) = E(X+Y) = E(X) + E(Y) = 2$.

习题 5

1. $P(V > 105) = 0.348$.

2. $P\left(\left|\sum\limits_{k=1}^{10} X_k - 20\right| \leqslant 0.1\right) = 0.4717.$

3. $P\left(\sum\limits_{k=1}^{64} X_k > 7000\right) = 0.2266.$

4. $P(X \geqslant 30) = 1 - P\left(\dfrac{X - 100 \times 0.2}{\sqrt{100 \times 0.8 \times 0.2}} \leqslant \dfrac{30 - 100 \times 0.2}{\sqrt{100 \times 0.8 \times 0.2}}\right)$

$\qquad\qquad \approx 1 - \Phi(2.5) = 0.0062.$

5. $P(X \geqslant 85) = P\left(\dfrac{X - 100 \times 0.9}{\sqrt{100 \times 0.9 \times 0.1}} \geqslant \dfrac{85 - 100 \times 0.9}{\sqrt{100 \times 0.9 \times 0.1}}\right)$

$\qquad\qquad \approx 1 - \Phi(-1.67) = 0.952.$

6. X 表示时刻需使用外线户数，$X \sim b(200, 0.05)$，k 为设置外线条数，有

$$P(X \leqslant k) \geqslant 0.95, \dfrac{k - 200 \times 0.05}{\sqrt{200 \times 0.95 \times 0.05}} \geqslant 1.645.$$

取 $k = 16$ 条.

综合练习 5

1. n 为所求箱数，$X_i(i = 1, \cdots, n)$ 表示第 i 箱重量，$E(X_i) = 50$，$\sqrt{D(X_i)} = 5$，总重量 $T_n = \sum\limits_{i=1}^{n} X_i$.

$$P(T_n \leqslant 5000) = P\left(\dfrac{T_n - 50n}{\sqrt{n} \cdot 5} \leqslant \dfrac{5000 - 50n}{\sqrt{n} \cdot 5}\right)$$

$$\approx \Phi\left(\dfrac{1000 - 10n}{\sqrt{n}}\right) > 0.977 = \Phi(2).$$

$n < 98.0199$，最多可装 98 箱.

2. (1) $X \sim b(100, 0.2)$，$p_k = C_{100}^k 0.2^k 0.8^{100-k}$，$k = 0, 1, 2, \cdots, 100$；

(2) $E(X) = np = 20$，$D(X) = npq = 16$，

$$P(14 \leqslant X \leqslant 30) = P\left(\dfrac{14 - 20}{\sqrt{16}} \leqslant \dfrac{X - 20}{\sqrt{16}} \leqslant \dfrac{30 - 20}{\sqrt{16}}\right)$$

$$\approx \Phi(2.5) - \Phi(-1.5)$$

$$= 0.9938 - (1 - 0.9332) = 0.927.$$

3. 标准正态分布函数 $\Phi(x)$.

提示 用中心极限定理.

习题 6

2. $\bar{x} = 3.6$，$s^2 = 2.88$.

3. $f(x_1, x_2, \cdots, x_n) = \dfrac{1}{(2\pi)^{\frac{n}{2}} \sigma^n} e^{-\frac{1}{2\sigma^2} \sum\limits_{i=1}^{n} (x_i - \mu)^2}$.

4. $E(\overline{X}) = \lambda$，$D(\overline{X}) = \dfrac{1}{n}\lambda$，$E(S^2) = \lambda$.

5. $P(50.8 < \overline{X} < 53.8) = 0.8293.$

6. $z_{0.025} = 1.96$.

7. $\chi^2_{0.025}(11) = 21.920, \chi^2_{0.975}(24) = 12.401$,

　　$\chi^2_{0.99}(12) = 3.571, \chi^2_{0.01}(12) = 26.217$.

8. $t_{0.01}(10) = 2.7638, t_{0.99}(12) = -2.6810$,

　　$t_{0.05}(36) = 1.6883$.

9. $F_{0.1}(10,9) = 2.42, F_{0.05}(10,9) = 3.14$,

　　$F_{0.99}(10,12) = \dfrac{1}{4.71} = 0.212$,

　　$F_{0.01}(10,12) = 4.30$.

10. **提示**　$T = \dfrac{X}{\sqrt{\dfrac{Y}{n}}} \sim t(n), X \sim N(0,1), Y \sim \chi^2(n)$,

$$T^2 = \dfrac{X^2}{\dfrac{1}{Y}{n}} \sim F(1,n), X^2 \sim \chi^2(1), Y \sim \chi^2(n) \text{ 且 } X, Y \text{ 相互独立}.$$

综合练习 6

1. **提示**　$E(Y_1) = E(Y_2) = \mu, D(Y_1) = \dfrac{1}{6}\sigma^2, D(Y_2) = \dfrac{1}{3}\sigma^2$,

$Y_1 - Y_2 \sim N\left(0, \dfrac{\sigma^2}{2}\right), U = \dfrac{Y_1 - Y_2}{\dfrac{\sigma}{\sqrt{2}}} \sim N(0,1)$,

又 $\chi^2 = \dfrac{2S^2}{\sigma^2} \sim \chi^2(2)$，又相互独立，$Z = \dfrac{\sqrt{2}(Y_1 - Y_2)}{s} = \dfrac{U}{\sqrt{\dfrac{\chi^2}{2}}} \sim t(2)$.

2. **提示**　$X \sim t(n)$，则 $X^2 \sim F(1,n), Y = \dfrac{1}{X^2} \sim F(n,1)$.

3. 考虑 $(X_1 + X_{n+1}), (X_2 + X_{n+2}), \cdots, (X_n + X_{2n})$，视为取自总体 $N(2\mu, 2\sigma^2)$ 的样本.

其样本均值　　　　　　　$\dfrac{1}{n}\sum\limits_{i=1}^{n}(X_i + X_{n+i}) = \dfrac{1}{n}\sum\limits_{i=1}^{2n}X_i = 2\overline{X}$.

样本方差　　　　　　　$S^2 = \dfrac{1}{n-1}\sum\limits_{i=1}^{n}[(X_i + X_{n+i}) - 2\overline{X}]^2 = \dfrac{1}{n-1}Y$.

由 $E(S^2) = 2\sigma^2$，即 $E\left(\dfrac{1}{n-1}Y\right) = 2\sigma^2$，所以 $E(Y) = 2(n-1)\sigma^2$.

4. $\dfrac{X_i - 0}{2} = \dfrac{X_i}{2} \sim N(0,1), i = 1, 2, \cdots, 15, \sum\limits_{i=1}^{10}\left(\dfrac{X_i}{2}\right)^2 = \dfrac{1}{4}\sum\limits_{i=1}^{10}X_i^2 \sim \chi^2(10)$，又相互独立，

$$\sum\limits_{i=11}^{15}\left(\dfrac{X_i}{2}\right)^2 = \dfrac{1}{4}\sum\limits_{i=11}^{15}X_i^2 \sim \chi^2(5).$$

$$F = \dfrac{\dfrac{\dfrac{1}{4}\sum\limits_{i=1}^{10}X_i^2}{10}}{\dfrac{\dfrac{1}{4}\sum\limits_{i=11}^{15}X_i^2}{5}} = \dfrac{X_1^2 + \cdots + X_{10}^2}{2(X_{11}^2 + \cdots + X_{15}^2)} = Y \sim F(10,5).$$

5. $\dfrac{1}{9}\sum\limits_{i=1}^{9}X_i = \overline{X} \sim N(0,1)$, $\dfrac{1}{3}Y_i \sim N(0,1)$, $\sum\limits_{j=1}^{9}\left(\dfrac{Y_j}{3}\right)^2 \sim \chi^2(9)$,

$$Z = \dfrac{\dfrac{(X_1+\cdots+X_9)}{9}}{\sqrt{\dfrac{\left[\left(\dfrac{Y_1}{3}\right)^2+\cdots+\left(\dfrac{Y_9}{3}\right)^2\right]}{9}}} = \dfrac{X_1+\cdots+X_9}{\sqrt{Y_1^2+\cdots+Y_9^2}} \sim t(9).$$

6. $E(X_1-2X_2)=0$, $D(X_1-2X_2)=20$, $E(3X_1-4X_2)=0$.

$D(3X_3-4X_4)=3^2\times4+4^2\times4=100$.

$\dfrac{1}{\sqrt{20}}(X_1-2X_2) \sim N(0,1)$, $\dfrac{1}{20}(X_1-2X_2)^2 \sim \chi^2(1)$, $a=\dfrac{1}{20}$.

$\dfrac{1}{\sqrt{100}}(3X_3-4X_4) \sim N(0,1)$, $\dfrac{1}{100}(3X_3-4X_4)^2 \sim \chi^2(1)$, $b=\dfrac{1}{100}$.

7. $X_1^2 \sim \chi^2(1)$, $\sum\limits_{i=2}^{n}X_i^2 \sim \chi^2(n-1)$, $\dfrac{(n-1)X_1^2}{\sum\limits_{i=2}^{n}X_i^2} \sim F(1,n-1)$.

习题 7

1. (1) 矩估计量 $\hat{\theta} = \dfrac{\overline{X}}{\overline{X}-k}$;

(2) 极大似然估计量 $\hat{\theta} = \dfrac{n}{\sum\limits_{i=1}^{n}\ln X_i - n\ln k}$;

2. $\hat{\sigma} = \dfrac{1}{n}\sum\limits_{i=1}^{n}|X_i|$;

3. $\hat{\theta} = \dfrac{n}{\sum\limits_{i=1}^{n}X_i^k}$.

4. (1) $\hat{p} = \dfrac{\overline{X}}{m}$; (2) $\hat{p} = \dfrac{\overline{X}}{m}$; (3) $E(\hat{p})=p$ 是无偏估计量.

5. $E(X) = \theta^2+2\cdot2\theta(1-\theta)+3(1-\theta)^2$
$= \theta^2+4\theta-4\theta^2+3-6\theta+3\theta^2 = 3-2\theta$,

$\overline{x} = \dfrac{1}{3}(1+2+1) = \dfrac{4}{3}$, 令 $3-2\theta=\dfrac{4}{3}$, $\hat{\theta}=\dfrac{5}{6}$ 为矩估计量.

又　　　　　　　$f(x_1,x_2,x_3,\theta) = \theta^2\cdot2\theta(1-\theta)\cdot\theta^2 = 2\theta^5(1-\theta) = L(\theta)$.

$\dfrac{dL}{d\theta} = 2(5\theta^4-6\theta^5) = 2\theta^4(5-6\theta)=0$, $\hat{\theta}=\dfrac{5}{6}$ 为极大似然估计值.

7. (1) $(\underline{\mu},\overline{\mu}) = (49.92, 51.88)$;
(2) $s=1.09$, $t_{0.025}(8)=2.306$, $(\underline{\mu},\overline{\mu})=(50.06, 51.74)$.

8. $s=6.2022$, $\overline{x}=503.75$, $t_{0.025}(15)=2.1315$, $(\underline{\mu},\overline{\mu})=(500.4, 507.1)$.

9. $(\underline{\sigma^2},\overline{\sigma^2}) = (60.98, 193.55)$.

10. $(-6.04, -5.96)$.

提示　用 $Z = \dfrac{(\overline{X} - \overline{Y}) - (\mu_1 - \mu_2)}{\sqrt{\dfrac{\sigma_1^2}{n_1} + \dfrac{\sigma_2^2}{n_2}}} \sim N(0,1)$.

11. $(-4.15, 0.11)$.

12. $(0.45, 2.79)$.

13. $\overline{x} - \dfrac{s}{\sqrt{n}} \cdot t_{0.05}(4) = 182 - \dfrac{78.15}{\sqrt{5}} \times 2.131\,8 = 107.49$.

综合练习 7

1. $\hat{\theta} = \overline{X} - 1$.

2. $E(X) = 3 - 4\theta, \overline{x} = 2$，矩估计量 $\hat{\theta} = \dfrac{1}{4}$，似然函数为
$$L(\theta) = 4\theta^6 (1-\theta)^2 (1-2\theta)^4,$$
极大似然估计值 $\hat{\theta} = \dfrac{7 - \sqrt{13}}{12}$.

3. $(39.51, 40.49)$.

4. (1) $F(x) = \begin{cases} 1 - e^{-2(x-\theta)}, & x > \theta; \\ 0, & x \leqslant \theta. \end{cases}$

(2) $F_{\hat{\theta}}(x) = 1 - [1 - F(x)]^n = \begin{cases} 1 - e^{-2n(x-\theta)}, & x > \theta; \\ 0, & x \leqslant \theta. \end{cases}$

(3) $E(\hat{\theta}) = \displaystyle\int_0^{+\infty} 2nx e^{-2n(x-\theta)} \, dx = \theta + \dfrac{1}{2n} \neq \theta$，不具有无偏性.

5. (1) $\hat{\theta} = 2\overline{X}$;　　　　(2) $D(\hat{\theta}) = \dfrac{\theta^2}{5n}$.

6. $n = 16$.

7. (1) $b = E(X) = E(e^Y) = \dfrac{1}{\sqrt{2\pi}} \displaystyle\int_{-\infty}^{+\infty} e^y \cdot e^{-\frac{(y-\mu)^2}{2}} \, dy = e^{\mu + \frac{1}{2}}$;

(2) $\overline{Y} \sim N\left(\mu, \dfrac{1}{4}\right), \overline{y} = 0, (-0.98, 0.98)$;

(3) $(e^{-4.8}, e^{1.48})$.

8. $\dfrac{\displaystyle\sum_{i=1}^{n_1} (X_i - \overline{X})^2}{\sigma^2} \sim \chi^2(n_1 - 1), E\left[\displaystyle\sum_{i=1}^{n_1} (X_i - \overline{X})^2\right] = (n_1 - 1)\sigma^2$;

$\dfrac{\displaystyle\sum_{j=1}^{n_2} (Y_j - \overline{Y})^2}{\sigma^2} \sim \chi^2(n_2 - 1), E\left[\displaystyle\sum_{j=1}^{n_2} (Y_j - \overline{Y})^2\right] = (n_2 - 1)\sigma^2$;

$E\left[\dfrac{\displaystyle\sum_{i=1}^{n_1} (X_i - \overline{X})^2 + \sum_{j=1}^{n_2} (Y_j - \overline{Y})^2}{n_1 + n_2 - 2}\right] = \dfrac{(n_1 - 1)\sigma^2 + (n_2 - 1)\sigma^2}{n_1 + n_2 - 2} = \sigma^2$.

9. (1) $\alpha = 1$ 时，X 的概率密度为
$$f(x, \beta) = \begin{cases} \dfrac{\beta}{x^{\beta+1}}, & x > 1; \\ 0, & x \leqslant 1. \end{cases}$$
$$E(X) = \dfrac{\beta}{\beta - 1}.$$

β 的矩估计量为 $\hat{\beta} = \dfrac{\overline{X}}{\overline{X}-1}$，其中 $\overline{X} = \dfrac{1}{n}\sum\limits_{i=1}^{n}X_i$.

当 $x_i > 1$ 时，$i=1,2,\cdots,n$，有

$$f(x_1,x_2,\cdots,x_n,\beta) = \beta^n(x_1 x_2 \cdots x_n)^{-(\beta+1)},$$

$$\ln f = n\ln\beta - (\beta+1)\sum_{i=1}^{n}\ln x_i.$$

令 $\dfrac{\mathrm{d}\ln f}{\mathrm{d}\beta} = 0$，$\beta$ 的极大似然估计量为

$$\hat{\beta} = \dfrac{n}{\sum\limits_{i=1}^{n}\ln X_i}.$$

(2) $\beta=2$ 时，X 的概率密度为

$$f(x,\alpha) = \begin{cases} \dfrac{2\alpha^2}{x^3}, & x > \alpha; \\[2mm] 0, & x \leqslant \alpha. \end{cases}$$

当 $x_i > \alpha$ 时，$i=1,2,\cdots,n$，

$$f(x_1,x_2,\cdots,x_n,\alpha) = \dfrac{2^n \alpha^{2n}}{(x_1 x_2 \cdots x_n)^3},$$

$$\ln f = n\ln 2 + 2n\ln\alpha - 3\sum_{i=1}^{n}\ln x_i.$$

$\dfrac{\mathrm{d}\ln f}{\mathrm{d}\alpha} = 0$ 无驻点，当 α 越大时，$f(x_1,x_2,\cdots,x_n,\alpha)$ 越大，则 α 的极大仍然估计量为

$$\hat{\alpha} = \min(X_1,X_2,\cdots,X_n).$$

10. (1) $D(Y_i) = D(X_i - \overline{X}) = D\left[\left(1-\dfrac{1}{n}\right)X_i - \dfrac{1}{n}\sum\limits_{k\neq i}X_k\right] = \dfrac{n-1}{n}\sigma^2, i=1,2,\cdots,n;$

(2)　$\mathrm{Cov}(Y_1,Y_n)$

$= E[Y_1 - E(Y_1)][Y_n - E(Y_n)]$

$= E(X_1 - \overline{X})(X_n - \overline{X}) = E(X_1 X_n) + E(\overline{X}^2) - E(X_1\overline{X}) - E(X_n\overline{X})$

$= E(X_1)E(X_n) + D(\overline{X}) - \dfrac{1}{n}E(X_1^2) - \dfrac{1}{n}\sum\limits_{i=2}^{n}E(X_1 X_i) - \dfrac{1}{n}E(X_n^2) - \dfrac{1}{n}\sum\limits_{i=1}^{n-1}E(X_i X_n)$

$= -\dfrac{1}{n}\sigma^2;$

(3) $E[C(Y_1+Y_n)^2] = C[D(Y_1+Y_n)]$

$= C[D(Y_1) + D(Y_n) + 2\mathrm{Cov}(Y_1,Y_n)]$

$= C\left(\dfrac{n-1}{n} + \dfrac{n-1}{n} - \dfrac{2}{n}\right)\sigma^2 = C\cdot\dfrac{2(n-2)}{n}\sigma^2.$

若 $E[C(Y_1+Y_n)^2] = \sigma^2$，则 $C = \dfrac{n}{2(n-2)}$.

11. (1) $E(X) = \dfrac{3}{2} - \theta \xrightarrow{\text{令}} \overline{X}$，$\theta$ 的矩估计为

$$\hat{\theta} = \dfrac{3}{2} - \overline{X},$$

其中 $\overline{X} = \dfrac{1}{n}\sum\limits_{i=1}^{n}X_i$ 为样本均值.

(2) $f(x_1,x_2,\cdots,x_n,\theta) = \prod\limits_{i=1}^{n}f(x_i,\theta) = \theta^N(1-\theta)^{n-N}$，$\ln f = N\ln\theta + (n-N)\ln(1-\theta).$

令 $\dfrac{\mathrm{d}\ln f}{\mathrm{d}\theta}=0$,则 θ 的最大似然估计为 $\hat{\theta}=\dfrac{N}{n}$.

12. (1) 因 X 与 Y 相互独立,所以 $Z=X-Y$ 服从正态分布,$E(Z)=E(X)-E(Y)=0$, $D(Z)=D(X)$ $+D(Y)=3\sigma^2$,故得 Z 的概率密度为 $f(z,\sigma^2)=\dfrac{1}{\sqrt{2\pi}\sqrt{3}\sigma}\mathrm{e}^{-\frac{z^2}{6\sigma^2}}=\dfrac{1}{\sqrt{6\pi}\sigma}\mathrm{e}^{-\frac{z^2}{6\sigma^2}}$,$z\in\mathbb{R}$.

(2) 设 $z_1,z_2,\cdots,z_n$ 为样本 $Z_1,Z_2,\cdots,Z_n$ 的观测值,则似然函数为

$$L(\sigma^2)=\prod_{i=1}^{n}f(z_i,\sigma^2)=(6\pi\sigma^2)^{-\frac{n}{2}}\mathrm{e}^{-\frac{1}{6\sigma^2}\sum_{i=1}^{n}z_i^2},$$

$$\ln L(\sigma^2)=-\frac{n}{2}\ln(6\pi\sigma^2)-\frac{1}{6\sigma^2}\sum_{i=1}^{n}z_i^2.$$

令 $\dfrac{\mathrm{d}\ln L}{\mathrm{d}(\sigma^2)}=-\dfrac{n}{2\sigma^2}+\dfrac{1}{6\sigma^4}\sum_{i=1}^{n}z_i^2=0$,

解得:$\sigma^2=\dfrac{1}{3n}\sum_{i=1}^{n}z_i^2$.

故 σ^2 的最大似然估计量为 $\sigma^2=\dfrac{1}{3n}\sum_{i=1}^{n}Z_i^2$.

(3) $E(\sigma^2)=\dfrac{1}{3n}\sum E(Z_i^2)=\dfrac{1}{3}E(Z^2)=\dfrac{1}{3}D(Z)=\sigma^2$,所以是 σ^2 的无偏估计.

13. (1) $E(X)=\displaystyle\int_0^{+\infty}xf(x)\mathrm{d}x=\int_0^{+\infty}\frac{\theta^2}{x^2}\mathrm{e}^{-\frac{\theta}{x}}\mathrm{d}x=-\theta\int_0^{+\infty}\mathrm{e}^{-\frac{\theta}{x}}\mathrm{d}\left(\frac{\theta}{x}\right)=-\theta\int_{+\infty}^{0}\mathrm{e}^{-t}\mathrm{d}(t)=\theta$,令 $E(X)=$ $\overline{X}$,得到矩估计 $\theta=\overline{X}$.

(2) $f(x_1,\cdots,x_n,\theta)=f(x_1,\theta)f(x_2,\theta)\cdots f(x_n,\theta)=\theta^{2n}(x_1x_2\cdots x_n)^{-3}\mathrm{e}^{-\theta\left(\frac{1}{x_1}+\cdots+\frac{1}{x_n}\right)}$,

$$\ln f=2n\ln\theta-3\ln(x_1x_2\cdots x_n)-\theta\left(\frac{1}{x_1}+\cdots+\frac{1}{x_n}\right), \frac{\mathrm{d}L}{\mathrm{d}\theta}=\frac{2n}{\theta}-\left(\frac{1}{x_1}+\cdots+\frac{1}{x_n}\right)=0.$$

得到最大似然估计量:$\hat{\theta}=\dfrac{2n}{\dfrac{1}{X_1}+\dfrac{1}{X_2}+\cdots+\dfrac{1}{X_n}}$,

14. 记 $p_1=1-\theta,p_2=\theta-\theta^2,p_3=\theta^2$,由 $N_i\sim B(n,p_i)$,$i=1,2,3$.

$E(N_i)=np_i$,$E(T)=n[a_1(1-\theta)+a_2(\theta-\theta^2)+a_3\theta^2]=\theta\Rightarrow a_1=0$, $a_2=a_3=1/n$.

由 $N_1+N_2+N_3=n$,$T=\dfrac{1}{n}(N_2+N_3)=1-\dfrac{N_1}{n}$,得 $D(T)=\dfrac{n(1-\theta)\theta}{n^2}=\dfrac{\theta(1-\theta)}{n}$.

习题 8

1. $H_0:\mu=4.55,H_1:\mu\neq4.55,U=\dfrac{\overline{X}-\mu_0}{\dfrac{\sigma}{\sqrt{n}}}\sim N(0,1)$.

接受 H_0,可以认为铁水平均含碳量为 4.55.

2. $H_0:\mu=800;H_1:\mu\neq800$.

接受 H_0,可以认为断裂强度为 800×10^5 Pa.

3. $H_0:\mu\geqslant\mu_0=32.5,H_1:\mu<\mu_0$,单侧检验 $u=-3.05<-z_{0.05}=-1.645$.

拒绝 H_0,即认为这批砖的抗断裂强度比 32.50 kg/cm² 低.

4. $H_0:\mu=\mu_0=10\,560;H_1:\mu\neq\mu_0$.

$$T = \frac{\overline{X} - \mu_0}{\frac{S}{\sqrt{n}}} \sim t(n-1), \overline{x} = 10\,631.4, s = 81.$$

$$|t| = 2.787\,5 > t_{\frac{\alpha}{2}}(n-1) = 2.262.$$

拒绝 H_0，即认为这批弦线的抗拉强度较 $10\,560\ \text{kg/cm}^2$ 有显著差异.

5. $H_0 : \mu \leqslant \mu_0 = 1.25 ; H_1 : \mu > 1.25$.

接受 H_0，土地面积不超过 $1.25\ \text{km}^2$.

6. $H_0 : \mu = \mu_0 = 70 ; H_1 : \mu \neq 70$.

$$T = \frac{\overline{X} - \mu_0}{\frac{S}{\sqrt{n}}} \sim t(n-1), |t| = 1.4 < t_{0.025}(35) = 2.030\,1,$$

接受 H_0，可以认为这次考试全体考生平均成绩为 70 分.

7. 本题要检验均值 μ 和方差 σ^2：

(1) 检验 μ，$H_0 : \mu = \mu_0 = 500, H_1 : \mu \neq 500$.

t 检验法，接受 H_0，包装机没有明显的系统误差.

(2) 检验 σ^2，$H_0 : \sigma^2 \leqslant \sigma_0^2 = 10^2 ; H_1 : \sigma^2 > 10^2$.

χ^2 检验法（单侧检验），拒绝 H_0，接受 H_1，方差超过 10^2.

综合 (1)、(2)，由于方差过大，包装机工作不够正常.

8. $H_0 : \sigma^2 = \sigma_0^2 = 5\,000 ; H_1 : \sigma^2 \neq 5\,000$.

$$\chi^2 = \frac{(n-1)S^2}{\sigma_0^2} \sim \chi^2(n-1).$$

拒绝 H_0，即认为这批电池寿命的波动性较以往有显著的变化.

9. $H_0 : \sigma^2 \leqslant \sigma_0^2 = 8, H_1 : \sigma^2 > \sigma_0^2$，$\chi^2$ 检验法，单侧检验，接受 H_0，可以认为整批保险丝熔化时间的方差小于 8.

10. $H_0 : \mu_1 = \mu_2 ; H_1 : \mu_1 \neq \mu_2$.

$$U = \frac{\overline{X} - \overline{Y}}{\sqrt{\frac{\sigma_1^2}{n_1} + \frac{\sigma_2^2}{n_2}}} \sim N(0,1), u = 1.34.$$

接受 H_0，不能推出两台机床加工这种零件的平均长度有显著差异.

11. $H_0 : \mu_1 - \mu_2 = 0 ; H_1 : \mu_1 - \mu_2 \neq 0$.

$$T = \frac{(\overline{X} - \overline{Y}) - 0}{S_p \sqrt{\frac{1}{n_1} + \frac{1}{n_2}}} \sim t(n_1 + n_2 - 2), s_p^2 = 0.010\,7, t = -1.658\,3,$$

接受 H_0，两厂产品平均重量无显著差异.

12. $H_0 : \mu_1 - \mu_2 \geqslant 0 ; H_1 : \mu_1 - \mu_2 < 0$.

$\overline{x} = 76.23, s_1^2 = 3.325, \overline{y} = 79.43, s_2^2 = 2.225, s_p^2 = 2.775$,

$t_{0.05}(18) = 1.734, t = -4.295 < -1.734$.

拒绝 H_0，认为建议的新操作方法较原方法为优.

13. $H_0 : \sigma_1^2 = \sigma_2^2 ; H_1 : \sigma_1^2 \neq \sigma_2^2$.

取 $F = \frac{S_1^2}{S_2^2} \sim F(n_1-1, n_2-1), F_{\frac{\alpha}{2}}(n_1-1, n_2-1) = 6.54$,

$$F_{1-\frac{\alpha}{2}}(n_1-1, n_2-1) = F_{0.995}(9,9) = \frac{1}{F_{0.005}(9,9)} = \frac{1}{6.54} = 0.153,$$

$\frac{s_1^2}{s_2^2} = 1.49, 0.153 < \frac{s_1^2}{s_2^2} < 6.54$.

接受 H_0，即认为两个总体方差相等.

14. 提示 本题要检验均值 μ 和方差 σ^2.

(1) $H_0 : \mu_1 = \mu_2 ; H_1 : \mu_1 \neq \mu_2$.

$$T = \frac{(\overline{X} - \overline{Y})}{S_p \sqrt{\dfrac{1}{n_1} + \dfrac{1}{n_2}}} \sim t(n_1 + n_2 - 2),$$

$$s_p = \frac{(n_1 - 1)s_1^2 + (n_2 - 1)s_2^2}{n_1 + n_2 - 2} = 7.26 \times 10^{-4},$$

$$t_{0.025}(19) = 2.093 < t = 3.2969.$$

拒绝 H_0,两种方法测量均值不相等.

(2) $H_0 : \sigma_1^2 = \sigma_2^2 ; H_1 : \sigma_1^2 \neq \sigma_2^2$.

$$F = \frac{S_1^2}{S_2^2} \sim F(n_1 - 1, n_2 - 1), F_{0.025}(12, 7) = 4.67,$$

$$F_{0.975}(12, 7) = 0.277, F = \frac{s_1^2}{s_2^2} = 0.5842,$$

$$F_{0.975}(12, 7) < F < F_{0.025}(12, 7).$$

接受 H_0,两种方法测量方差相等.

综合(1),(2),用两种方法研究冰的潜热会有显著差异.

习题 9

1. $x.. = 376, S_T = 636.96, S_A = 475.76, S_E = 161.20$,

$$F = \frac{\dfrac{475.76}{4}}{\dfrac{161.20}{20}} = 14.76, F_{0.01}(4, 20) = 4.43, F > F_a(a-1, n-a).$$

拒绝 H_0,棉花百分比对人造纤维的抗拉强度有影响.

2. 各总体均值间有显著差异:

$(\mu_A - \mu_B, \overline{\mu_A - \mu_B}) = (6.75, 18.45)$,

$(\mu_A - \mu_C, \overline{\mu_A - \mu_C}) = (-7.65, 4.05)$,

$(\mu_B - \mu_C, \overline{\mu_B - \mu_C}) = (-20.25, -8.55)$,

3. $S_T = 111\,342, S_A = 15\,759, S_B = 22\,385, S_E = 73\,198$,

$$F_A = \frac{15\,759/3}{73\,198/6} = 0.43, F_B = \frac{22\,385/2}{73\,198/6} = 0.92,$$

$$F_{0.05}(3, 6) = 4.76 > F_A, F_{0.05}(2, 6) = 5.14 > F_B.$$

燃料与推进器(皆指现有试验用的几种)对火箭射程均无显著影响(仅指单独影响,没有考虑交互作用).

4. $S_T = 263\,830, S_A = 26\,168, S_B = 37\,098, S_{A\times B} = 176\,869, S_E = 23\,695$,

$$F_A = \frac{26\,168/3}{23\,695/12} = 4.42 > F_{0.05}(3, 12) = 3.49,$$

$$F_B = \frac{37\,098/2}{23\,695/12} = 9.39 > F_{0.05}(2, 12) = 3.89,$$

$$F_{A\times B} = \frac{176\,869/6}{23\,695/12} = 15.93 > F_{0.05}(6, 12) = 3.00.$$

燃料、推进器及交互作用对火箭射程有显著影响,尤其是交互作用影响更显著.

5. (1) $\overline{x} = 145, \overline{y} = 67.3, L_{xx} = 8\,250, L_{xy} = 3\,985, L_{yy} = 1\,932.1$,

$\hat{b} = 0.483, \hat{a} = -2.735, \hat{y} = -2.735 + 0.483x$;

(2) $U = 1\,924.634, Q = 7.466, \hat{\sigma}^2 = 0.943$；

(3) $|t| = 45.394 > t_{0.025}(8) = 2.306$，线性假设显著.

$\quad(\hat{\underline{b}}, \overline{b}) = (0.458, 0.508)$，

$\quad F = \dfrac{1\,924.6/1}{7.466/8} = 2\,047.4 \gg F_{0.01}(1,8) = 11.26$，回归效果非常显著；

(4) $x_0 = 145, \hat{y}_0 = 67.296, (\hat{\underline{y}}_0, \overline{\hat{y}}_0) = (64.96, 69.63)$.

6. $\hat{y} = 0.04 + 0.34x$，回归效果显著.

当 $x_0 = 50.5$，预报值 $\hat{y}_0 = 17.6$，预报区间 $(16.87, 17.45)$.

7. 由散点图知最初容积增加很快，以后逐渐减慢且趋于稳定，可选用双曲线 $\dfrac{1}{y} = a + b\dfrac{1}{x}$.

令 $y^* = \dfrac{1}{y}, x^* = \dfrac{1}{x}$，线性回归 $y^* = a + bx^*$.

$\overline{x}^* = 0.157\,760, \overline{y}^* = 0.009\,097\,4, L_{x^*x^*} = 0.213\,670, L_{x^*y^*} = 0.000\,177\,738,$

$\qquad\qquad \hat{b} = 0.000\,830\,2, \hat{a} = 0.008\,966.$

$\dfrac{1}{\hat{y}} = \hat{a} + \hat{b}\,\dfrac{1}{x}$ 或 $\hat{y} = \dfrac{x}{0.008\,966x + 0.000\,830\,2}$.

参考文献

[1] 陈魁编著. 应用概率统计[M]. 北京:清华大学出版社,2000.

[2] 盛骤等编. 概率论和数理统计[M]. 第 2 版. 北京:高等教育出版社,1989.

[3] 复旦大学编. 概率论,数理统计[M]. 北京:人民教育出版社,1979.

[4] 顾悦主编. 概率统计[M]. 贵阳:贵州科技出版社,1991.

[5] 吴翊等编著. 应用数理统计[M]. 长沙:国防科技大学出版社,1994.

[6] 陈希儒,倪国熙. 数理统计学教程[M]. 上海:上海科技出版社,1988.

[7] 陈希儒. 数理统计引论[M]. 北京:科学出版社,1981.

[8] 茆诗松,王玲玲. 可靠性统计[M]. 上海:华东师范大学出版社,1984.

[9] 中山大学数学力学系. 概率论与数理统计[M]. 北京:人民教育出版社,1980.

[10] 刘景泰等. 概率论与数理统计[M]. 上海:上海科技出版社,1991.

[11] 孙荣恒等. 概率论和数理统计[M]. 重庆:重庆大学出版社,2000.